新世纪高职高专
电气自动化技术类课程规划教材

（第三版）

交流调速系统及应用

● 黄　麟 / 主　编
　王海荣 / 副主编

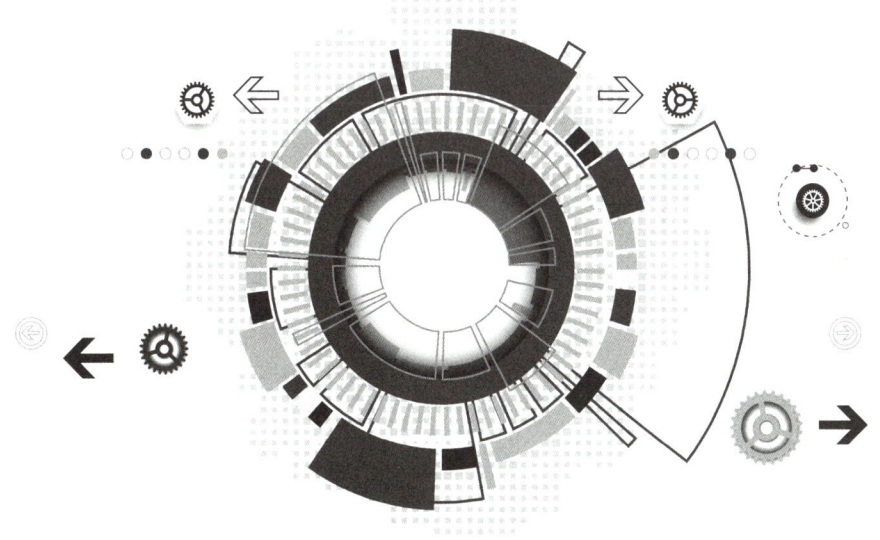

大连理工大学出版社

图书在版编目(CIP)数据

交流调速系统及应用 / 黄麟主编. -- 3 版. -- 大连：大连理工大学出版社，2021.12
新世纪高职高专电气自动化技术类课程规划教材
ISBN 978-7-5685-2892-4

Ⅰ. ①交… Ⅱ. ①黄… Ⅲ. ①交流电机－调速－高等职业教育－教材 Ⅳ. ①TM340.12

中国版本图书馆 CIP 数据核字(2021)第 000484 号

大连理工大学出版社出版

地址：大连市软件园路 80 号　邮政编码：116023
发行：0411-84708842　邮购：0411-84708943　传真：0411-84701466
E-mail：dutp@dutp.cn　URL：http://dutp.dlut.edu.cn
大连永发彩色广告印刷有限公司印刷　大连理工大学出版社发行

幅面尺寸：185mm×260mm　印张：15　字数：365 千字
2009 年 8 月第 1 版　　　　　　　　　2021 年 12 月第 3 版
2021 年 12 月第 1 次印刷

责任编辑：唐　爽　　　　　　　　　责任校对：陈星源
　　　　　　　　封面设计：张　莹

ISBN 978-7-5685-2892-4　　　　　　　　　定　价：49.80 元

本书如有印装质量问题，请与我社发行部联系更换。

#

　　装备制造业是实现工业化的基础,是工业化、信息化融合的主力军。随着高端装备技术的发展及设备自动化程度的提升,对各种调速技术,特别是当前主流的交流调速技术的应用需求也越来越广泛。

　　交流调速技术是集电力电子技术、自动控制技术、计算机控制技术和通信技术于一体的综合应用技术。目前,以变频器为主要控制执行部件的交流调速系统已经在现有工业控制系统中占据了重要的地位。

　　《交流调速系统及应用》(第三版)是新世纪高职高专教材编审委员会组编的电气自动化技术类课程规划教材之一,是依据强化实践教学环节、拓宽学习者专业知识面的教学思路,借鉴"卓越工程师教育培养计划"编写的综合性专业教材。

　　本教材分为基础篇、实施篇和应用篇。基础篇主要介绍交流调速系统中涉及的理论知识。实施篇以施耐德 ATV312 型通用变频器和 ATV71 型高性能变频器为载体,通过任务进行变频器的操作及应用教学。考虑到交流调速技术的现状、发展及教材的全面性,安排了施耐德 Lexium 05 型伺服驱动器的认识和构建任务。作为综合性专业课程,还安排了集 PLC、触摸屏、通信于一体的综合性项目,以提高学习者的综合应用能力。应用篇主要以工程应用实例的方式展示交流调速系统的应用。

　　本教材适用于高等职业院校、应用型本科院校的电气自动化技术、机械制造及自动化、智能控制技术、智能制造装备技术、机电一体化技术、工业过程自动化技术、电气工程及其自动化、机械电子工程等自动化相关专业的教学,也可供工程技术人员参考。

本教材由无锡职业技术学院黄麟任主编,无锡职业技术学院王海荣任副主编,无锡职业技术学院陆荣、壮而行、赵翱东和天津市电子信息技师学院佟皓萌参与了编写。在教材编写过程中,施耐德电气(中国)有限公司上海分公司晁广安工程师提供了大量工程应用案例,并对教材编写提出了许多宝贵意见和建议。无锡职业技术学院栗小宽审阅了全书,在此一并表示感谢!

在编写本教材的过程中,我们参考、引用和改编了国内外出版物中的相关资料以及网络资源,在此对这些资料的作者表示诚挚的谢意。请相关著作权人看到本教材后与出版社联系,出版社将按照相关法律的规定支付稿酬。

尽管我们在探索教材特色的建设方面做出了许多努力,但由于时间有限,教材中仍可能存在疏漏和不妥之处,恳请读者批评指正,并将意见和建议反馈给我们,以便修订时改进。

编 者

2021 年 12 月

所有意见和建议请发往:dutpgz@163.com

欢迎访问职教数字化服务平台:http://sve.dutpbook.com

联系电话:0411-84707424　84708979

目 录

基 础 篇

基础 1　认识三相异步电动机及其负载 ·················· 3
　1.1　三相异步电动机的结构 ························· 3
　1.2　三相异步电动机的工作原理 ······················ 5
　1.3　三相异步电动机的功率传递 ······················ 7
　1.4　三相异步电动机的机械特性 ······················ 9
　1.5　电动机拖动负载的类型及特性 ····················· 11

基础 2　交流异步电动机的调速方法 ····················· 15
　2.1　调速概述 ································ 15
　2.2　变极调速 ································ 16
　2.3　调压调速 ································ 18
　2.4　串电阻调速和串级调速 ························· 23
　2.5　电磁转差离合器调速 ·························· 25
　2.6　变频调速 ································ 27

基础 3　电力电子器件 ····························· 30
　3.1　电力电子器件的发展与分类 ······················ 30
　3.2　电力二极管 ······························· 32
　3.3　晶闸管 ·································· 35
　3.4　电力晶体管与电力场效应晶体管 ···················· 40
　3.5　绝缘栅双极型晶体管 IGBT ······················· 43
　3.6　智能功率模块 ······························ 45

基础 4　SPWM 技术及 SPWM 逆变器 ····················· 47
　4.1　SPWM 的概念 ······························· 47
　4.2　SPWM 的调制方法 ····························· 48
　4.3　SPWM 逆变器 ······························· 51

基础 5　变频器的压频比控制技术 ······················ 60
　5.1　压频比控制原理 ····························· 60
　5.2　转速开环的电压源型压频比调速系统 ·················· 65
　5.3　转速开环的电流源型压频比调速系统 ·················· 67

基础6　伺服控制技术基础 ··· 70
6.1　伺服控制系统的组成及特点 ··· 70
6.2　伺服控制系统的基本要求 ··· 72
6.3　伺服控制系统的分类 ··· 73
6.4　交流伺服电动机 ··· 75

实　施　篇

项目1　通用型变频调速系统安装与调试 ··· 81
任务1　认识通用型变频器 ··· 82
任务2　熟悉通用型变频器的功能 ··· 87
任务3　了解通用型变频器的速度给定 ··· 92
任务4　通用型变频器控制异步电动机正/反转 ··· 99
任务5　通用型变频器多段速度运行 ··· 106
任务6　通用型变频器的制动 ··· 112
任务7　通用型变频器控制永磁同步电动机 ··· 121

项目2　转矩矢量高性能变频调速系统安装与调试 ··· 127
任务1　认识转矩矢量高性能变频调速系统 ··· 127
任务2　操作转矩矢量高性能变频器 ··· 136
任务3　转矩矢量高性能变频器的闭环运行 ··· 140

项目3　交流调速综合控制系统安装与调试 ··· 149
任务1　比例辅料添加机变频器控制系统安装与调试 ··· 149
任务2　化纤纺丝机变频器摆频运行控制系统安装与调试 ··· 155

项目4　伺服控制系统安装与调试 ··· 159
任务1　认识伺服控制系统 ··· 159
任务2　伺服控制系统安装与调试 ··· 168

应　用　篇

应用1　变频器的调速应用 ··· 179
1.1　炼铁高炉上料小车的调速控制 ··· 179
1.2　纺织印染后整理设备多电动机同步系统 ··· 181

应用2　变频器的节能应用 ··· 185
2.1　变频器节能概述 ··· 185
2.2　风机、泵类二次方律负载的变频器运行与节能 ··· 187

2.3　直流共母线变频调速系统节能应用 …………………………………… 191

应用 3　恒压供水专用变频器及其应用 ……………………………………… 195
   3.1　供水系统中的变频器 …………………………………………………… 195
   3.2　恒压供水系统的变频控制 ……………………………………………… 196
   3.3　恒压供水专用变频器 …………………………………………………… 199

应用 4　变频器的 PID 控制应用 …………………………………………… 202
   4.1　PID 控制概述 …………………………………………………………… 202
   4.2　变频器恒线速度控制系统 ……………………………………………… 203

应用 5　变频器通信控制应用 ……………………………………………… 208
   5.1　变频器通信概述 ………………………………………………………… 208
   5.2　无纺布针刺联合机 Modbus 通信 ……………………………………… 210
   5.3　显色皂洗机多电动机同步运行通信控制 ……………………………… 217

参考文献 …………………………………………………………………… 221
附录　常用变频器外部接线 ……………………………………………… 223

基础篇

基础 1 认识三相异步电动机及其负载

　　交流电动机主要分为两大类,即同步电动机和异步电动机。两者均可作为原动机拖动生产机械,其中,同步电动机具有运行稳定、过载能力强、功率因数较高和运行效率高的特点,因而不需要调速的大型生产机械,如矿井通风机、空气压缩机、球磨机等,常常采用同步电动机作为拖动电动机。而异步电动机则因其结构简单、价格低廉、坚固耐用、维修方便等优点,在工农业生产中得到了极为广泛的应用。

　　异步电动机的分类方法很多,按照定子绕组的相数可分为单相异步电动机和三相异步电动机。在民用和小功率应用场合一般选用单相异步电动机,而在厂矿企业等场合均采用三相异步电动机。本基础将主要介绍应用最广的三相异步电动机。

1.1 三相异步电动机的结构

　　三相异步电动机由两个基本的部分组成:不动的定子部分和转动的转子部分。三相异步电动机的结构如图 1-1-1 所示。

图 1-1-1　三相异步电动机的结构

1 定子

定子由定子绕组、定子铁芯和机座三部分组成,如图1-1-2(a)所示。定子绕组是定子中的电路部分,为对称地安放在定子铁芯上的三相绕组(空间角度互成120°),如图1-1-2(b)所示,其作用是产生旋转磁场。定子铁芯是定子中的磁路部分,由硅钢片叠压而成,如图1-1-2(c)所示,采用硅钢片是为了减小磁路中的铁损耗。机座是电动机的支撑部件,一般由铸铁铸成,其作用主要是固定定子铁芯,另外也可满足通风和散热的需要。

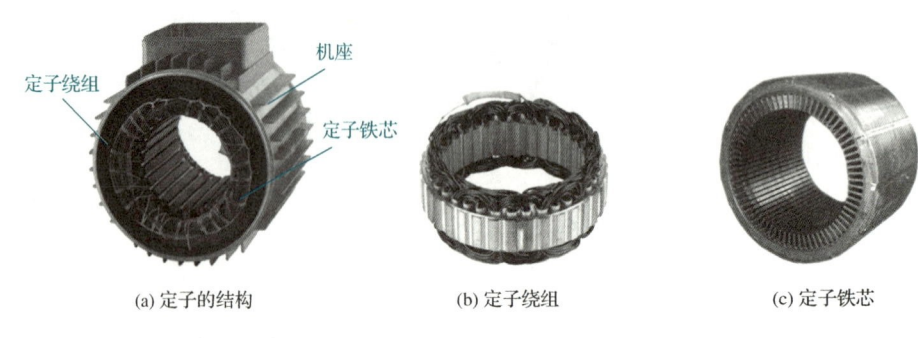

(a) 定子的结构　　(b) 定子绕组　　(c) 定子铁芯

图 1-1-2　定子

2 转子

转子由转子绕组和转子铁芯,以及其他结构部件如转轴和转子支架等组成。转子铁芯由硅钢片叠压而成,构成磁路的一部分。转子可分为绕线型转子和笼型转子。

(1) 绕线型转子

绕线型转子的结构如图1-1-3所示。具有绕线型转子的异步电动机称为绕线型异步电动机。其特点是可以通过滑环和电刷在转子回路中串入附加电阻,用以改善异步电动机的启动性能和调速性能,故又称为滑环式异步电动机。

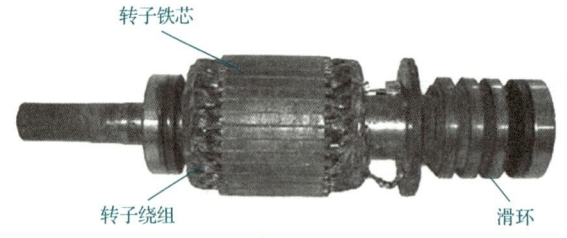

图 1-1-3　绕线型转子的结构

(2) 笼型转子

笼型转子的结构如图1-1-4(a)所示。同绕线型转子相比,笼型转子的结构更为简单。笼型转子的转子铁芯上有开槽,各槽内嵌有铜条或铸铝导条。转子铁芯两端有两个端环,由端环将铜条或铸铝导条短接,如图1-1-4(b)和图1-1-4(c)所示。若去掉转子铁芯,转子绕组的形状像一个鼠笼,因此称为笼型转子。

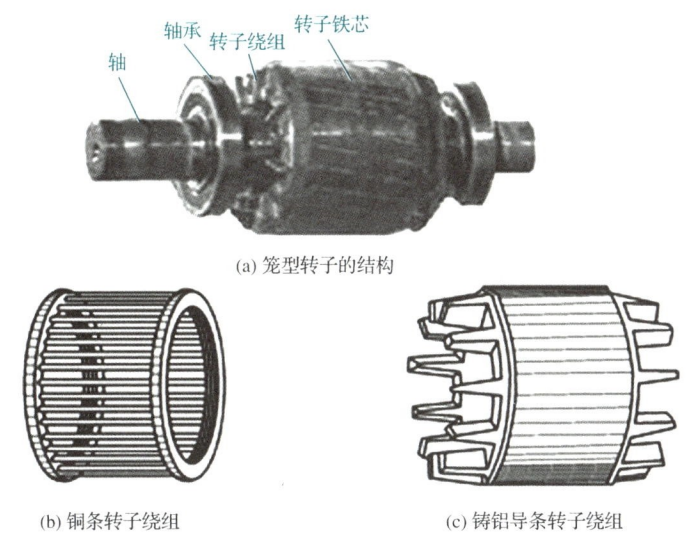

图 1-1-4　笼型转子

具有笼型转子的异步电动机称为笼型异步电动机。笼型异步电动机价格低廉,制造简单,维护方便,具有全封闭的结构形式,适合于各种应用场合。因此,讨论笼型异步电动机的调速具有广泛的工程意义,本教材将重点介绍变频器控制的普通笼型三相异步电动机的调速及应用。

1.2　三相异步电动机的工作原理

三相异步电动机是一种将电能转换成机械能的装置,这种转换是通过电动机内部的电、磁、机械力三者的相互作用来进行的。由三相异步电动机的结构可以看出,三相异步电动机有独立的定子、转子电路,它们本身具有基本的电动势平衡关系;定子、转子电路处于统一的磁场当中,这种磁的耦合关系以特定的磁动势平衡关系为表现形式;转子绕组的载流导体在磁场中受力产生电磁转矩,它与轴上机械负载构成统一的运动系统,具有相应的转矩平衡关系。这些关系实质上都是能量守恒关系,它们存在于异步电动机这样一个统一体中。当机械负载发生变化时,转矩平衡关系、磁动势平衡关系、电动势平衡关系都会发生变化,使问题显得十分复杂。

1　三相异步电动机的旋转磁场

三相异步电动机定子与转子间的能量传递是通过气隙磁场进行的,所以磁场分析是整个性能分析的重要前提。

无论是绕线型三相异步电动机还是笼型三相异步电动机,它们的定子结构都是相同的。若在空间角度互为120°的三相对称定子绕组中通以相位差互为120°的三相对称电流,则在电动机定子与转子间的气隙中就会形成一个旋转磁场,如图1-1-5所示。

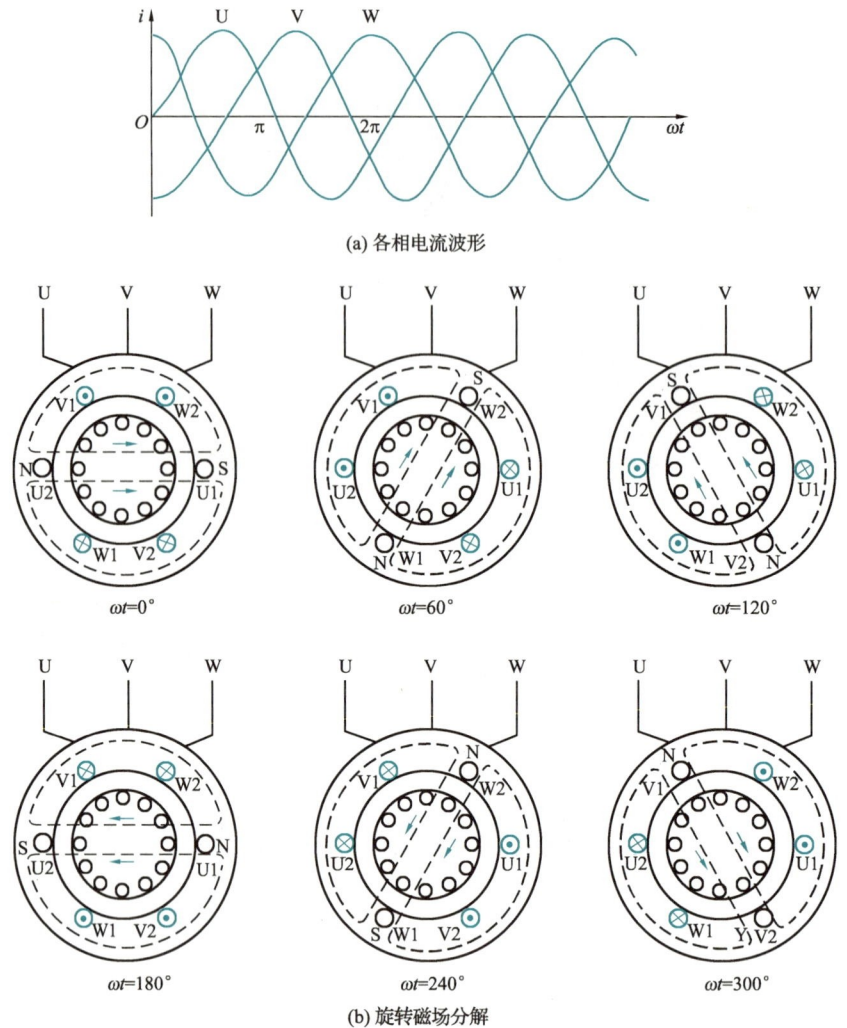

图 1-1-5 旋转磁场

磁场旋转的转速称为三相异步电动机的同步转速,用 n_0 表示,其计算公式为

$$n_0=\frac{60f_1}{p} \tag{1-1-1}$$

式中 f_1——定子电源的频率;

p——电动机的磁极对数。

在图 1-1-5 中,电动机三相绕组所加电源的顺序即相序为 U—V—W,即 U 相电流超前 V 相电流 120°,V 相电流超前 W 相电流 120°,旋转磁场逆时针旋转。改变所加电源的相序为 U—W—V 时,旋转磁场将顺时针旋转。旋转磁场的方向由施加在电动机三相绕组上的电源相序决定,改变电源相序就可以改变旋转磁场的方向。

2 三相异步电动机的转矩

定子绕组通入交流电后形成的旋转磁场切割转子绕组产生感应电动势,并在闭合的转子绕组回路中产生感应电流,该电流使转子绕组在磁场中受到电磁力 **F** 的作用,从而形成

电磁转矩 T_d,使转子得以旋转,如图 1-1-6 所示。

显然,只有当旋转磁场与转子绕组间存在相对运动即存在转速差时,转子绕组才能切割磁力线,转子绕组中才能产生感应电流,旋转磁场才会对转子产生电磁力的作用,进而形成电磁转矩。

3 三相异步电动机的转速

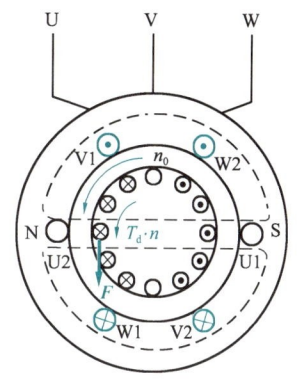

图 1-1-6　三相异步电动机的工作原理

由上述分析可知,转子转速 n 与旋转磁场转速 n_0 存在转速差是三相异步电动机产生电磁转矩的必要条件,n 总是小于 n_0,三相异步电动机的"异步"正是来源于此。转速差通常称为转差,也称为滑差,用 Δn 表示,$\Delta n = n_0 - n$。转差 Δn 与同步转速 n_0 的比值称为转差率,用 s 表示,即

$$s = \frac{\Delta n}{n_0} = \frac{n_0 - n}{n_0} \qquad (1\text{-}1\text{-}2)$$

所以

$$n = n_0(1-s) = \frac{60 f_1}{p}(1-s) \qquad (1\text{-}1\text{-}3)$$

转差率是三相异步电动机的一个基本参数,它对电动机的运行有着极大的影响,其值越大,转差就越大,转子绕组切割磁力线的相对转速也越大,转子绕组中的感应电动势、感应电流、转子电流频率也越大,转子产生的电磁转矩也会增大。

电动机在额定状态下运行时,转子转速 n 通常与 n_0 相差不大,因此额定转差率 s_N 一般都比较小,为 $0.01 \sim 0.05$,n 为 $(0.99 \sim 0.95) n_0$。三相异步电动机的转速通常用转差率来衡量,即用转差率替代转速。

1.3　三相异步电动机的功率传递

三相异步电动机运行时,定子绕组从电网吸收电功率,转子向拖动的负载输出机械功率。由于电动机在实现电能向机械能转换的过程中必然会产生定子损耗、转子损耗及空载损耗等各种损耗,因此输出的机械功率应等于总功率减去总损耗。

作为电源的对称三相负载,电源供给三相异步电动机的输入功率 P_1 为

$$P_1 = \sqrt{3} U_1 I_1 \cos \varphi \qquad (1\text{-}1\text{-}4)$$

式中　U_1——定子绕组的线电压;
　　　I_1——定子绕组的线电流;
　　　$\cos \varphi$——定子绕组的功率因数。

三相异步电动机的定子损耗包括定子铜损耗 P_{Cu1} 和定子铁损耗 P_{Fe} 两部分。定子铜损耗是定子电流流过定子绕组时在绕组电阻上所产生的功率损耗;定子铁损耗是定子铁芯中的磁滞及涡流损耗。从输入功率 P_1 中扣除定子铜损耗和定子铁损耗后剩余的功率就是通过电磁感应由定子侧传递到转子侧的电磁功率 P_{em},即

$$P_{em} = P_1 - P_{Cu1} - P_{Fe} \qquad (1\text{-}1\text{-}5)$$

由于电磁功率是通过气隙传递给转子的,所以电磁功率也称为气隙功率。

转子电流流过转子绕组时在转子绕组电阻上所产生的功率损耗称为转子铜损耗,用 P_{Cu2} 表示。正常运行时,转子铁芯中磁通交变的频率很低,故转子铁损耗很小,通常可以不计。从电磁功率中扣掉铜损耗后,剩下的部分就是总机械功率 P_{MEC},即

$$P_{MEC} = P_{em} - P_{Cu2} \tag{1-1-6}$$

总机械功率不会全部由轴上输出,因为转子转动时还要产生由轴承和风阻等摩擦引起的机械损耗 P_{mec} 及由定子、转子开槽和谐波磁场引起的附加损耗 P_{ad} 等,因此轴上输出的机械功率 P_2 为

$$P_2 = P_{MEC} - P_{mec} - P_{ad} = P_{MEC} - P_0 \tag{1-1-7}$$

式中 P_0——空载损耗,$P_0 = P_{mec} + P_{ad}$。

综上所述,三相异步电动机的功率传递过程为

$$P_2 = P_1 - P_{Cu1} - P_{Fe} - P_{Cu2} - P_{mec} - P_{ad} = P_1 - \sum P \tag{1-1-8}$$

式中 $\sum P$——总损耗。

上述功率传递过程如图 1-1-7 所示。

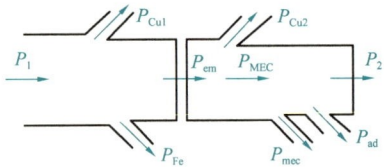

图 1-1-7 异步电动机的功率传递过程

由三相异步电动机能量传递关系的进一步分析可知,总机械功率和电磁功率的关系为

$$P_{MEC} = (1-s)P_{em} = P_{em} - sP_{em} = P_{em} - P_{Cu2} \tag{1-1-9}$$

可见,转差率越大(转速越低),电磁功率中将有越多的部分转化为转子铜损耗。

从动力学角度来看,旋转物体的机械功率应等于作用在物体上的力矩与其旋转角速度的乘积。因此,当电动机的转子角速度为 ω 时,相应的电磁转矩为

$$T_d = P_{MEC}/\omega \tag{1-1-10}$$

令电动机同步角速度为 ω_0,则 $\omega = (1-s)\omega_0$,可得

$$T_d = \frac{P_{MEC}}{\omega} = \frac{(1-s)P_{em}}{(1-s)\omega_0} = \frac{P_{em}}{\omega_0} \tag{1-1-11}$$

可见,电磁转矩等于总机械功率和转子实际角速度之比,同时也等于电磁功率和同步角速度之比。

将式(1-1-7)两边同除以 ω,有

$$\frac{P_2}{\omega} = \frac{P_{MEC}}{\omega} - \frac{P_0}{\omega}$$

可得三相异步电动机的转矩平衡方程式为

$$T_2 = T_d - T_0 \tag{1-1-12}$$

式中 T_2——输出机械转矩;

T_0——空载损耗转矩。

式(1-1-12)表明,在稳定情况下,从电动机产生的电磁转矩中扣除空载损耗所对应的

空载转矩后才得到电动机轴上的输出转矩,这就是三相异步电动机的转矩平衡关系。

根据 ω 与 n 之间的关系,在额定运行时有

$$T_2 = T_N = \frac{P_N}{\omega_N} = 9\,550\,\frac{P_N}{n_N} \tag{1-1-13}$$

式中 T_N——额定转矩,N·m;
　　　P_N——额定输出功率,kW;
　　　n_N——额定转速,r/min。

此外,从电动机理论可知电磁转矩的另一计算公式是

$$T_d = \frac{P_{em}}{\omega_0} = C_T \Phi_m I_2' \cos\varphi_2 \tag{1-1-14}$$

式中 C_T——电动机的转矩系数,由电动机结构决定;
　　　Φ_m——气隙每极磁通;
　　　$\cos\varphi_2$——转子功率因数;
　　　I_2'——折算到定子侧的转子电流。

式(1-1-14)表明,电磁转矩是由转子电流与磁场相互作用而产生的。

1.4　三相异步电动机的机械特性

机械特性描述的是在一定条件下,电动机转速与转矩之间的关系,可用函数 $n=f(T_d)$ 表示,相应的曲线称为机械特性曲线。

1　固有机械特性曲线

电动机在额定电压和额定频率下,按规定的方式接线,定子和转子电路不外接电阻或电抗时的机械特性称为固有机械特性。三相异步电动机的固有机械特性曲线如图 1-1-8 所示。由图可见,机械特性曲线以 B 点为分界点分成 AB 段和 BC 段两个区域。

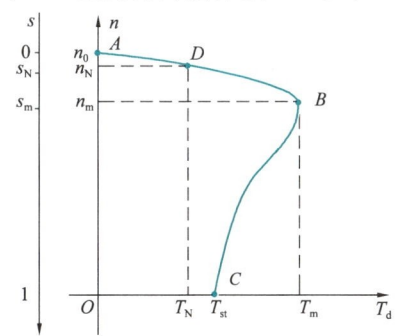

图 1-1-8　三相异步电动机的固有机械特性曲线

(1) AB 段

AB 段是三相异步电动机的正常工作区域,也称为稳定运行区。在 AB 段中,随着机械负载的转矩增大,电动机为保持转矩平衡,转速减小,使电磁转矩增大;反之,负载转矩减小,则转速增大,电磁转矩减小。AB 段的斜率越大,负载变化时转速变化越大,机械特性越软;

反之，机械特性越硬。

（2）BC 段

BC 段是三相异步电动机启动的过渡区域，也称为非稳定运行区，其特点是随着转速减小，电磁转矩减小。

（3）同步运行点 $A(T_d=0, n=n_0, s=0)$

同步运行点 A 是三相异步电动机的理想空载点，主要反映理想空载转速的大小。在异步电动机中，理想空载转速就是旋转磁场的转速，即同步转速。实际运行中，电动机达不到同步运行点，但电动机空载时，接近同步运行点。

（4）临界点 $B(T_d=T_m, n=n_m, s=s_m)$

临界点 B 是稳定运行区域和非稳定运行区域的分界点，所对应的转差率 s_m 称为临界转差率，$s_m=0.1\sim0.2$。电动机在该点具有最大电磁转矩 T_m，T_m 的大小反映了电动机的过载能力。当负载转矩超过最大转矩时，电动机将因带不动负载而停车。

（5）启动点 $C(T_d=T_{st}, n=0, s=1)$

启动点 C 说明当电动机刚接通电源，尚未转动起来时的启动转矩 T_{st} 的大小。三相异步电动机在工作时既受到电磁转矩 T_d 的作用，又受到负载转矩 T_L 的作用，转子在这些转矩的共同作用下旋转，其受力情况如图 1-1-9 所示。启动时，电动机输出的电磁转矩就是启动转矩 T_{st}。当启动转矩 T_{st} 大于负载转矩 T_L 时，电动机从 C 点启动加速运行，沿着曲线转速升高到 B 点，并越过 B 点进入稳定运行区域 AB 段。随着转速在 AB 段的进一步升高，电磁转矩减小，当电磁转矩等于负载转矩时，电动机启动过程结束，匀速运行。

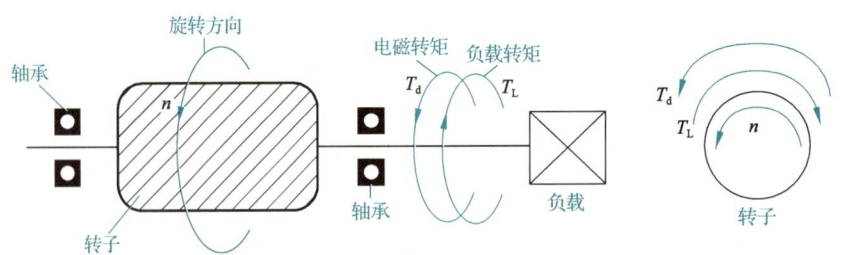

图 1-1-9　三相异步电动机的受力情况

（6）额定工作点 $D(T_d=T_N, n=n_n, s=s_N)$

额定工作点 D 是电动机拖动额定负载 T_N 时的运行点。此时允许电动机过载，但过载量应小于最大电磁转矩 T_m，否则电动机将越过 B 点进入非稳定运行区域。在非稳定运行区域内，随着转速的减小，电磁转矩进一步减小，直到转速减小为 0，电动机堵转。堵转时，定子绕组仍接在电源上，而转子静止不动，引起转子及定子绕组中的电流剧增，若不及时切除电源，电动机将迅速过热而烧毁。

此外，电动机允许的过载也只能是短时过载，否则定子电流长时间超过额定电流，也将引起电动机发热、绝缘受损甚至烧毁电动机。

2　人为机械特性

人为地改变电动机所接电源电压、电源频率、定子磁极对数或定子、转子电路参数（电阻、电抗）时得到的机械特性称为人为机械特性。减小电源电压时的人为机械特性曲线和转子串电阻时的人为机械特性曲线分别如图 1-1-10 和图 1-1-11 所示。

(1) 减小电源电压时的人为机械特性

根据对异步电动机机械特性的进一步分析可知,异步电动机的电磁转矩与定子所接电源电压的平方成正比,而临界转差率的大小与电源电压无关,于是得到减小电源电压时的人为机械特性曲线,如图 1-1-10 所示。此时人为机械特性的临界转差率不变,而转矩按电源电压的平方关系成比例地减小。

(2) 转子串电阻时的人为机械特性

由图 1-1-11 可见,随着转子回路总电阻的增大,临界转差率变大,而最大转矩不变。这是因为三相异步电动机的最大输出转矩与转子回路总电阻无关,而临界转差率与转子回路总电阻成正比。

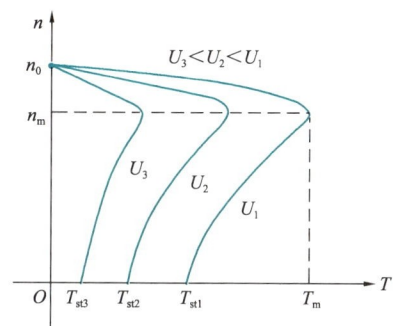

图 1-1-10　减小电源电压时的人为机械特性曲线 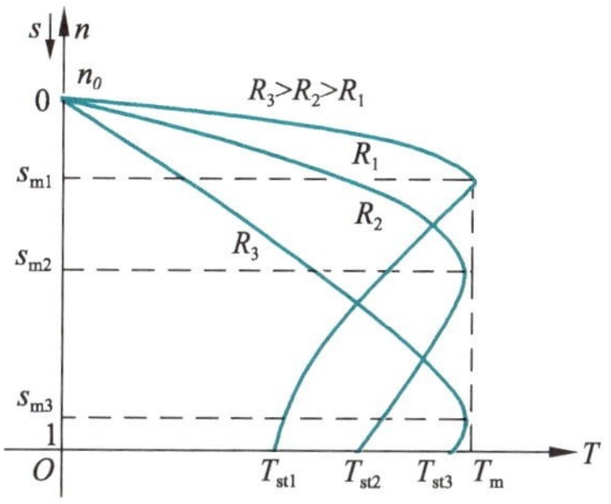　　图 1-1-11　转子串电阻时的人为机械特性曲线

1.5 电动机拖动负载的类型及特性

1.5.1 电动机拖动负载的类型

电动机总是在负载情况下运行,其拖动生产机械负载的大小与性质直接影响电动机的工作状态。实际应用中,生产机械种类繁多,但根据其负载转矩的基本特性可以分为三类,即恒转矩负载、恒功率负载和二次方律负载。

1.5.2 负载特性

1 恒转矩负载

恒转矩负载的特点:负载转矩 T_L 的大小恒定不变,与转速 n 的大小无关。恒转矩负载又可以分为反抗性恒转矩负载和位能性恒转矩负载两种。

(1) 反抗性恒转矩负载

这类负载转矩大小恒定不变,但方向始终与转速方向相反,总是对电动机的运行起阻碍(反抗)作用。如图 1-1-12 所示带式输送机是最典型的反抗性恒转矩负载,图中,对电动机运行起阻碍作用的是来自传输带与传动滚筒之间的摩擦力 F,力的作用半径就是滚筒半径 r。由摩擦力形成的负载转矩为

$$T_L = Fr \tag{1-1-15}$$

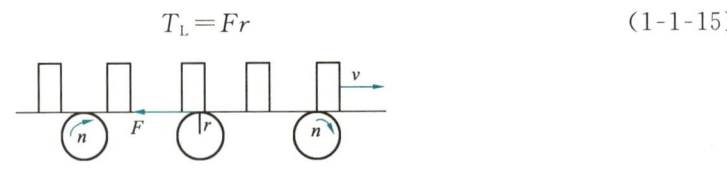

图 1-1-12 带式输送机

从式(1-1-15)可以看出,由于 F 和 r 均与转速无关,因此在速度变化过程中负载转矩 T_L 保持不变,即 T_L 为常数,这也是恒转矩负载命名的原因。显然,一旦传送带改变运行方向,则摩擦力反向,负载转矩反向,即负载转矩的方向始终与运动方向相反。反抗性恒转矩负载的机械特性曲线如图 1-1-13(a)所示。

必须注意:这里所说的转矩大小是否变化,是相对于转速变化而言的,绝不能与负载本身大小变化引起的转矩变化相混淆。或者说,恒转矩负载的特点:负载转矩的大小仅仅取决于负载的轻重,而与转速的快慢无关。就带式输送机而言,当传输带上物品较多时,不论转速有多慢,负载转矩都较大;而当传输带上物品较少时,不论转速有多快,负载转矩都较小。

除带式输送机外,轧钢机、起重机行走机构等由摩擦力产生的转矩均属于反抗性恒转矩负载。

(2)位能性恒转矩负载

位能性恒转矩负载的负载转矩大小和方向都恒定不变,与电动机的旋转速度及方向无关,其机械特性曲线如图 1-1-13(b)所示。例如起重机提升或下放货物时,重物作用在电动机轴上的转矩。这类负载转矩往往是由物体的重力所产生,因此称为位能性恒转矩负载。

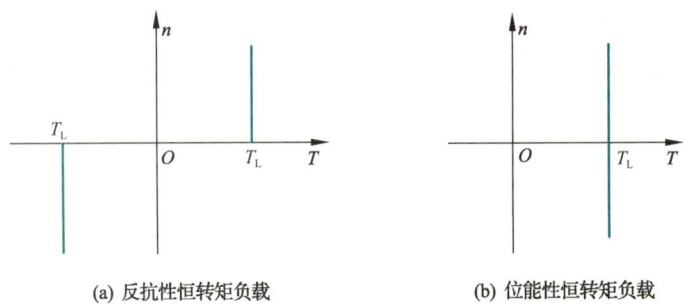

(a) 反抗性恒转矩负载　　　　　　　(b) 位能性恒转矩负载

图 1-1-13 恒转矩负载的机械特性曲线

根据机械功率的定义,有

$$P_L = T_L \omega = \frac{T_L n}{9\,550} \tag{1-1-16}$$

式中　P_L——负载消耗功率,kW。

如图 1-1-14 所示为恒转矩负载的功率特性曲线,由图可见,负载功率与转速成正比。图中,n_N 为工频 50 Hz 时的负载额定转速。

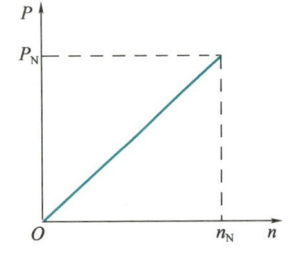

图 1-1-14 恒转矩负载的功率特性曲线

2 恒功率负载

恒功率负载的特点:负载转矩 T_L 与转速 n 的乘积为常数。由于负载转矩与转速的乘积体现了功率的大小,因此称这类负载为恒功率负载。

如图1-1-15所示为典型的恒功率负载——卷绕机械。在卷绕过程中,为了保持卷装不变形(松卷或表面不平整),被卷物的张力 F 以及线速度 v 应保持恒定。当卷绕半径由 r_1 增大到 r_2 时,卷绕辊的转速由 n_1 减小为 n_2,即转速 n 随着卷绕半径 r 的增大而减小。卷绕机械的负载转矩为 $T_L=Fr$,由于 F 恒定,因此负载转矩 T_L 与卷绕半径 r 成正比,而与转速 n 成反比,其机械特性曲线如图1-1-16(a)所示。

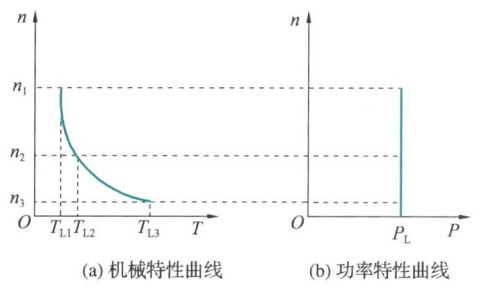

图 1-1-15　卷绕机械

这类负载的机械功率为

$$P_L = T_L\omega = Fv = 常数 \tag{1-1-17}$$

负载的转矩方向始终与转速方向相反,表现为反抗性质,其功率特性曲线如图1-1-16(b)所示。

(a) 机械特性曲线　　(b) 功率特性曲线

1-16　恒功率负载的机械特性曲线和功率特性曲线

3　二次方律负载

离心式风机和水泵是典型的二次方律负载。这类负载大多用于控制流体(气体和液体)的流量,其负载的阻转矩 T_L 与转速 n 的平方成正比关系,即

$$T_L = K_T n^2 \tag{1-1-18}$$

式中　K_T——转矩比例常数。

其负载功率为

$$P_L = \frac{T_L n}{9\,550} = \frac{K_T n^3}{9\,550} = K_P n^3 \tag{1-1-19}$$

式中　K_P——功率比例常数。

由式(1-1-19)可以看出,负载功率与转速的三次方成正比关系。事实上,考虑电动机轴上存在的摩擦和电动机空载损耗时,式(1-1-18)和式(1-1-19)应写成以下形式:

负载转矩　　　　　　　　　$T_L = T_0 + K_T n^2$ 　　　　　　　　(1-1-20)

负载功率　　　　　　　　　$P_L = P_0 + K_P n^3$ 　　　　　　　　(1-1-21)

式中　T_0——空载转矩;

P_0——空载功率损耗。

根据以上分析，二次方律负载的机械特性曲线和功率特性曲线如图1-1-17所示。

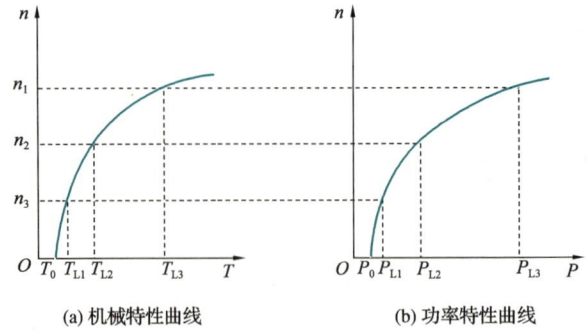

(a) 机械特性曲线　　　　　　(b) 功率特性曲线

图1-1-17　二次方律负载的机械特性曲线和功率特性曲线

需要注意的是，以上介绍的几种负载特性都是从实际负载中概括出来的典型负载。事实上，生产机械的负载特性可能是以某种典型负载为主的几种典型负载的组合。例如在泵类负载中，除了叶轮产生的负载转矩外，其传动机构如轴承等还将产生一定的摩擦力矩，因此实际的泵类负载应为二次方律负载与恒转矩负载的合成。

复习思考题

1. 什么是同步速？什么是转差率？
2. 三相异步电动机的转子是如何转动起来的？
3. 什么是三相异步电动机的固有机械特性和人为机械特性？
4. 改变电源电压对三相异步电动机的机械特性有何影响？画出变电压时的机械特性曲线。
5. 电动机的额定功率是它吸收电能的功率吗？
6. 电动机拖动负载有哪几种基本类型？起重机属于哪类负载？速度增大对转矩和功率有何影响？

基础 2 交流异步电动机的调速方法

生产机械工作机构的调速方法通常有两种,即机械调速和电气调速。机械调速的主要方法是齿轮变速箱调速,即通过不同齿轮啮合实现转速变换。例如,在电动机的输出端接一个小齿轮,再与一个大齿轮啮合,那么大齿轮得到的转速就变小了。机械调速是有级调速,当调速齿轮级数较多时,变速箱体积将增大,结构也变得复杂,损耗随之增大。而电气调速则是直接改变电动机的转速以实现生产机械速度调节的方法,不需要复杂的齿轮变速机构,控制方便,而且能实现无级调速。

2.1 调速概述

由异步电动机转速公式(1-1-3)可知,改变供电频率 f_1、电动机的磁极对数 p 及转差率 s 均可达到改变转速的目的。从电动机的机械特性来看,通过改变施加于电动机的电源电压、电动机参数等将电动机运行的曲线从固有机械特性变为人为机械特性也可以实现调速。但从调速的本质来看,不同的调速方式无非是改变交流电动机的同步转速和不改变交流电动机的同步转速两种。不改变同步转速的调速方法有改变定子电源电压的调压调速、绕线型电动机的串电阻调速、斩波调速、串级调速以及应用电磁转差离合器、液力耦合器、油膜离合器等设备的调速方法等。改变同步转速的调速方法有改变定子磁极对数的多速电动机调速以及改变定子电源频率的变频调速等。

从调速时的能耗观点来看,有高效调速和低效调速两种方法。高效调速时转差率不变,因此无转差损耗,如多速电动机调速、变频调速以及能将转差损耗回收的串级调速等。有转差损耗的调速方法属于低效调速。例如,串电阻调速时,其能量损耗在转子回路中;电磁转差离合器调速时,能量损耗在离合器线圈中;液力耦合器调速时,能量损耗在液力耦合器的油中。一般来说,转差损耗随调速范围的扩大而增大,如果调速范围不大,则能量损耗是很小的,一般可以忽略。

2.2 变极调速

变极调速通过改变定子绕组的连接方式来改变笼型异步电动机定子磁极对数达到调速目的。由于运行时须由外部控制电路改变电动机的磁极对数,故一般采用特殊设计的双速电动机或多速电动机。

2.2.1 变极调速的原理

如图 1-2-1 所示是 4/2 极双速电动机定子 U 相绕组接线原理。当该电动机定子绕组的连接由图 1-2-1(a)变为图 1-2-1(b)时,电动机的极对数将由原来的两对极变为一对极。很明显,想要做到这一点,必须将每一相的定子绕组都分成完全相同的两个半相绕组,并把两个半相绕组的连接端子全部引到电动机的接线盒中,以便通过外部的接线改变电动机的极对数。

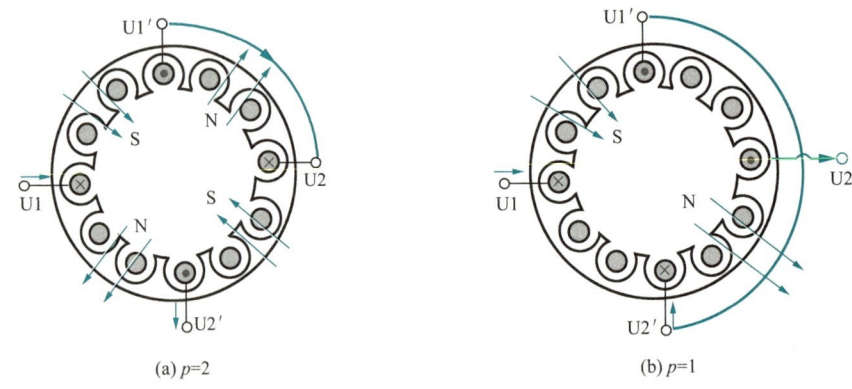

图 1-2-1 4/2 极双速电动机定子 U 相绕组接线原理

4/2 极双速电动机变极的连接方法如图 1-2-2 所示,如图 1-2-2(a)和图 1-2-2(b)所示分别为两个半相绕组顺向串联和顺向并联,为四极电动机,$p=2$;如图 1-2-2(c)和图 1-2-2(d)所示分别为两个半相绕组反向串联和反向并联,为两极电动机,$p=1$。

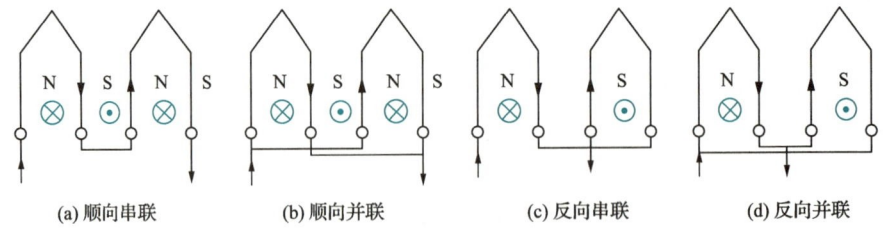

图 1-2-2 4/2 极双速电动机变极的连接方法

观察绕组中的电流方向可以发现,尽管接法不同,但四极电动机相邻两个半相绕组的电流方向总是相反的,而两极电动机相邻两个半相绕组的电流方向总是相同的。也就是说,通过改变两个半相绕组之间的连接,使其中一个半相绕组中的电流方向发生变化,就能达到变极的目的。

上述变极调速中,电动机的极对数按照倍数关系变化,称为倍极调速。也有变极调速电动机的极对数为非倍数的关系,如 4/6 变极等。

除双速电动机外,常用的变速电动机还有三速、四速电动机等。三速以上电动机往往有两套定子绕组,其结构比普通异步电动机要复杂得多。

根据电动机的工作原理,只有当定子、转子的极对数相同时,两者的磁场才能相互作用产生电磁转矩。对于笼型异步电动机,当定子极对数发生变化时,转子极对数将自动变化并与定子极对数保持一致,而绕线型异步电动机的转子极对数则不会自动与定子极对数保持一致。因此,变极调速仅仅适用于笼型异步电动机。

2.2.2 变极调速的接线方法

变极调速的接线方法很多,但常用的只有两种,即星形-双星形连接和三角形-双星形连接,分别如图 1-2-3(a)和图 1-2-3(b)所示。

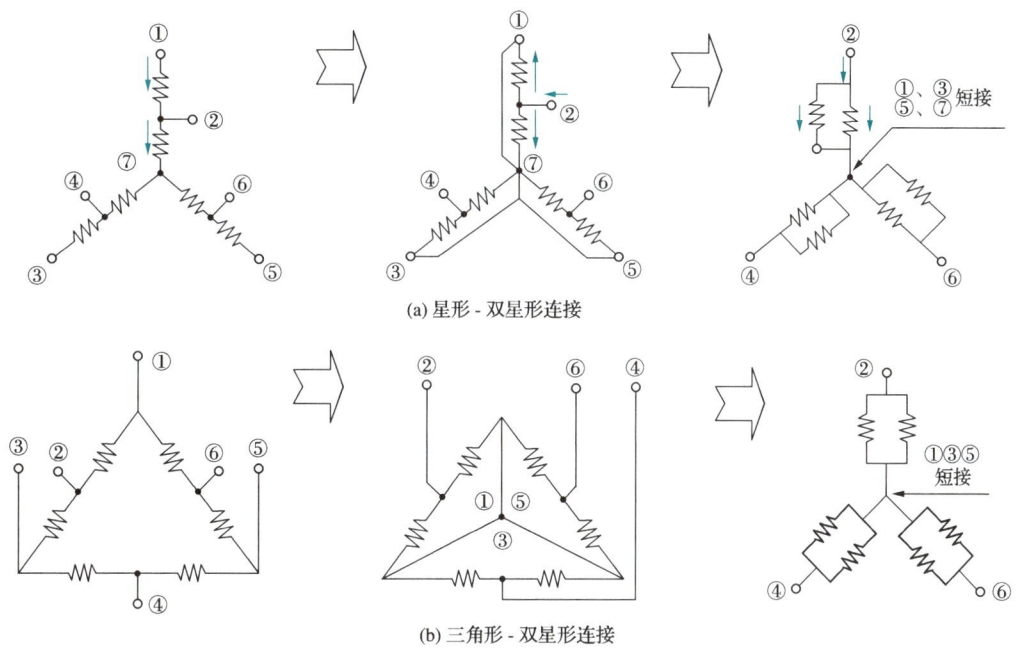

(a) 星形-双星形连接

(b) 三角形-双星形连接

图 1-2-3 变极调速的接线方法

1 星形-双星形连接

如图 1-2-3(a)所示为星形-双星形连接。可以看出,这种连接方法实际上是将每相绕组原来顺向串联的两个半相绕组变为反向并联,电动机的极对数也随之减至原来的一半,星形为低速,双星形为高速。显然,这种接法的电动机除每相绕组首端①、③、⑤和中间抽头②、④、⑥引到接线盒外,还需要将每相绕组首端短接⑦后也引至接线盒。

需要说明的是,变极后三相绕组在定子空间的排列顺序可能发生变化,从而影响电动机旋转方向,因此电动机在投入运行前必须予以注意。

根据分析,当电动机定子绕组由星形接法变为双星形接法时,转速和输出功率约增大1倍,而电动机的输出转矩基本保持不变,故适用于机床的移动工作台、电梯、起重机等恒转矩负载。

2 三角形-双星形连接

如图1-2-3(b)所示为三角形-双星形连接。可以看出,这种连接方法是将原来顺向串联的两个半相绕组变为反向并联。三角形接法时的极对数为双星形接法时的2倍。这种接法的电动机只需要将每相绕组首端①、③、⑤和中间抽头②、④、⑥引到接线盒即可,因此接线较简单。

三角形-双星形变换的双速电动机在变极的前后(调速前后),电动机的输出功率基本不变(只增大15%),而输出转矩将减小,这种调速前后输出功率不变的方法适用于恒功率负载调速。

变极调速不需要专门的调速设备,调速系统结构简单、体积小、质量轻;具有较硬的机械特性和良好的稳定性;无转差损耗,效率高;但电动机绕组引出头较多,调速级数少(最多四速),平滑性差,不能实现无级调速。变极调速主要适用于不需要无级调速的生产机械且调速要求不高的场合。

2.3 调压调速

2.3.1 调压调速的特性

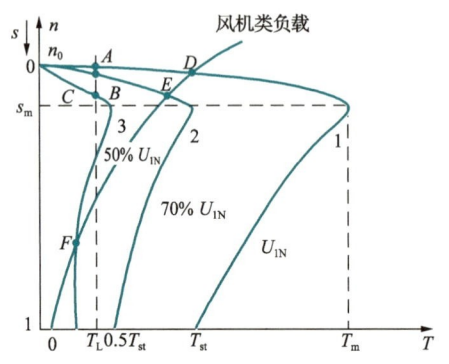

图 1-2-4 异步电动机改变定子电压时的机械特性曲线

由三相异步电动机的机械特性可知,当改变电动机的定子电压时,可以得到一组不同的机械特性曲线。如图1-2-4所示,曲线1为电动机固有机械特性曲线,曲线2、曲线3分别为定子电压是额定电压的70%和50%时的机械特性曲线。从图中可以看出,调压调速时,三相异步电动机的同步转速不变,临界转差率不变。由于电动机的转矩与定子电压平方成正比,因此当定子电压为70%额定电压时,其最大转矩、启动转矩均只有额定电压时的50%。对于恒转矩负载T_L,额定电压下其工作点在A点,当电压减小时,工作点降为B点和C点,转速减小,转差率变大,因此调压调速属于变转差率调速方法。

由图1-2-4可见,带恒转矩负载T_L运行时,异步电动机改变工作电压时的稳定工作点为A、B、C,调速范围很小。如果带风机类负载运行,则工作点为D、E、F,调速范围明显增大,调速效果显著提高。

调压调速的特点:线路简单,易实现自动控制;调压过程中转差功率以发热形式消耗在转子电阻中,效率较低。

2.3.2 调压调速的典型应用——力矩电动机调速

由上述调压调速特性可知,要在恒转矩负载下获得较大的调压调速范围,需要电动机具有较软的机械特性,即具有较大的临界转差率。由于异步电动机的临界转差率与转子电阻成正比,因此为了扩大调速范围,调压调速应配合转子电阻值大的笼型异步电动机使用。如图 1-2-5 所示为力矩电动机外形及其调压调速机械特性曲线,该电动机的转子电阻用电阻率较大的黄铜条制成,在恒转矩负载下具有较好的调压调速特性。

(a) 力矩电动机外形　　(b) 力矩电动机在不同电压下的机械特性曲线

图 1-2-5　力矩电动机外形及其调压调速机械特性曲线

由图 1-2-5(b)可见,力矩电动机的特点是具有较软的机械特性,可以堵转。当负载转矩增大时能自动减小转速,同时增大输出转矩;当负载转矩为定值时,改变电动机端电压便可调速。

力矩电动机的控制简单,任何一种调压装置都可用于力矩电动机的调速,对于输出功率较小的电动机大多采用三相调压器,而输出功率较大的电动机则采用晶闸管调压或其他形式。由于其机械特性比较软,开环调速的调速精度比较低,因此通常在电动机轴上加一测速装置,配上控制器,利用测速装置输出的电压和控制器给定的电压相比较,形成闭环控制,自动调节电动机的电源电压,实现转速的稳定。

由于力矩电动机的转子电阻高,损耗大,所产生的热量也大,特别在低速运行和堵转时更为严重,因此力矩电动机后端盖处需安装强迫通风用的风机。

2.3.3 用于减压启动的调压调速电路

普通交流异步电动机的调压调速范围很小,不太具有工程应用价值。调压调速更多的是用于减压启动场合,目的是减小大容量电动机的启动电流,减小对供电电网的冲击。对于一般的笼型异步电动机,启动电流为额定值的 4~7 倍,较大的启动电流会使电网电压减小过大,影响其他设备的正常运行,甚至使该电动机本身根本无法启动。这时,就必须采取措施来减小其启动电流,常用的方法就是减压启动。

减压启动时,启动电流将随电压成正比地减小,从而可以避开启动电流冲击的高峰。但由于启动转矩与电压的二次方成正比,启动转矩的减小将比启动电流减小更显著,则启动转矩不够。因此,减压启动只适用于中、大功率电动机空载或轻载启动的场合。目前常见的减压启动电路有星形-三角形减压启动电路、定子绕组串联饱和电抗器减压启动电路、自耦变压器减压启动电路等。

(1)星形-三角形减压启动电路

星形-三角形(Y-△)减压启动是在电动机启动时,将定子绕组接成星形,以减小启动电压,限制启动电流,待电动机启动后,再将定子绕组改接成三角形,使电动机全压运行。其电路如图1-2-6(a)所示。

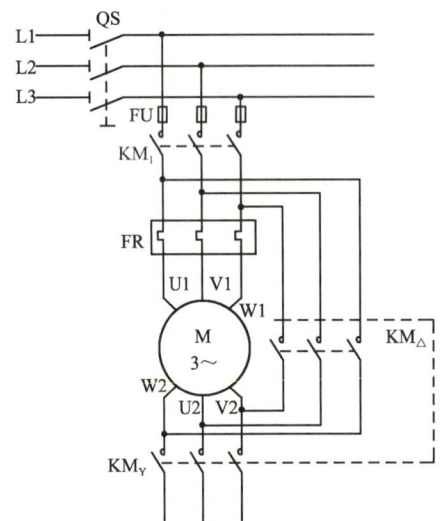

(a) 星形-三角形减压启动电路

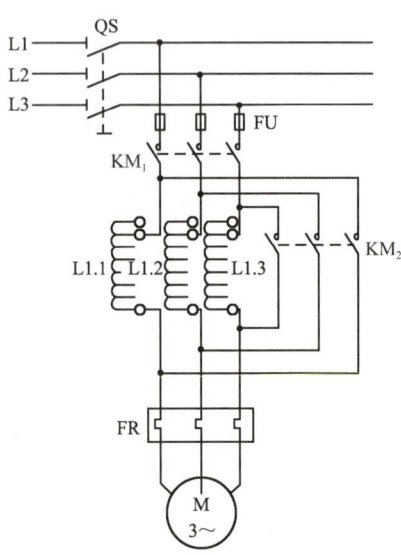

(b) 定子绕组串联饱和电抗器减压启动电路

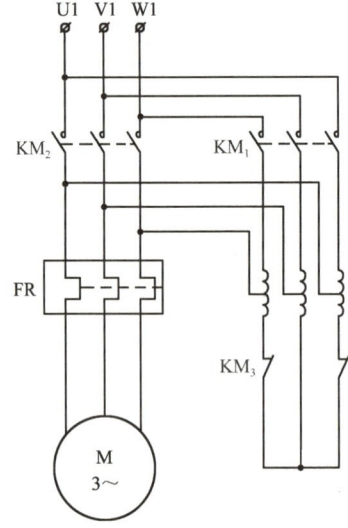

(c) 自耦变压器减压启动电路

图 1-2-6 常见的减压启动电路

(2)定子绕组串联饱和电抗器减压启动电路

定子绕组串联饱和电抗器减压启动是在电动机定子与电源之间串联接入电抗器,通过电抗器的分压作用来减小定子绕组上的启动电压,待电动机启动后,再将电抗器短接,使电动机在额定电压下运行。其电路如图 1-2-6(b)所示。

(3)自耦变压器减压启动电路

自耦变压器减压启动是在将电动机定子绕组接在自耦变压器的低压侧,通过自耦变压器的分接头来调节定子绕组上的启动电压和启动电流,待电动机启动后,再将自耦变压器切除,使电动机在额定电压下运行。其电路如图 1-2-6(c)所示。

2.3.4 软启动器

前述减压启动都是有级减压启动,虽然启动电流的幅值比直接启动电流低,但启动过程中具有两次电流冲击且启动时间较长。而带有电流闭环的软启动器可以限制启动电流并保持恒值,直到转速增大后再自动衰减,不仅启动过程无冲击并且其启动时间也短于一般的减压启动。

1 什么是软启动器

软启动器是一种集电动机软启动、软停车、轻载节能和多种保护功能于一体的新型电动机控制装置,如图 1-2-7 所示。

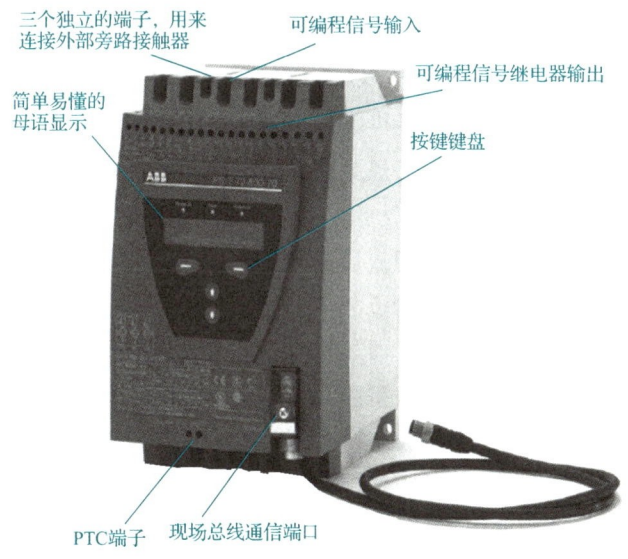

图 1-2-7 软启动器

软启动器主要由串联于电源与被控电动机之间的三相反并联晶闸管及其电子控制电路构成,如图 1-2-8 所示。三相反并联晶闸管是一种可控电力电子器件,通过控制其导通角,就可以使被控电动机的定子电压按不同的要求变化,从而实现不同的控制功能。

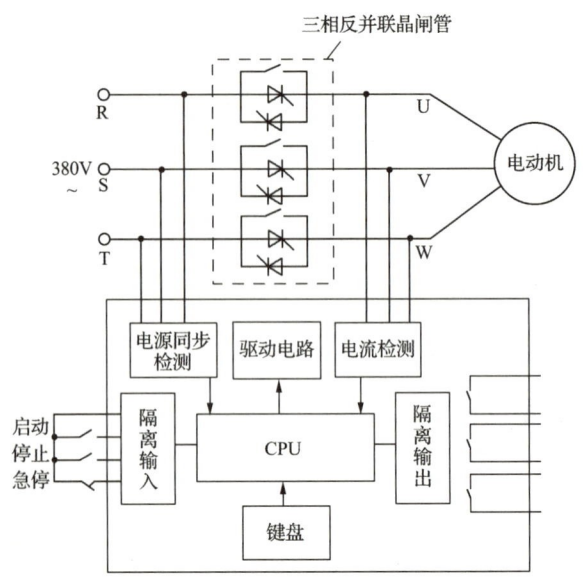

图 1-2-8 软启动器的构成

2 软启动器的启动特性

使用软启动器启动电动机时,三相反并联晶闸管的输出电压逐渐增大,使电动机逐渐加速,直到三相反并联晶闸管完全导通,电动机工作在额定电压的机械特性上,实现平滑启动。工作时,电动机的工作频率仍为 50 Hz,即旋转磁场的转速不变,但由于是减压启动,电动机磁通很小,因此转子绕组的感应电动势也很小,转子电流也不大。启动电流减小,即减小了电动机启动过程对电网的冲击,增强了供电可靠性。

从启动过程来看,软启动器的启动规律遵循调压调速的特性,动态转矩较小,加速度小,转速增大缓慢,电动机启动平稳,对负载机械的冲击转矩小,延长机器使用寿命。由于降压启动的启动转矩较小,所以仅适用于轻载启动场合,而不适用于要求启动较快的场合。

软启动器的启动参数可调,可根据负载情况及电网继电保护特性选择参数,自由地无级调整至最佳的启动电流。此外,软启动器还具有软停车功能,即平滑减速,逐渐停机,它可以克服瞬间断电停机的弊端,减轻对重载机械的冲击。

大多数软启动器在三相反并联晶闸管两侧设有旁路接触器触头,如图 1-2-9 所示。待电动机达到额定转速时,启动过程结束,软启动器自动由旁路接触器取代,电动机在额定电压下运行。其目的是减小三相反并联晶闸管的热损耗,延长软启动器的使用寿命,还可使电网避开软启动器运行时产生的谐波干扰。此外,一旦软启动器发生故障,也可应急使用旁路接触器。

3 软启动器与变频器的比较

软启动器和变频器是两种不同用途的产品。变频器用于需要调速的地方,其输出不但改变频率而且同时改变电压;软启动器实际上是个调压器,用于电动机启动,其输出只改变

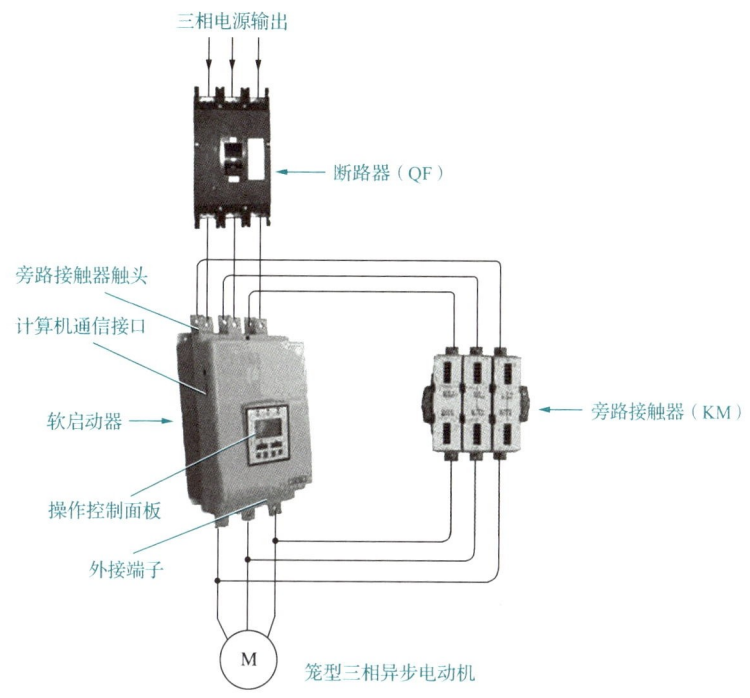

图 1-2-9　软启动器的接线

电压而不改变频率。变频器具备所有软启动器的功能,但它的价格比软启动器贵得多,结构也复杂得多。

正是由于变频器的价格较高,软启动器才作为传统星形-三角形启动器与变频器之间的过渡产品出现。随着工业制造技术的不断发展,变频器成本逐渐下降,软启动器的市场空间也将越来越小。

2.4　串电阻调速和串级调速

2.4.1　串电阻调速

串电阻调速方法是在转子绕组内串入电阻改变输出转速的调速方法,只能应用于绕线型异步电动机。其原理是当转子绕组的电阻增大后,如果要产生相同的转子电流,必须增大转子感应电动势,即需要增大转子绕组与旋转磁场之间的相对运行速度,由于同步速不变,因而转子转速减小,转差变大。

串三级电阻的调速系统结构如图 1-2-10(a)所示,在转子三相绕组上分别串联有三段对称电阻 $R_{\Omega 1}$、$R_{\Omega 2}$ 和 $R_{\Omega 3}$,通过接触器控制,可以获得四种不同的转子状态 R_1、R_2、R_3 和 R_4,相应的临界转差率为 s_{m1}、s_{m2}、s_{m3} 和 s_{m4},在恒转矩负载下得到电动机转速为 $n_a > n_b > n_c > n_d$,即串入的电阻越大,电动机的转速越低,如图 1-2-10(b)所示。

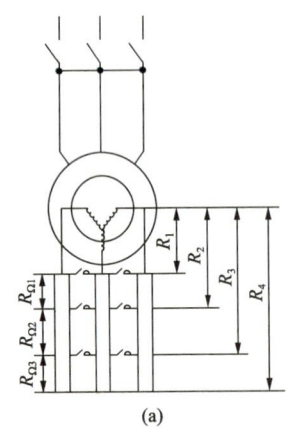 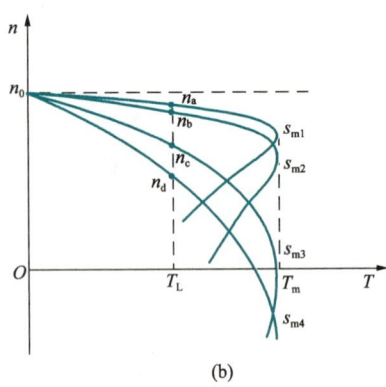

图 1-2-10　异步电动机串电阻调速

串电阻调速的优点是设备简单,控制方便,但在调速性能方面缺点也是非常明显的,主要表现在以下几个方面:

(1)低速时转速稳定性差。由图 1-2-10(b)所示机械特性曲线可见,转速越低特性越软,因此低速时一旦负载出现扰动会引起较大的转速变化。

(2)轻载调速范围小。转差不仅与串入电阻有关,也与负载转矩的大小相关,显然负载转矩越小,转差越小,调速范围越小。

(3)只能实现有级调速。由于串入电阻的功率与电动机功率为一个等级,一般只能采用接触器实现调速控制,即只能实现有级调速。

(4)低速时效率很低。串电阻调速时转差功率以发热的形式消耗在电阻上,电能的利用率不高,调速效率低。

2.4.2　串级调速

串电阻调速系统采用的是耗能型调速方式,通过将部分电磁功率消耗在转子串入的电阻上来减小输出功率,在负载转矩不变的情况下减小输出转速。如果在转子电路中不是串入电阻,而是串联一个能把这部分功率回馈到电网的电路,同样也能使电动机输出功率减小,达到使转速减小的目的。

串级调速就是通过在绕线型异步电动机转子回路中串入可调节的附加电动势来改变电动机的转差,从而达到调速的目的的。串级调速系统中,大部分转差功率被串入的附加电动势所吸收,再利用产生附加电动势的装置,把吸收的转差功率返回电网或转换能量加以利用。

根据转差功率吸收利用方式的不同,串级调速可分为电动机串级调速、机械串级调速及晶闸管串级调速三种,采用较多的是晶闸管串级调速。如图 1-2-11 所示为晶闸管串级调速系统,图中 UR 为三相不可控整流装置,将转子电动势 sE_{20} 整流成直流电压 U_d。这里,E_{20} 是转子由静止状态启动时启动瞬间的感应电动势。工作在有源逆变状态下的三相可控整流装置 UI 提供了可调直流电压 U_i 作为电动机调速所需的附加直流电动势,同时将经整流输出的转差功率逆变后通过变压器 TI 回馈到电网。显然,系统稳定工作时,必有 $U_d > U_i$。

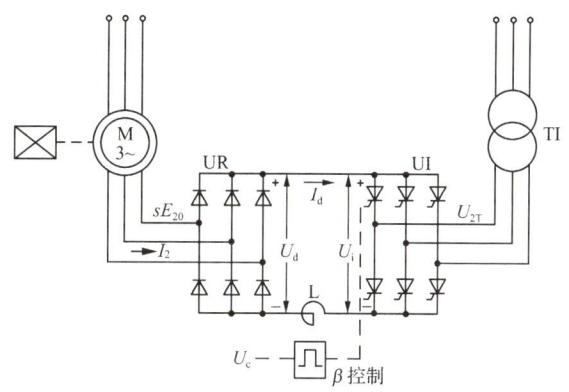

图 1-2-11　晶闸管串级调速系统

在图 1-2-11 所示电路中，L 为平波电抗器，I_d 是直流回路电流，与电动机转子交流电流 I_2 之间具有固定的比例关系，近似地反映了电动机电磁转矩的大小。在图示电压和电流的参考方向下，整流后的转子直流回路电压平衡式为

$$U_d = U_i + I_d R$$

或

$$K_1 s E_{20} = K_2 U_{2T} \cos\beta + I_d R \tag{1-2-1}$$

式中　K_1、K_2——UR 与 UI 的整流系数，对于三相桥式电路，$K_1 = K_2 = 2.34$；

U_{2T}——TI 的次级相电压，对于既定的电气串级调速系统为恒值；

β——UI 的逆变触发角；

R——转子侧直流回路总电阻。

系统的调速原理：在负载转矩不变的条件下，稳态运行时，可以近似认为 I_d 为恒值。根据晶闸管工作原理（详见基础 3），增大 β，则 U_i 减小，电动机由于转子惯性尚未变化，即 U_d 为原值，由式（1-2-1）可知直流回路电流 I_d 增大，I_2 相应增大，电动机输出转矩增大加速运行。一旦电动机加速，转差率减小，sE_{20} 减小，U_d 减小，直到 U_d 和 U_i 根据式（1-2-1）取得新的平衡，电动机以新的稳定状态在较高的转速下运行。同理，减小 β 时，电动机减速。

由以上分析可见，串级调速可将调速过程中的转差损耗回馈到电网或生产机械上，因而效率较高。由进一步的分析可知，电动机的同步转速由电源电压频率和电动机的结构决定，它们在调速过程中恒定不变。而理想空载转速与 β 有关，一般 β 的调节范围为 30°～90°，此调节范围决定了电动机调速的上、下限。串级调速装置的容量与调速范围成正比，用于调速范围较小的场合时，装置体积小，投资省，适用于调速范围为额定转速 70%～90% 的生产机械。串级调速装置故障时可以切换至全速运行，避免停产。晶闸管串级调速的主要缺点是功率因数偏低，谐波影响较大，主要适用于风机、泵类及轧钢机、矿井提升机、挤压机等。

2.5　电磁转差离合器调速

电磁转差离合器是电磁调速异步电动机的调速部件。电磁调速异步电动机由笼型异步电动机和电磁转差离合器两部分组成，其外形和结构如图 1-2-12 所示。

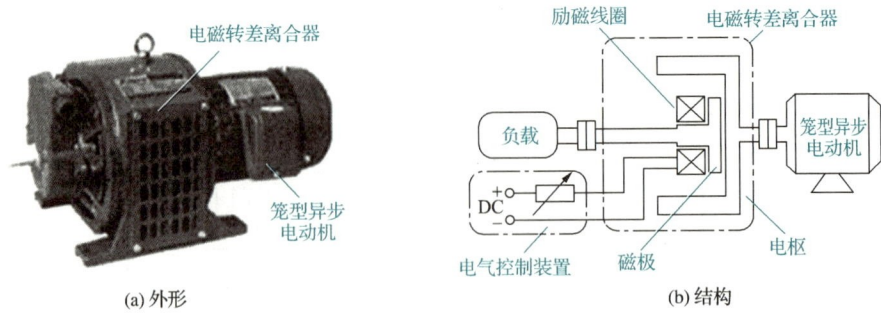

图 1-2-12 电磁调速异步电动机的外形和结构

电磁转差离合器由电枢、磁极和励磁线圈三部分组成,如图 1-2-12(b)所示。电枢为铸钢制成的圆筒形结构,它与笼型异步电动机的转轴相连接,称为主动部分;磁极做成爪形结构,装在负载轴上,称为从动部分。主动部分和从动部分在机械上无任何联系。

电磁转差离合器可分为有刷和无刷两大类。如图 1-2-13 所示为无刷电磁转差离合器的结构。当励磁线圈通过直流励磁电流时产生磁场,爪形结构便形成很多对磁极。

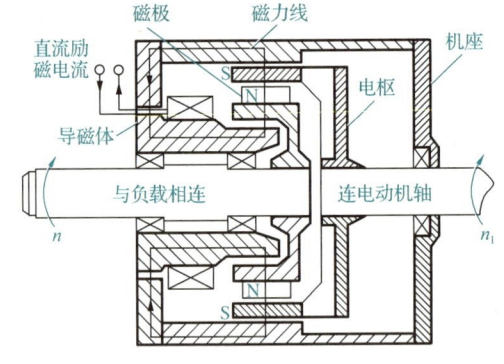

图 1-2-13 无刷电磁转差离合器的结构

如图 1-2-14 所示为电磁转差离合器调速原理。电气控制装置向电磁转差离合器励磁线圈提供直流励磁电流或电压以产生磁场。圆筒形电枢可以看成是由无数排列紧密的导体组成的鼠笼,当笼型异步电动机作为原动机带动电磁转差离合器的电枢一起以转速 n_1 旋转时,电枢切割磁场产生电流(涡流)。涡流受到磁场力 F_1 的作用并产生电枢转矩,根据作用力与反作用力的原理,此刻在磁极上必定存在与电枢受力方向相反的磁场力 F_2 和电磁力矩,于是从动部分的磁极便跟着主动部分电枢一起旋转,其转速为 n,旋转方向与笼型异步电动机相同。

显然,只有当电枢与磁场存在着相对运动时,电枢才能切割磁场,因此最终输出轴的转速总是要小于笼型异步电动机输出轴的转速,其转差可通过改变励磁电流的大小进行调节。励磁电流越大,电磁转矩越大,转速越高,反之则越低,从而实现生产机械的转速调节。当励磁线圈不通入电流时,电磁转差离合器脱开与笼型异步电动机的联系,磁极便停止旋转。如图 1-2-15 所示为不同励磁电流下的机械特性曲线。从图上可以看出,电磁转差离合器本身的机械特性很软,因此工业使用中常常加上速度反馈,构成闭环调速系统,以增强速度稳定性。

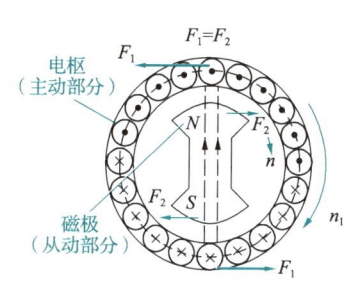
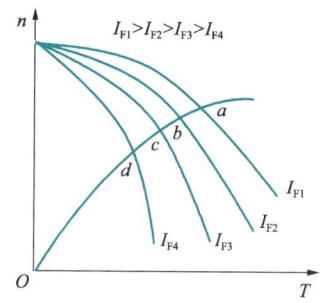

图 1-2-14　电磁转差离合器调速原理　　图 1-2-15　不同励磁电流下的机械特性曲线

转差率有时又称滑差率,因此在工程应用中,又将电磁调速异步电动机称为滑差电动机。

电磁调速异步电动机的调速特点:装置结构及控制线路简单,运行可靠,维修方便;调速平滑,为无级调速,对电网无谐波影响;采用转速负反馈控制后,调速范围可达 10∶1,调速性能得到明显提升。由于具有笼型异步电动机与电磁调速机构两套机构,电能的损耗比较大,效率低,不适合用于长期低速运行的拖动系统;最终输出转速经过两次转差损失,转速损失较大,主要适用于中小功率,要求平滑启动、短时低速运行的生产机械。

2.6　变频调速

2.6.1　变频调速原理

变频调速是利用电动机的同步转速随电源频率变化的特性,通过改变电动机供电电源的频率进行电动机转速调节的方法。

根据三相异步电动机的工作原理,其转子转速与频率之间存在以下关系:

$$n=n_0(1-s)=\frac{60f_1}{p}(1-s) \tag{1-2-2}$$

由式(1-2-2)可知,当交流电源频率 f_1 变化时,电动机同步转速也随之成正比变化。因此,改变交流电源频率就可以改变异步电动机的转速,从而实现异步电动机的无级调速,这就是变频调速的基本原理。

变频调速的主要设备是提供变频电源的变频器,变频器可分为交-直-交变频器和交-交变频器两大类,目前国内大都使用交-直-交变频器。其特点:效率高,调速过程中没有附加损耗;用于笼型异步电动机调速,应用范围广;调速范围大,机械特性硬,精度高;技术复杂,造价高,维护检修较为困难。随着变频技术的发展,变频调速使用范围越来越广,性价比也越来越高。变频调速作为本书讨论的重点,将在后文中详细介绍。

2.6.2　变频调速电动机

变频调速电动机简称变频电动机,是变频器驱动的电动机的统称。实际上为变频器设计的电动机为变频专用电动机,它可以在变频器的驱动下实现不同的转速与扭矩,以适应负载的需求变化。变频电动机由传统的笼型异步电动机发展而来,但普通电动机是根据市电的频率和相应的功率设计的,只有在额定的情况下才能稳定运行,而变频电动机要克服低频时的过热与振动,所以在设计上和具体结构上要比普通电动机更加完善。

变频电动机在设计时需要考虑以下几个方面的问题:

(1)电动机的效率和温升的问题

不论哪种形式的变频器,在运行中均产生不同程度的谐波电压和电流,使电动机在非正弦电压、电流下运行。高次谐波会引起电动机定子铜损耗、转子铜(铝)损耗和铁损耗及附加损耗的增大,最为显著的是转子铜(铝)损耗。这些损耗都会使电动机额外发热,效率降低,输出功率减小,如将普通三相异步电动机运行于变频器输出的非正弦电源条件下,其温升一般要增大 10%～20%。

(2)电动机绝缘强度问题

目前,中小型变频器大多采用 PWM 的控制方式,这就使得电动机定子绕组要承受很高的电压上升率,相当于对电动机定子绕组施加陡度很大的冲击电压,对电动机的匝间绝缘和对地绝缘都提出了很高的要求。

(3)谐波电磁噪声与振动

普通异步电动机采用变频器供电时,由电磁、机械、通风等因素所引起的振动和噪声显得十分复杂。变频电源中含有的各次谐波与电动机电磁部分的固有空间谐波相互干涉,形成各种电磁激振力。当电磁激振力的频率和电动机机体的固有振动频率一致或接近时,将产生共振现象,从而增大噪声。由于电动机工作频率范围宽,转速变化范围大,因而很难避开电动机各构件的固有振动频率。

(4)电动机对频繁启动、制动的适应能力

采用变频器供电后,电动机可以在很低的频率和电压下以无冲击电流的方式启动,并可利用变频器所具有的各种制动方式进行快速制动,为实现频繁启动和制动创造了条件,因而电动机的机械系统和电磁系统经常处于循环交变力的作用下,给机械结构和绝缘结构带来疲劳和加速老化问题。

(5)低转速时的冷却问题

一方面,异步电动机的阻抗不尽理想,当电源频率较低时,电源中高次谐波所引起的损耗较大;另一方面,普通异步电动机在转速减小时,冷却风量与转速的三次方成比例减小,致使电动机的低速冷却状况变坏,温升急剧增大,难以实现恒转矩输出。

针对以上问题,变频电动机在电磁设计和结构设计上均区别于普通异步电动机。对普通异步电动机来说,在电磁设计时主要考虑的性能参数是过载能力、启动性能、效率和功率因数,而变频电动机主要要解决的关键问题是如何改善电动机对非正弦波电源的适应能力。采取的措施主要包括尽可能地减小定子和转子电阻,适当增大电动机的电感,主磁路一般设计成不饱和状态等。在结构设计时,主要也是考虑非正弦电源特性对变频电动机的绝缘结构、振动、噪声、冷却方式等方面的影响。采取的措施:变频电动机的绝缘等级一般为 F 级或更高;尽量增大其固有频率,避免产生共振现象;采用强迫通风冷却,即主电动机散热风扇采用独立的电动机驱动;对容量超过 160 kW 的电动机采用轴承绝缘措施;采用耐高温的特殊润滑脂以补偿轴承的温度升高等。

复习思考题

1. 三相异步电动机的调速方法有哪些？其中哪些是高效调速？
2. 调压调速有哪些特点？主要应用于哪些场合？
3. 简述串级调速的工作原理。
4. 简述电磁调速电动机的调速原理及应用场合。
5. 异步电动机变频调速的理论依据是什么？
6. 三相异步电动机变频调速系统有何优、缺点？
7. 什么是软启动器？它与变频器有何区别？
8. 为什么软启动器工作时需要并联旁路接触器触头？
9. 变频电动机在设计时需要考虑哪些方面的问题？
10. 为什么变频调速异步电动机后端盖需安装强迫通风轴流风机？

基础 3　电力电子器件

　　交流调速比较好的方法是通过控制电动机的电源来改变电动机的工作状态，其中变频调速具有调速性能好、效率高的优点，同时适用于异步电动机和同步电动机。从技术的发展过程来看，交流电动机诞生于 19 世纪 80 年代，而变频调速技术发展到普及、实用阶段却是在 20 世纪 80 年代。究其原因，在交流调速技术的发展中，电能变换技术是制约其发展的主要因素，它的发展必然伴随着电力电子技术的发展。

3.1　电力电子器件的发展与分类

　　实现电动机变频调速的主要设备是变频器，现代的通用型变频器大都是交-直-交变频器，其主电路的整流电路和逆变电路中都要用到电力电子器件。电力电子器件（Power Electronic Device）又称为功率半导体器件，是主要用于电力设备的电能变换和控制电路方面的大功率电子器件，其电流通常为数十至数千安，电压为数百伏以上。从某种意义上说，变频器的发展过程正是电力电子器件发展过程的反映。变频器市场的发展引发了对电力电子器件的需求，而电力电子器件的发展则进一步推动了变频器市场的发展。目前，用于变频器的电力电子器件主要有晶闸管（SCR）、门极可关断晶闸管（GTO）、电力晶体管（GTR）、电力场效应晶体管（电力 MOSFET）、绝缘栅双极型晶体管（IGBT），以及集成模块和智能功率模块（IPM）等。

3.1.1　电力电子器件的发展

　　1945 年以前，交流拖动系统只使用简单的接触器和继电器，没有任何中间放大环节，这种拖动系统满足不了工业发展对电气化、自动化提出的越来越高的要求。

　　第一代电力电子器件是出现于 1956 年的晶闸管（SCR），它使得交流调速系统的性能有了很大的增强。但是晶闸管是电流控制型开关器件，只能通过门极控制其导通而不能控制其关断，因此又称为半控型器件。又由于开关频率低，晶闸管在调速系统中的应用有局限性。

第二代电力电子器件于 20 世纪 60 年代出现，是以门极可关断晶闸管(GTO)和电力晶体管(GTR)为代表的电流自关断全控型器件，可方便地实现逆变和斩波，然而其开关频率并没有明显提高，因此也限制了其在调速系统中的推广应用。

第三代电力电子器件于 20 世纪 70 年代出现，以电力场效应晶体管(电力 MOSFET)和绝缘栅双极型晶体管(IGBT)为代表，并发展成为电压自关断全控型器件，其开关频率有了显著的提高，并逐步改善了其初期功率等级偏低的缺点，大大提高了交流调速系统的性能，同时扩大了其在交流调速系统中的应用领域，成为当今应用的主流。

第四代电力电子器件是于 20 世纪 90 年代出现的智能功率模块(IPM)，它以 IGBT 为开关元件，并集成有驱动电路和具有过流、短路、过压、欠压和过热等保护功能的保护电路。智能功率模块的应用使得交流调速系统的设备结构更加紧凑、可靠性更高、能耗更低，进一步完善了交流调速系统的性能。

随着电力电子技术的不断发展，集成门极换流晶闸管(IGCT)、静电感应晶闸管(SITH)、注入增强栅极晶体管(IGET)、MOS 控制晶闸管(MCT)、智能功率集成电路(PIC)等新型电力电子器件层出不穷，使变频调速技术不论在性能还是应用领域都有了很大的提高。

3.1.2 电力电子器件的分类

1 按照可控程度分类

(1)不可控器件，例如 PD 等。
(2)半控型器件，例如 SCR 等。
(3)全控型器件，例如 GTO、GTR、电力 MOSFET、IGBT 等。
(4)电力电子模块，例如 IPM 等。

2 按照驱动电路分类

(1)电压驱动型器件，例如电力 MOSFET、IGBT 等。
(2)电流驱动型器件，例如 SCR、GTO、GTR 等。

3 按照驱动电路控制信号分类

(1)脉冲触发型，例如 SCR、GTO 等。
(2)电平控制型，例如 GTR、电力 MOSFET、IGBT 等。

4 按照导电载流子分类

(1)双极型器件，例如 PD、SCR、GTO、GTR 等。
(2)单极型器件，例如电力 MOSFET 等。
(3)复合型器件，例如 MCT 和 IGBT 等。

常用电力电子器件见表 3-1。

表 3-1　　　　　　　　　　常用电力电子器件

类　　型		器件名称	代　号
不可控器件		电力二极管	PD
半控型器件		晶闸管	SCR
全控型器件	电流驱动	电力晶体管	GTR
		门极可关断晶闸管	GTO
	电压驱动	电力场效应晶体管	电力 MOSFET
		绝缘栅双极型晶体管	IGBT
		集成门极换流晶闸管	IGCT
		MOS 控制晶闸管	MCT
电力电子模块		智能功率模块	IPM

3.2　电力二极管

电力二极管(Power Diode)在 20 世纪 50 年代初期就获得应用,当时也被称为半导体整流器。它的基本结构和工作原理与电子电路中的小功率二极管是一样的,都以半导体 PN 结为基础,实现正向导通、反向截止的功能。电力二极管是不可控器件,其导通和关断完全是由其在主电路中承受的电压和电流决定的。

1　电力二极管的基本特性

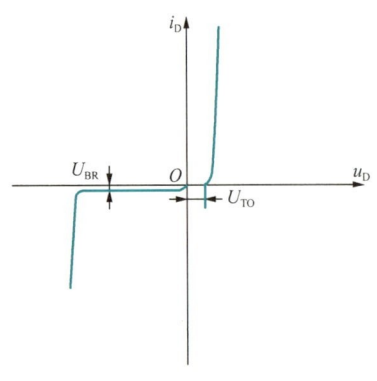

图 1-3-1　电力二极管的伏安特性

电力二极管实际上是由一个面积较大的 PN 结和两端引线以及封装组成的。从外形上看,电力二极管主要有螺栓型和平板型两种封装。由于本身消耗功率较大,发热多,使用时必须十分注意管子的散热,应安装传热良好的散热器。电力二极管的伏安特性如图 1-3-1 所示,当外加正向电压大于 U_{TO}(门槛电压)即克服 PN 结内电场后,管子才开始导通,正向导通后其压降基本不随电流变化。反向工作时,当反向电压增大到 U_{BR}(击穿电压),使 PN 结内电场达到雪崩击穿强度时,反向漏电流剧增,导致电力二极管被击穿而损坏。

2 电力二极管的主要参数

用于工频整流的电力二极管也称为整流管,其主要参数说明如下:

(1) 额定正向平均电流 I_F(额定电流)

额定正向平均电流指管子长期运行在规定散热条件下,允许流过正弦半波时的最大平均电流,将此电流值配规定系列的电流等级即管子的额定电流。

(2) 反向重复峰值电压 U_{RRM}(额定电压)

反向重复峰值电压指管子反向能重复施加的最高峰值电压,此值通常为击穿电压 U_{BR} 的 1/2~2/3。

(3) 正向平均电压 U_F

在规定条件下,管子流过额定正弦半波电流时,管子两端的正向平均电压称为管压降,此值比直流压降小。

(4) 反向漏电流 I_{RR}

对应于反向重复峰值电压时的漏电流称为反向漏电流。

部分电力二极管的主要性能参数见表 3-2。由于工作于工频,故动态参数不标出。

表 3-2　　　　部分电力二极管的主要性能参数

型　号	额定正向平均电流 I_F/A	反向重复峰值电压 U_{RRM}/V	反向电流 I_R	正向平均电压 U_F/V	反向恢复时间 t_{rr}	备　注
ZP1~4 000	1~4 000	50~5 000	1~40 mA	0.40~1.00	—	
ZK3~2 000	3~2 000	100~4 000	1~40 mA	0.40~1.00	<10 μs	
10DF4	1	400	—	1.20	<100 ns	
31DF2	3	200	—	0.98	<35 ns	
30BF80	3	800	—	1.70	<100 ns	
50WF40F	5.5	400	—	1.10	<40 ns	
10CTF30	10	300	—	1.25	<45 ns	
25FPF40	25	400	—	1.25	<60 ns	
HFA90NH40	90	400	—	1.30	<140 ns	模块结构
HFA180MD60D	180	600	—	1.50	<140 ns	模块结构
HFA75MC40C	75	400	—	1.30	<100 ns	模块结构
HFA280NJ60C	280	600	—	1.60	<140 ns	模块结构
MR876 快恢复功率二极管	50	600	50 μA	1.40	<400 ns	
MUR10020CT 超快恢复功率二极管	50	200	25 μA	1.10	<50 ns	
MBR30045CT 肖特基功率二极管	150(单支)	45	0.8 mA	0.78	≈0	

3 电力二极管应用电路举例——三相半波不可控整流电路

三相半波不可控整流电路如图 1-3-2(a)所示。电路由三相变压器供电,也可直接接到三相四线制交流电网,二次相电压有效值为 U_2。三只整流管 $VD_1 \sim VD_3$ 的阴极连在一起接到负载端,称为共阴接法,三个阳极分别接到变压器二次侧,电压波形如图 1-3-2(b)所示,整流电压、电流波形如图 1-3-2(c)所示。

整流管导通的唯一条件是阳极电位高于阴极电位,在图 1-3-2(b)所示波形中,$\omega t_1 \sim \omega t_2$ 期间 u_A 瞬时电压值最高,VD_1 导通,忽略管子正向压降。A 点与 K 点同电位,K 点电位也最高,致使 VD_2、VD_3 受反压而不能导通。同理,$\omega t_2 \sim \omega t_3$ 期间转为 VD_2 导通,$\omega t_3 \sim \omega t_4$ 期间转为 VD_3 导通。也就是说,三相半波不可控整流电路在任何时刻只有与阳极电压最高的那一相相连的整流管导通(换流时除外),按电源的相序每管轮流导通 120°。变压器二次相电压正半周相邻波形的交点即图 1-3-2(b)中的 ωt_1、ωt_2、ωt_3……称为自然换流点(换相点),在换流点后高电压相的整流管自然转为导通,原导通的管子自然关断,整流总是由低电压相转换为高电压相输出,负载 R_d 上得到的整流电压 U_d 由三相相电压轮流提供,为三相二次相电压波形的正半周包络线,其直流平均电压值为

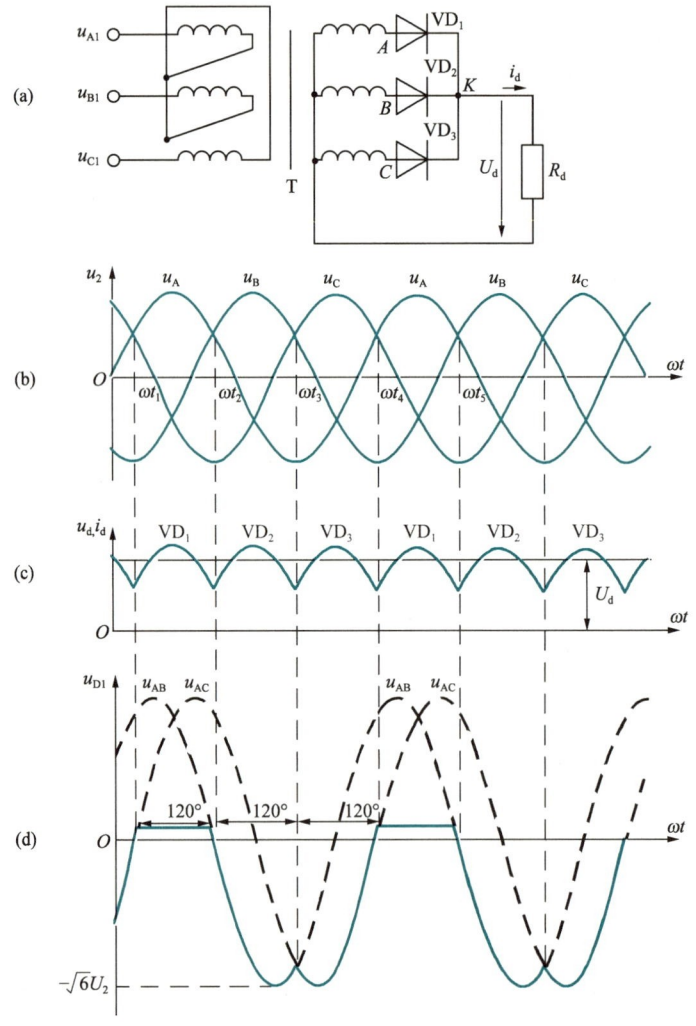

图 1-3-2 三相半波不可控整流电路和波形

$$U_d = 1.17 U_2 \tag{1-3-1}$$

整流管两端电压 u_{D1} 波形如图 1-3-2(d)所示。以 VD$_1$ 为例,一个周期内分成三等分,$\omega t_1 \sim \omega t_2$ 期间 VD$_1$ 导通,u_{D1} 为一条直线;$\omega t_2 \sim \omega t_3$ 期间 VD$_2$ 导通,B 点与 K 点同电位,VD$_1$ 承受的电压为 $u_{AK} = u_{AB}$(线电压超前对应的相电压 u_A 30°);$\omega t_3 \sim \omega t_4$ 期间 VD$_3$ 导通,VD$_1$ 承受 u_{AC} 电压。由此可见,整流管承受的最大反向电压应为电源线电压峰值。若 $U_2 = 220$ V,则整流管承受的最大反向电压至少应大于 $\sqrt{6} U_2 \approx 539$ V。

整流输出电压 u_d 和管子两端电压 u_D 的波形在调试与维修时很有用,根据波形可判断各元件的工作是否正常以及故障出在何处。

3.3 晶闸管

晶闸管又称可控硅,它是一种不具有自关断能力的电力半导体器件。对于晶闸管来说,为了使其进入关断状态,只能从外部切断电流,或者在阳极和阴极之间加上反向电压。在阳极和阴极之间加上反向电压,促使晶闸管关断的电路称为强迫换流电路。在晶闸管变频器中,由于需要强迫换流电路,电路变得比较复杂,并提高了变频器的成本。但是从生产工艺和制造技术上来说,大容量(高电压、大电流)的晶闸管器件更容易制造,而且和其他电力半导体器件相比,晶闸管具有更好的耐过流特性,在 1 000 kV·A 到数兆伏安的大容量变频器中,晶闸管仍具有很强的生命力。

晶闸管按其关断、导通及控制方式可分为普通晶闸管(SCR)、双向晶闸管(TRIAC)、逆导晶闸管(RCT)、门极可关断晶闸管(GTO)、BTG 晶闸管、温控晶闸管(TT 国外,TTS 国内)和光控晶闸管(LTT)等多种。

3.3.1 普通晶闸管 SCR

普通晶闸管 SCR 即通常所说的晶闸管,它是一种大功率 PNPN 四层半导体元件,其外形和电气图形符号如图 1-3-3 所示。晶闸管主要有螺栓式和平板式两种封装结构,有三个引出极,分别是阳极 A、阴极 K 和门极(控制极)G。

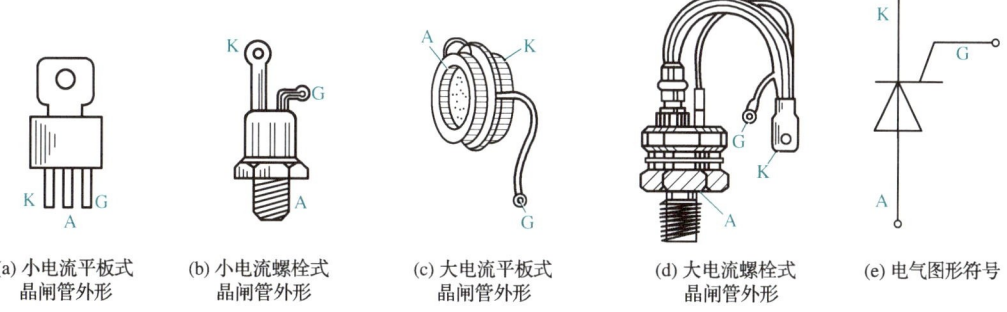

(a) 小电流平板式　　(b) 小电流螺栓式　　(c) 大电流平板式　　(d) 大电流螺栓式　　(e) 电气图形符号
　　晶闸管外形　　　　晶闸管外形　　　　晶闸管外形　　　　晶闸管外形

图 1-3-3　晶闸管的外形和电气图形符号

1 晶闸管的工作原理

为了进一步说明晶闸管的工作原理,下面通过晶闸管的等效电路来分析。将内部四层 PNPN 结构的晶闸管看成是由一个 PNP 型和一个 NPN 型晶体管连接而成的等效电路,如图 1-3-4 所示。

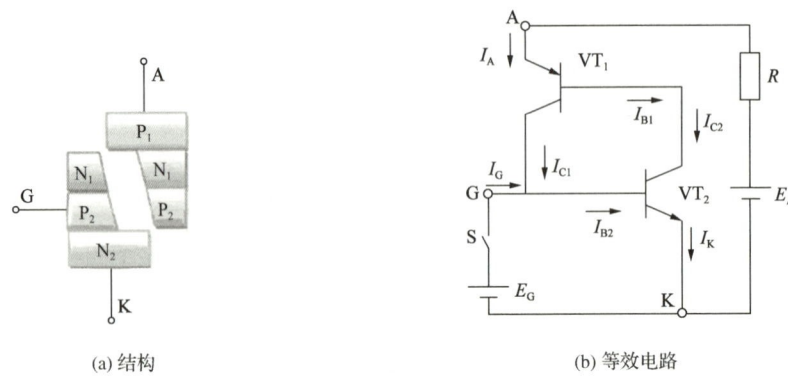

(a) 结构　　　　　　　　　　　　　(b) 等效电路

图 1-3-4　晶闸管的结构和等效电路

晶闸管的阳极 A 相当于 PNP 型晶体管 VT_1 的发射极,阴极 K 相当于 NPN 型晶体管 VT_2 的发射极。当晶闸管阳极承受正向电压,门极也加正向电压时,晶体管 VT_2 处于正向偏置状态,E_G 产生的门极电流 I_G 就是 VT_2 的基极电流 I_{B2},VT_2 的集电极电流 $I_{C2}=\beta_2 I_G$,而 I_{C2} 又是晶体管 VT_1 的基极电流 I_{B1},VT_1 的集电极电流 $I_{C1}=\beta_1 I_{C2}=\beta_1\beta_2 I_G$($\beta_1$ 和 β_2 分别是 VT_1 和 VT_2 的电流放大系数)。电流 I_{C1} 流入 VT_2 的基极,再一次被放大。这样循环下去,形成了强烈的正反馈,使两个晶体管很快达到饱和导通,这就是晶闸管的导通过程。导通后,晶闸管上的压降很小,电源电压几乎全部加在负载上,晶闸管流过的电流即负载电流。正反馈过程如下:

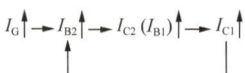

在晶闸管导通之后,它的导通状态完全依靠管子本身的正反馈作用来维持,$I_{B2}=I_{C1}+I_G$,而 $I_{C1}\gg I_G$。此时,即使门极电流消失,即 $I_G=0$,I_{C1} 仍然能够使晶闸管处于导通状态。也就是说,门极的作用仅是触发晶闸管使其导通,导通之后,门极就失去了控制作用,故晶闸管为半控型器件。要想关断晶闸管,最根本的方法就是必须将阳极电流减小到使之不能维持正反馈的程度,也就是将晶闸管的阳极电流减小到小于维持电流。可采用的方法:将阳极电源断开;改变晶闸管的阳极电压的方向,即在阳极和阴极间加反向电压。

综上所述,晶闸管电路由阳极-阴极主电路和门极-阴极控制电路两部分组成,阳极和阴极之间具有可控的单向导电特性,门极仅起触发导通作用,不能控制关断。它的导通条件是阳极和阴极间加正向电压,门极和阴极间加正向触发,为可靠触发晶闸管还需有足够的触发电压。晶闸管的导通与关断两个状态相当于开关的作用,这样的开关又称为无触点开关。

2 晶闸管的主要参数

(1) 晶闸管的额定电压 U_{TN}

①断态重复峰值电压 U_{DRM}:在门极断路且结温为额定值的条件下,允许重复加在晶闸

管两端的正向峰值电压称为断态重复峰值电压 U_{DRM}。

②反向重复峰值电压 U_{RRM}：在门极断路时，可以重复加在晶闸管两端的反向峰值电压称为反向重复峰值电压 U_{RRM}。

晶闸管的额定电压取 U_{DRM} 和 U_{RRM} 的较小值且靠近标准电压等级所对应的电压值。由于瞬时过压也会造成晶闸管损坏，因此在选择晶闸管时，通常取其额定电压 U_{TN} 为晶闸管在电路中可能承受的最大峰值电压的 2～3 倍。

(2) 额定电流 $I_{\text{T(AV)}}$

晶闸管的额定电流 $I_{\text{T(AV)}}$ 是指在环境温度为 +40 ℃ 和规定的散热条件下，晶闸管在电阻性负载的单相、工频 (50 Hz)、正弦半波 (导通角不小于 170°) 的电路中，结温稳定在额定值 125 ℃ 时所允许的通态最大平均电流。

在选用晶闸管时，应根据管子的额定电流求出管子允许流过的电流有效值，该有效值应大于或等于管子在电路中实际可能通过的最大电流有效值 I_{T}；考虑元件的过载能力，实际选择时还应有 1.5～2.0 倍的安全裕量。

在考虑了 1.5～2.0 的安全系数后，晶闸管额定电流的计算公式为

$$I_{\text{T(AV)}} \geqslant (1.5 \sim 2.0) \frac{I_{\text{T}}}{1.57}$$

(3) 通态平均电压 $U_{\text{T(AV)}}$

通态平均电压 $U_{\text{T(AV)}}$ 是指在额定通态平均电流和稳定结温条件下，晶闸管阳极和阴极间电压降的平均值，一般称为管压降，其值为 0.6～1.2 V。

(4) 维持电流 I_{H} 和擎住电流 I_{L}

在室温和门极开路时，能维持晶闸管继续导通的最小阳极电流称为维持电流 I_{H}。维持电流大的晶闸管容易关断。给晶闸管门极加上触发电压，当元件刚从阻断状态转为导通状态时就撤除触发电压，此时元件维持导通所需要的最小阳极电流称为擎住电流 I_{L}。对同一晶闸管来说，擎住电流 I_{L} 要比维持电流 I_{H} 大 2～4 倍。

(5) 门极触发电流 I_{GT}

门极触发电流 I_{GT} 是指在室温且阳极电压为 6 V 直流电压时，使晶闸管从阻断到完全开通所必需的最小门极直流电流。

(6) 门极触发电压 U_{GT}

门极触发电压 U_{GT} 是指对应于门极触发电流时的门极触发电压。对于晶闸管的使用者来说，为使触发器适用于所有同型号的晶闸管，触发器送给门极的电压和电流应适当地大于所规定的 U_{GT} 和 I_{GT} 上限，但不应超过其峰值 U_{GFM} 和 I_{GFM}。门极平均功率 P_{G} 和峰值功率 (允许的最大瞬时功率) P_{GM} 也不应超过规定值。

(7) 断态电压临界上升率 du/dt

在额定结温和门极断路条件下，使晶闸管从断态转入通态的最低电压上升率称为断态电压临界上升率 du/dt。

(8) 通态电流临界上升率 di/dt

在规定条件下，当门极触发晶闸管使其导通时，晶闸管能够承受而不导致损坏的通态电流的最大上升率称为通态电流临界上升率 di/dt。

另外还有晶闸管的开通与关断时间等参数，在此不再赘述。

3 晶闸管应用电路举例——单相桥式全控整流电路

带电阻负载的晶闸管单相桥式全控整流电路如图 1-3-5(a)所示,图中,变压器起变换电压和隔离的作用。VT_1 和 VT_4 组成一对桥臂,在 u_2 正半周得到触发脉冲 u_g 触发时导通,在 u_2 过零时关断;VT_2 和 VT_3 组成另一对桥臂,在 u_2 负半周得到触发脉冲 u_g 触发时导通,在 u_2 过零时关断。整流输出电压波形如图 1-3-5(b)所示,图中,α 为触发延迟角,是晶闸管开始承受正向阳极电压起到施加触发脉冲为止的电角度,也称触发角或控制角;θ 称为导通角,是晶闸管在一个电源周期中处于通态的电角度。

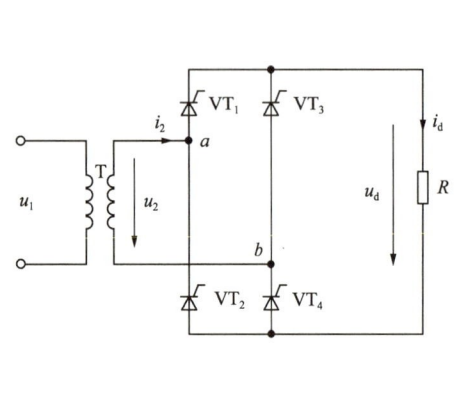
(a) 整流电路

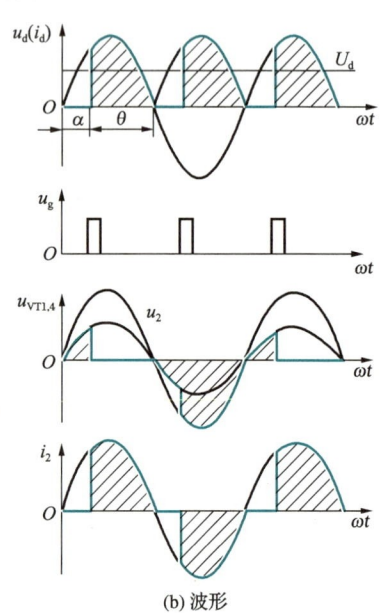
(b) 波形

图 1-3-5　带电阻负载的晶闸管单相桥式全控整流电路及波形

输出电压平均值的计算公式为

$$U_d = \frac{1}{\pi}\int_0^\pi \sqrt{2}U_2 \sin(\omega t)\,d(\omega t) = 0.9U_2 \frac{1+\cos\alpha}{2} \qquad (1-3-2)$$

输出电压有效值的计算公式为

$$U = \sqrt{\frac{1}{2\pi}\int_\alpha^\pi \left[\sqrt{2}U_2 \sin(\omega t)\right]^2 d(\omega t)} = U_2\sqrt{\frac{1}{2\pi}\sin(2\alpha)+\frac{\pi-\alpha}{\pi}} \qquad (1-3-3)$$

晶闸管可能承受的最大电压为

$$U_{TM} = \sqrt{2}U_2 \qquad (1-3-4)$$

3.3.2　门极可关断晶闸管 GTO

门极可关断晶闸管(GTO)具有普通晶闸管的全部特性,如耐压高(工作电压可高达 6 kV)、电流大(电流可达 6 kA)以及造价便宜等,同时它又具有门极正脉冲信号触发导通、门极负脉冲信号触发关断的特性,而在它的内部有电子和空穴两种载流子参与导电,所以它属于全控型双极型器件。GTO 是一种多元的功率集成器件,内部包含数十个甚至数百个共阳极的 GTO 元,这些 GTO 元的阴极和门极在器件内部并联在一起,使 GTO 比普通晶闸管

开通过程更快,承受 di/dt 能力更强。与使用普通晶闸管的装置相比,使用 GTO 的装置具有以下优点:

(1)主电路元件少,结构简单,体积变小,成本降低。
(2)不需要强迫换流装置,损耗减小。
(3)换流是脉冲换流,噪声小。
(4)容易实现脉宽调制控制,应用范围广。

GTO 有阳极 A、阴极 K 和门极 G 三个电极,其电气图形符号如图 1-3-6 所示。

GTO 的工作原理与普通晶闸管相似,其结构也可以等效为如图 1-3-4 所示由 PNP 和 NPN 两个晶体管组成的反馈电路。当它的阳极与阴极之间承受正向电压,门极加正脉冲信号(门极为正,阴极为负)时,在其内部形成电流正反馈,使两个等效晶体管处于临界饱和导通状态。导通后的管压降较大,一般为 2~3 V。

与普通晶闸管所不同的是,普通晶闸管导通时处于深度饱和状态,而 GTO 导通时处于临界饱和状态,因此只要

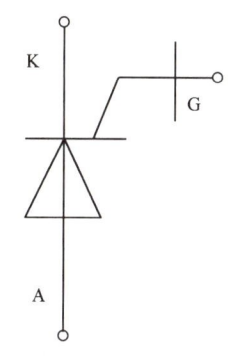

图 1-3-6　GTO 的电气图形符号

在 GTO 的门极加负脉冲信号(门极为负,阴极为正)即可使其退出饱和而关断。如图 1-3-4 所示,当 GTO 的门极加负脉冲信号时,门极出现反向电流,此反向电流将 VT_1 的集电极电流抽出,使 VT_2 基极电流减小,以致无法维持正反馈,从而使 GTO 关断。

GTO 门极关断时,随着阳极电流的减小,阳极电压逐步增大,因而 GTO 关断的瞬时功耗较大。在电感性负载条件下,阳极电流与阳极电压有可能同时出现最大值,此时的瞬时关断功耗尤为突出。此外,因为导通压降较大,门极触发电流较大,所以 GTO 的导通功耗与门极功耗均较普通晶闸管大。

GTO 的基本参数与普通晶闸管大多相同,现将不同的主要参数介绍如下。

(1)最大可关断阳极电流 I_{ATO}

除了受发热温升限制外,过大的 GTO 阳极电流 I_A 还会使管子饱和程度加深,导致门极关断失败,因此必须规定一个最大可关断阳极电流 I_{ATO}。I_{ATO} 是 GTO 的铭牌额定电流,与管子电压上升率、工作频率、反向门极电流峰值和缓冲电路等参数有关,在使用中应予以注意。

(2)关断增益 G_{off} 或 β_{off}

这个参数是用来描述 GTO 关断能力的。关断增益 G_{off} 为最大可关断阳极电流 I_{ATO} 与门极负电流最大值 I_{GM} 之比,大功率晶闸管的关断增益为 3~5。关断增益小是 GTO 的一个主要缺点,但通过采用适当的门极电路,可以很容易获得上升率较快、幅值足够大的门极负电流,因此在实际应用中不必追求过大的关断增益。

(3)擎住电流 I_L

与普通晶闸管定义一样,擎住电流 I_L 是指门极加触发信号后,阳极大面积饱和导通时的临界电流。GTO 由于工艺结构特殊,其 I_L 要比普通晶闸管大很多,因而在加电感性负载时必须有足够的触发脉冲宽度。

GTO 有能承受反压和不能承受反压两种类型,在使用时要特别注意。

3.4 电力晶体管与电力场效应晶体管

3.4.1 电力晶体管(GTR)

电力晶体管即大功率晶体管,是一种内部采用了达林顿结构的电力半导体器件。它既保留了晶体管的固有特性,又扩大了容量。利用电力晶体管组成的换流电路具有开关速度快、功耗小等特点,特别适合于需要较高开关速度的应用场合。随着半导体制造技术的发展,双极型电力晶体管的容量增大,由电力晶体管及其他换流电路所需要的元器件集成在一起的功率模块为电力晶体管在变频器中的进一步应用提供了有利条件。

电力晶体管具有切断基极电流即可切断集电极电流的特性(自关断能力)和开关频率高(可以达到数千赫兹)的特点,在交直流调速、不间断电源等电力变流装置中具有广泛应用。

1. GTR 的结构与工作原理

GTR 由 3 层半导体材料、2 个 PN 结(集电结、发射结)构成,分为 NPN 和 PNP 两种类型。结构上可以看成是多个晶体管单元的并联,这些晶体管单元共用一个大面积的集电极,发射极和基极在一个平面上做成叉指型结构,最后并联在一起。其内部结构和电气图形符号如图 1-3-7 所示。

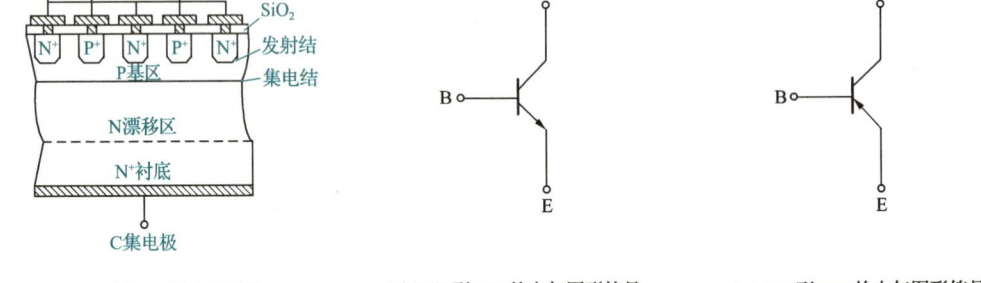

(a) NPN型GTR的内部结构　　(b) NPN型GTR的电气图形符号　　(c) PNP型GTR的电气图形符号

图 1-3-7 GTR 的内部结构与电气图形符号

如图 1-3-7(a)所示为 NPN 型 GTR 内部结构,当外电路所接电源使集电结反偏、发射结正偏时,GTR 处于放大区;当集电结和发射结均正偏时,GTR 饱和,集电极和发射极之间相当于开关导通;当发射结零偏或反偏时,GTR 截止,集电极和发射极之间相当于开关关断。可见,GTR 的工作原理与普通小功率晶体三极管相同,在此不再赘述。

2. GTR 的类型

从结构上看,目前常用的 GTR 有单管、达林顿管和 GTR 模块三个系列。单管 GTR 常见的有 NPN 型三层扩散台面型结构,如图 1-3-7(a)所示。这种结构可靠性高,能改善器件二次击穿特性,耐压高,热阻小,但电流增益较低。为提高电流增益,通常将两个或两个以上的晶体管复合在一起构成达林顿结构GTR,其电流增益为各晶体管增益的乘积,管子导通,功耗随之增大。将GTR管芯及稳定电阻、加速二极管、续流二极管等相关的电子元器件封装在一个外壳内就构成GTR模块。GTR模块集成度高,体积小,质量轻,常见的有单管、双管、四管和六管模块,可方便地构成各种应用电路。

3 主要技术参数

(1)共射极电流增益 β

共射极电流增益 β 是指在共射接法下,GTR 集电极电流 I_C 与基极电流 I_B 的比值。单管 GTR 的 β 值较小,一般高压大功率 GTR(单管)的 β 值为 10 左右。

(2)饱和压降 U_{CES}

饱和压降 U_{CES} 是指 GTR 工作在饱和区时集电极与发射极之间的导通电压。该参数直接关系到器件的功率损耗。

(3)集电极最大允许电流 I_{CM}

GTR 的 β 值随集电极电流增大而减小,当 β 减小到额定值的 1/3～1/2 时的集电极电流定义为集电极最大允许电流 I_{CM}。

(4)集电极最大允许功耗 P_{CM}

集电极最大允许功耗 P_{CM} 是指 GTR 在最高允许结温下的耗散功率,它等于集电极工作电流与电压的乘积。这部分能量转化为热能使管温升高,因此在使用中要特别注意 GTR 的散热,如果散热条件不好,GTR 会因为温度过高而迅速损坏。

(5)集射极击穿电压 U_{CEO}

集射极击穿电压 U_{CEO} 是指集电极与发射极间的击穿电压。为安全起见,GTR 的工作电压一般为 $(1/3～1/2)U_{CEO}$。

3.4.2 电力场效应晶体管(电力 MOSFET)

电力场效应晶体管(电力 MOSFET)是利用多数载流子导电的单极型场控器件,又称功率场效应晶体管。它利用栅极电压控制器件的关断或导通,除跟 GTR 一样具有自关断能力外,还具有驱动功率小、开关速度快、工作频率高、热稳定性好、无二次击穿、安全工作区宽等优点。但电力 MOSFET 的通态电阻比较大,因而功率不宜过大,一般只适应电压较低、电流较小的小功率高频电力电子装置中。如果把 MOSFET 作为驱动器件和其他电流量大的电力电子器件复合起来,则可以形成性能更为卓越的场控器件,如 IGBT、MCT 等。

1 电力 MOSFET 的结构

电力 MOSFET 种类和结构繁多,按导电沟道可分为 P 沟道和 N 沟道两种,每一种又可分为耗尽型和增强型两种类型。当栅极电压为零时,漏、源极之间存在导电沟道的称为耗尽型;栅极电压大于零(N 沟道)时才存在导电沟道的称为增强型。在电力 MOSFET 中,主要是 N 沟道增强型。

电力 MOSFET 的导电机理与小功率 MOS 管相同,但结构上有较大区别。小功率 MOS 管是一次扩散形成的器件,其导电沟道平行于芯片表面,是横向导电器件,这种结构限制了它的电流容量。而目前电力 MOSFET 大都采用垂直导电结构，从漏极到源极的电流垂直于芯片表面流过，所以又称为 VMOSFET。这种结构大大提高了 MOSFET 器件的耐压和耐电流能力。按垂直导电结构的差异，VMOSFET 又分为利用 V 形槽实现垂直导电的 VVMOSFET 和具有垂直导电双扩散 MOS 结构的 VDMOSFET，做到大功率的主要是 VDMOSFET 结构。电力 MOSFET 也是采用多元集成结构，一个器件由数千个 MOSFET 元并联而成。

电力 MOSFET 的电气图形符号如图 1-3-8 所示，其中，三个引脚分别为源极 S、栅极 G 和漏极 D。

2 电力 MOSFET 的工作原理

如图 1-3-9 所示为 N 沟道增强型 VDMOSFET 一个单元的结构。当漏极接电源正端，源极接电源负端，栅、源极之间电压为零或为负时，P 基区和 N^- 漂移区之间形成的 PN 结 J_1 反偏，漏、源极之间无电流流过。如果在栅极和源极之间加一正电压 U_{GS}，由于栅极是绝缘的，所以并不会有栅极电流流过，但栅极的正电压却会将其下面 P 区中的空穴推开，而将 P 区中的少量电子吸引到栅极下面的 P 区表面。当 U_{GS} 大于某一电压值 U_T 时，栅极下面 P 区表面的电子浓度将超过空穴浓度，从而使 P 型半导体反型而成 N 型半导体，形成反型层，该 N 型反型层形成 N 沟道使 PN 结 J_1 消失，沟通了漏极和源极，形成漏极电流 I_D。U_T 称为开启电压或阀值电压。U_{GS} 超过 U_T 越多，导电能力越强，漏极电流 I_D 就越大。

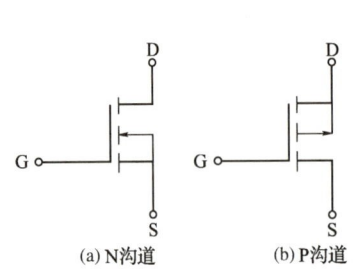

图 1-3-8　电力 MOSFET 的电气图形符号

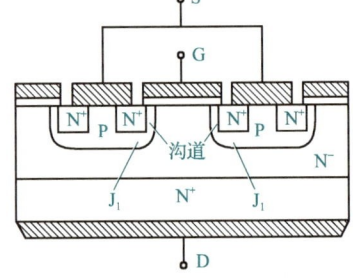

图 1-3-9　N 沟道增强型 VDMOSFET 一个单元的结构

3 电力 MOSFET 的主要参数

（1）正向通态电阻 R_{on}

在电力 MOSFET 的静态输出特性上，饱和区和非饱和区的边界对应的漏、源极间电压 U_{DS} 和漏源极电流 I_{DS} 之比被定义为正向通态电阻，即

$$R_{on} = \frac{U_{DS}}{I_{DS}}$$

（2）漏极最大电流 I_{DM}

漏极最大电流 I_{DM} 是标称电力 MOSFET 电流定额的参数。实际应用中漏极电流受结温和工作状态的限制，随结温的升高，实际允许的漏极最大电流将减小。

（3）栅极开启电压 U_T

栅极开启电压 U_T 又称为阈值电压，是指使漏极刚开始有电流的栅-源电压。

(4)漏源击穿电压 $U_{(BR)DS}$

漏源击穿电压 $U_{(BR)DS}$ 决定了电力 MOSFET 的最高工作电压。由于电力 MOSFET 的特殊结构,当结温升高时,$U_{(BR)DS}$ 随之增大,耐压性能提高,这一点与双极性型器件如 GTR、SCR 等随结温升高而耐压性能降低的特性正好相反。

(5)栅源击穿电压 $U_{(BR)GS}$

栅源击穿电压 $U_{(BR)GS}$ 表征电力 MOSFET 栅、源极间能承受的最高正、反电压,其值一般为±20 V。

(6)极间电容

电力 MOSFET 的三个电极间分别存在极间电容 C_{GS}、C_{GD}、C_{DS}。一般生产厂家提供的是漏、源极短路时的输入电容 C_{iss}、共源极输出电容 C_{oss} 和反向转移电容 C_{rss}。它们之间的关系为

$$C_{iss}=C_{GS}+C_{GD}, C_{oss}=C_{GD}+C_{DS}, C_{rss}=C_{GD}$$

4 使用电力 MOSFET 的注意事项

电力 MOSFET 由于其特殊结构,具有极高的输入阻抗,在静电较强的场合难以泄放电荷,容易引起静电击穿。因此,电力 MOSFET 在运输、存放时应放入具有抗静电的包装内,不能放入易产生静电的塑料盒内;对器件进行焊接、测试时,电烙铁及仪器、仪表应良好接地;注意栅极电压不要超过限值,应在栅、源极之间外接齐纳二极管进行必要的保护,同时对漏、源极之间的过流和过压也应采取必要的保护措施,确保电力 MOSFET 在安全工作区内工作。

3.5 绝缘栅双极型晶体管 IGBT

绝缘栅双极型晶体管(IGBT)是 20 世纪 80 年代出现的复合型功率器件,由于它集电力 MOSFET 和电力晶体管的优点于一身,具有输入阻抗高、开关速度快、驱动电路简单和通态电压低、耐压高等特点,因此备受欢迎,发展很快,是目前广泛应用于中小容量变频器中的一种半导体开关器件。

3.5.1 IGBT 的工作原理

如图 1-3-10(a)所示是一种由 N 沟道 VDMOSFET 与双极型晶体管复合而成的 IGBT 的基本结构。它在 VDMOSFET 的基础上增加了一层 P^+ 注入区,因而形成了一个大面积的 P^+N^+ 结 J_1。IGBT 导通时,由注入区向漂移区发射空穴,从而对漂移区电导率进行调制,减小漂移区的电阻,使 IGBT 具有很强的导电能力。由图 1-3-10(b)所示简化等效电路可以看出,这是一个 VDMOSFET 与双极型晶体管组成的达林顿结构,它相当于一个由 VDMOSFET 驱动的厚基区 GTR,图中 R_B 是晶体管基区内的调制电阻。IGBT 的电气图形符号如图 1-3-10(c)所示,它的三个电极分别是栅极 G、集电极 C 和发射极 E。在应用电路中,IGBT 的集电极接电源正极,发射极接电源负极,它的导通和关断由栅极与发射极间

电压 U_{GE} 来控制。当 U_{GE} 为正且大于开启电压 $U_{GE(th)}$ 时，VDMOSFET 内形成导电沟道，并为晶体管提供基极电流使其导通，当栅极与发射极间施加反向电压或不加电压时，VDMOSFET 内的沟道消失，晶体管无基极电流，IGBT 关断。显然，IGBT 的驱动原理与电力 MOSFET 相同，因此也是一种场控器件。

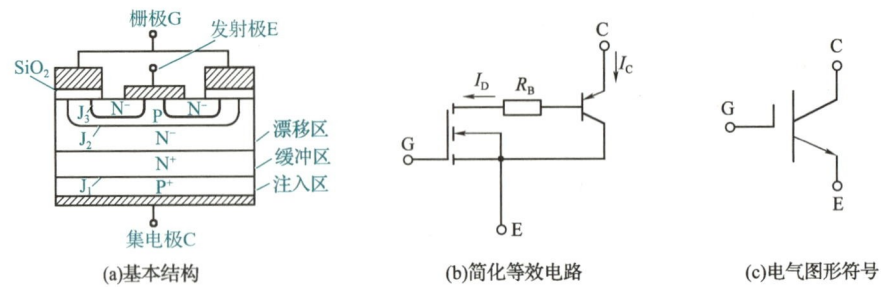

图 1-3-10　IGBT 的基本结构、简化等效电路及电气图形符号

3.5.2　IGBT 的主要参数

（1）集射极击穿电压 U_{CES}

集射极击穿电压 U_{CES} 是 IGBT 的最高工作电压，它取决于 IGBT 内部的 PNP 型晶体管所能承受的击穿电压的大小。

（2）开启电压 $U_{GE(th)}$ 和最大栅射极电压 U_{GEM}

开启电压 $U_{GE(th)}$ 是 IGBT 导通所需的最低栅射极电压。$U_{GE(th)}$ 具有负温度系数，在 25 ℃时，IGBT 的 $U_{GE(th)}$ 一般为 2~6 V。由于 IGBT 为 MOSFET 驱动，所以应将最大栅射极电压 U_{GEM} 限制在 20 V 以内，其最佳值一般为 15 V 左右。

（3）通态压降 $U_{CE(on)}$

通态压降 $U_{CE(on)}$ 是指 IGBT 处于导通状态时集电极、发射极间的导通压降。它决定了 IGBT 的通态损耗，此值越小，器件的功率损耗越小。

（4）集电极最大连续电流 I_C 和峰值电流 I_{CM}

集电极最大连续电流 I_C 为 IGBT 的额定电流，它主要取决于结温的限制。为了防止电流擎住效应的出现，IGBT 还规定了峰值电流 I_{CM}。

3.5.3　IGBT 的擎住效应和安全工作区

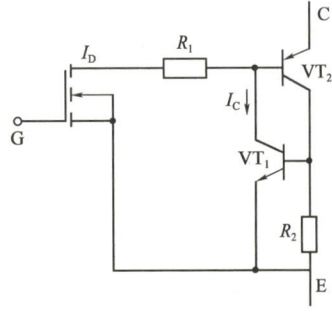

图 1-3-11　IGBT 的实际等效电路

从图 1-3-10（a）可以看出，IGBT 内部除了作为主开关的 P^+N^-P 晶体管 VT_2 外，还寄生着一个 N^-PN^+ 型晶体管 VT_1，IGBT 的实际等效电路如图 1-3-11 所示。在正常工作状态下，R_2 上的压降不足以使寄生晶体管 VT_1 导通，只有当集电极最大连续电流 I_C 大于规定的峰值电流 I_{CM} 时，R_2 上的压降增大，寄生晶体管 VT_1 因过大的正向偏置电压而导通，进而主晶体管 VT_2 也饱和导通，使 IGBT 的栅极失去控制作用，这种失控现象就跟普通晶闸管被触发以后即使撤销触发信号，晶闸管仍然维

持导通的原理一样,因此被称为IGBT的擎住效应。发生擎住效应后,I_C增大,造成过大的功耗,最后导致器件损坏。

引发擎住效应的原因可能是集电极电流过大(静态擎住效应),也可能是du_{CE}/dt过大(动态擎住效应),温度升高也会增大发生擎住效应的可能性。

3.5.4 IGBT的特性和参数特点

(1)IGBT开关速度快,开关损耗小。有关资料表明,在电压1 000 V以上时,IGBT的开关损耗只有GTR的1/10,与电力MOSFET相当。

(2)在相同电压和电流定额的情况下,IGBT的安全工作区比GTR大,而且具有耐脉冲电流冲击的能力。

(3)IGBT的通态压降比VDMOSFET低,特别是在电流较大的区域。

(4)IGBT的输入阻抗高,其输入特性与电力MOSFET类似。

(5)与电力MOSFET和GTR相比,IGBT的耐压和电流容量还可以进一步提高,同时保持开关频率高的特点。

3.6 智能功率模块

智能功率模块(IPM)是以IGBT为基本功率开关元件,将功率变换、驱动及保护电路封装集成在一起的专用功能模块。它具有GTR高电流密度、低饱和电压和耐高压的优点以及电力MOSFET高输入阻抗、高开关频率和低驱动功率的优点。而且IPM内部集成了逻辑、控制、检测和保护电路,大大方便了应用和系统的设计,简化了系统硬件电路,缩短了系统开发时间,增强了可靠性,缩小了体积,增强了保护能力,适应了当今功率器件的发展方向——模块化、复合化和功率集成电路化(PIC),在电力电子领域得到了越来越广泛的应用。

IPM内部功能框图如图1-3-12所示。由图可见,IPM在内部集成有功率器件及其驱动和保护电路,其保护功能有欠压保护、过热保护、过流保护和短路保护等,当其中任一种保护功能动作时,IPM将输出故障信号。根据内部功率电路配置情况,IPM一般有单管封装、双管封装、六管封装和七管封装等几种类型,如图1-3-13所示为PM200DSA060型双管封装IPM的内部结构。IPM一般使用IGBT作为功率开关元件,并内置传感器及驱动电路的集成结构。

智能功率模块具有以下特点:

(1)开关速度快。IPM内的IGBT芯片都选用高速型,而且驱动电路紧靠IGBT芯片,驱动延时小,所以IPM开关速度快,损耗小。

(2)低功耗。IPM内部的IGBT导通压降低,开关速度快,故IPM功耗小。

(3)快速的过流保护。IPM实时检测IGBT电流,当发生严重过载或直接短路时,IGBT将被软关断,同时送出故障信号。

(4)过热保护。在靠近IGBT的绝缘基板上安装有温度传感器,当基板过热时,IPM内部控制电路将截止栅极驱动,不响应输入控制信号。

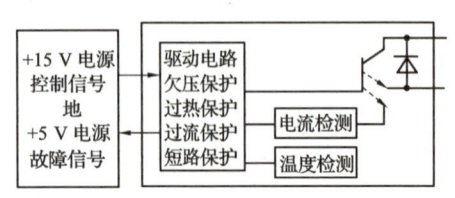
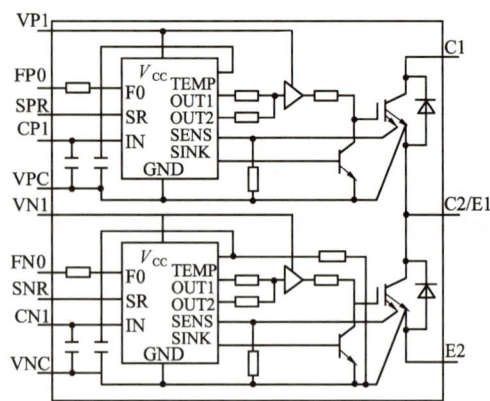

图 1-3-12　IPM 内部功能框图　　　　图 1-3-13　PM200DSA060 型双管封装 IPM 的内部结构

(5) 桥臂对管互锁。在串联的桥臂上，上、下桥臂的驱动信号互锁，有效防止上、下桥臂同时导通。

(6) 抗干扰能力强。优化的门级驱动与 IGBT 集成，布局合理，无外部驱动线。

(7) 驱动电源欠压保护。IPM 具有自动检测驱动电源的功能，当电源电压小于一定值超过 $10\ \mu s$ 时，将截止驱动信号。

(8) IPM 内藏相关的外围电路。缩短开发时间，加快产品上市。

(9) 无须采取防静电措施。

(10) 大大减少了元件数目，体积相应小。

需要注意的是，IPM 内部电路不含防止干扰的信号隔离电路、自保护功能电路和浪涌吸收电路。为了保证 IPM 安全可靠，还需要进行必要的外围电路设计。

复习思考题

1. 电力电子器件是如何定义和分类的？与小功率电子器件相比，其特点是什么？
2. 电力二极管主要有哪些类型？
3. 使晶闸管导通的条件是什么？
4. 维持晶闸管导通的条件是什么？怎样才能使晶闸管由导通变为关断？
5. 为什么 GTO 能够自关断而普通晶闸管不能？
6. 简述电力场效应晶体管在使用中的注意事项。
7. 与 GTR、VDMOSFET 相比，IGBT 有何特点？
8. IPM 内部集成了哪些电路？它有何特点？

基础 4 SPWM 技术及 SPWM 逆变器

如前所述,交流调速系统中的变频调速具有效率高、应用范围广、调速范围大、精度高等优点。随着变频技术的发展,其他各种交流调速方法将逐步被变频调速所取代。由进一步的分析可知,异步电动机变频调速时,需要满足压频比为常数的条件,也就是电压和频率的同步调节(具体见基础 5)。理论上,希望通过变频器输出的电压波形是正弦波,但就目前技术而言,还不能制造功率大、体积小、输出波形如同正弦波发生器那样标准的可变频变压的变频器。目前,在变频器中普遍采用的是 SPWM 技术,相应的设备部件称为 SPWM 逆变器。

4.1 SPWM 的概念

随着现代电力电子器件的发展,变频器输出电压靠调节电压幅度的 PAM(Pulse Amplitude Modulation)控制方式已让位于输出电压调宽不调幅的脉宽调制 PWM(Pulse Width Modulation)控制方式。所谓脉宽调制技术是指利用全控型电力电子器件(IGBT、IGCT 等)的导通和关断把直流电压变成一定形状的电压脉冲序列,实现变压变频控制,并且消除谐波的技术,简称 PWM 技术。变频调速系统采用 PWM 技术不仅能够及时、准确地实现变压变频控制要求,而且可以抑制逆变器输出电压或电流中的谐波分量,从而减小或消除变频调速时电动机的转矩脉动,提高电动机的工作效率,扩大调速系统的调速范围。

目前,实际工程中主要采用的 PWM 技术是正弦 PWM(SPWM),所谓 SPWM 是指参考信号为正弦波的脉冲宽度调制,即正弦波脉冲宽度调制。

SPWM 的基本思想:由逆变器输出一系列等幅不等宽的矩形脉冲,这些脉冲与正弦波等效,如图 1-4-1 所示。等效的原则是每一区间的面积相等。如果把一个正弦半波分成 n 等份(图中 n 等于 12,实际要大得多),然后把每一等份的正弦曲线与横轴所包围的面积都用一个与此面积相等的矩形脉冲来代替,脉冲幅值不变,宽度为 δ_i,各脉冲的中点与正弦波每一等份的中点重合。这样,由 n 个等幅不等宽的矩形脉冲组成的波形就与正弦波的正半周等效,称为SPWM(Sinusoidal Pulse Width Modulation)波形。同样,正弦波的负半周也可以用同样的方法与一系列负脉冲等效。

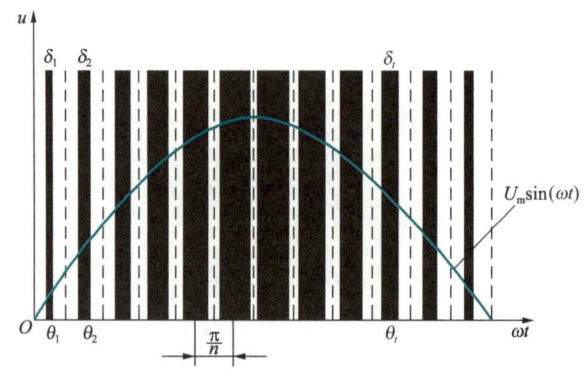

图 1-4-1　SPWM 等效电压波形

虽然 SPWM 波形与正弦波相差甚远,但由于变频器的负载是电感性的电动机负载,而流过电感的电流是不能突变的,当把调制频率为几千赫兹的 SPWM 电压波形加到电动机时,其电流波形就接近正弦波了。

4.2　SPWM 的调制方法

如图 1-4-1 所示波形中,各矩形脉冲的宽度可以由理论计算得出。而在实际应用中,常用正弦调制波和三角形载波相比较的方法来确定脉宽。因为等腰三角形的宽度由上而下呈线性变化,当它与任何一个光滑的曲线相交时,在交点的时刻控制开关器件的通断,即可得到一组等幅而脉冲宽度正比于该曲线函数值的矩形脉冲。

SPWM 的调制方法有很多种:从调制脉冲的极性上看有单极性和双极性之分;从载波信号和调制波信号(或称参考信号)的频率关系来看又有同步式、异步式及分段同步式之分。下面对几种常用的脉宽调制方法分别说明如下。

4.2.1　单极性调制与双极性调制

1 单极性调制

所谓单极性调制是指输出的 SPWM 波在任何半个周期内始终为一种极性,其波形如图 1-4-2 所示,载波信号 u_t 为单极性等腰三角形波,调制波信号 u_c 为正弦波。u_t 和 u_c 由比较器进行比较,当 $u_c > u_t$ 时,比较器输出电压为"正";当 $u_c < u_t$ 时,比较器输出电压为"零"。这样,就形成了等幅、等距但不等宽的脉冲序列,经倒相信号 u_k 倒相后,得到正、负半波对称的 SPWM 脉冲信号。改变正弦波调制信号 u_c 的幅值时,输出 SPWM 波的脉宽将随之改变,从而改变输出电压的大小。改变调制信号 u_c 的频率,则 SPWM 波的基波频率也随之改变,这样,通过调制信号 u_c 的控制,就可以实现既调压又调频的目的。

2 双极性调制

所谓双极性调制是指输出的SPWM波在任何半个周期内都为正、负极性交替变化的情况,其波形如图1-4-3所示。

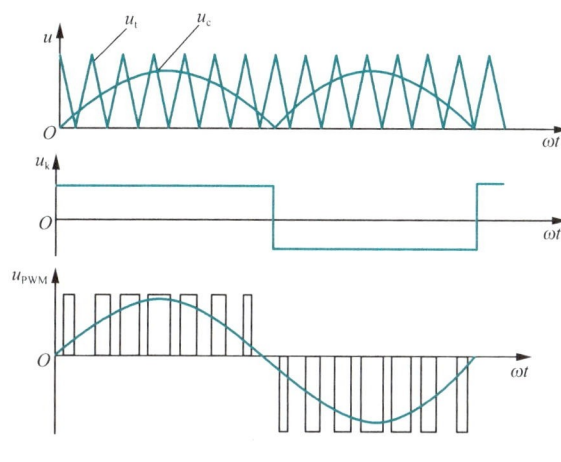

图1-4-2 单极性调制波形　　　　图1-4-3 双极性调制波形

与单极性调制相比,双极性调制电路比较简单,但单极性调制要比双极性调制输出电压中高次谐波分量小得多,这是单极性调制的一个优点。

4.2.2 同步调制与异步调制

应用SPWM技术变频调速时,载波频率f_t与调制波频率f_c的比值称为载波比,即

$$R=\frac{f_t}{f_c} \tag{1-4-1}$$

式中　R——载波比。

根据载波比是否变化,可以将SPWM调制方法分为同步调制和异步调制。

1 同步调制,载波比$R=$常数

变频时三角载波频率f_t和正弦调制波频率f_c同步变化,变化过程中保持载波比$R=$常数。通常取载波比R等于3的倍数,如$R=36$,这样做能保证逆变器输出波形正、负半波保持对称形状,三相输出间的关系也对称,电动机工作平稳。但是,当输出频率较低时,由于相邻两脉冲间的间距增大,谐波分量会显著增加,造成电动机产生较大的脉动转矩和较强的噪声。如果为了低频时减少谐波而增大载波比,那么逆变器输出频率较高时,逆变器功率开关器件的工作频率也较高,对某些器件会有较大的开关损耗。

2 异步调制,载波比$R\neq$常数

为消除同步调制的缺点,可采用异步调制方式,载波比$R\neq$常数。实现方法是载波频率f_t不变,改变调制波频率f_c。这样,逆变器输出频率较低时会有较大的载波比,使输出波半周内矩形脉冲数可随着输出频率的减小而增加,有助于减少谐波,从而减小电动机脉动转矩

和噪声,改善低频时的工作性能。在异步调制过程中,载波比 R 是变量,不能保证频率变化时载波比 R 始终都为 3 的倍数,这样逆变器输出波形不能保证三相输出间的对称,谐波中除奇次谐波外还有偶次谐波,对电动机的运行会造成很大的影响。不过,当载波频率足够高之后,上述缺点对电动机的影响基本可以忽略。

3 分段同步调制

在额定工作频率范围内,把频率分成若干个频段,在每个频段内,用同步调制保持输出波形对称的优点。对于不同频段取不同的载波比,频率低的频段取载波比较大的数值,以保持异步调制的优点。某分段同步调制系统的频段和载波比的分配见表 1-4-1。

表 1-4-1　　　　　　　某分段同步调制系统的频段与载波比的分配

调制波频率 f_c/Hz	载波比 R	载波频率 f_t/Hz
7.0～9.5	201	1 407～1 909
10.0～14.0	147	1 470～2 058
15.0～21.0	99	1 458～2 079
22.0～31.0	69	1 518～2 139
32.0～45.0	45	1 440～2 025
46.0～61.0	33	1 518～2 013
62.0	21	1 302

如图 1-4-4 所示为与表 1-4-1 对应的 f_t-f_c 曲线。由图可见,在逆变器输出基波频率 f_c(调制波频率)的不同频段内,用不同的 R 值进行同步调制,可使各频段内的载波频率 f_t 的变化范围基本一致,以适应电力电子开关器件对开关频率的限制。

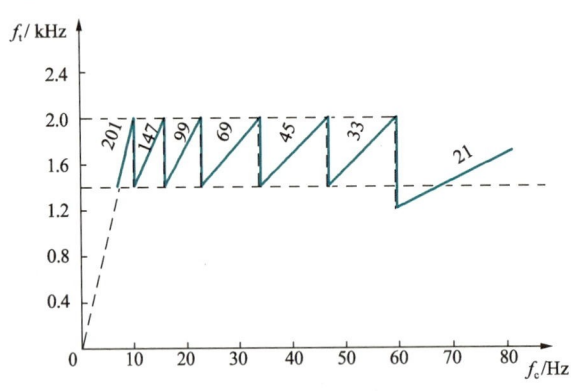

图 1-4-4　某分段同步调制系统的 f_t-f_c 曲线

分段同步调制的优点明显,虽然麻烦一点,但用微型计算机实现并不困难。需要注意的是,在载波比切换点处应设置滞环区,防止可能出现的振荡和电压突变。

4.3 SPWM 逆变器

逆变器是一种把直流电能变换成交流电能的装置。所谓 SPWM 逆变器,是指控制电路采用了正弦脉宽调制的逆变器。其主要特点如下:

(1)主电路只有一个可控的功率环节,开关元件少,控制电路结构得以简化。
(2)整流侧使用了不可控整流器,电网功率因数与逆变器输出电压无关而接近于 1。
(3)变压变频在同一环节实现,与中间储能元件无关,变频器的动态响应加快。
(4)通过采用 SPWM 方式的控制,能有效地抑制或消除低次谐波,大大扩展了调速范围。

如图 1-4-5 所示为带 SPWM 逆变器的变压变频调速系统的主电路和控制电路原理。如图 1-4-5(a)所示主电路中,UR 是不可控整流器,它的输出电压经电容滤波后,其幅值为恒定的直流电压 U_d,加在逆变器 UI 上;$VI_1 \sim VI_6$ 是逆变器的 6 个 IGBT 功率开关器件。如图 1-4-5(b)所示,控制电路由三相正弦波发生器、三角波发生器和比较器等组成,输出控制信号 $u_{g1} \sim u_{g6}$ 用于驱动功率开关器件。为了突出主要问题,这里省去了制动、保护等环节。

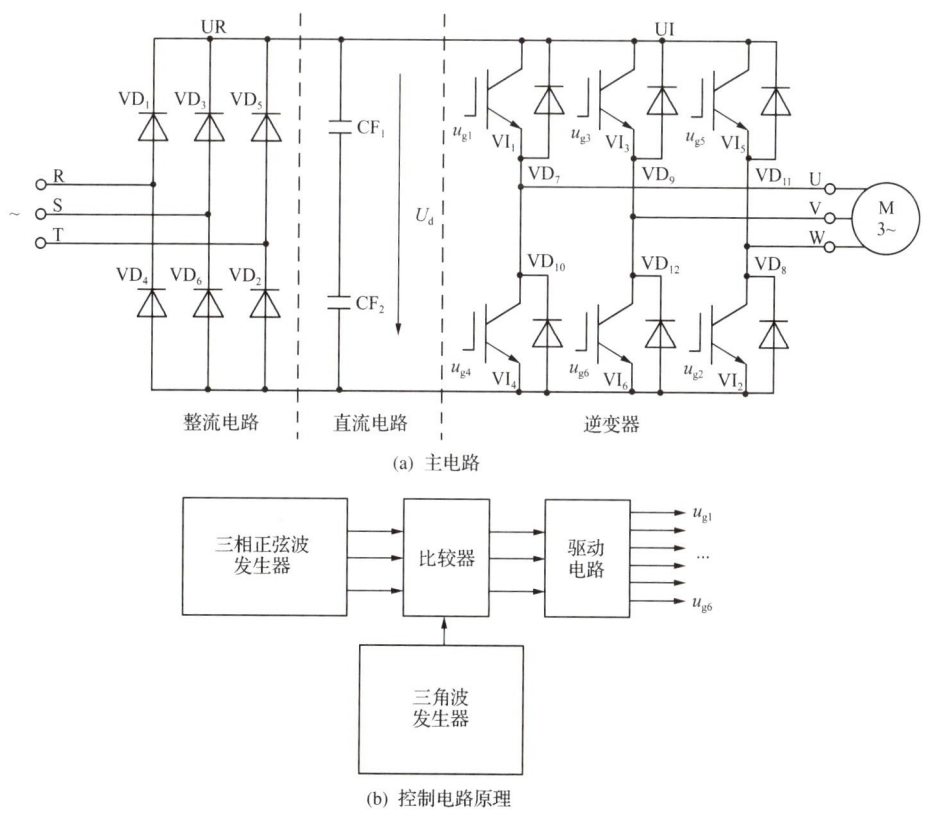

图 1-4-5 带 SPWM 逆变器的变压变频调速系统的主电路和控制电路原理

4.3.1 单极式 SPWM 逆变器

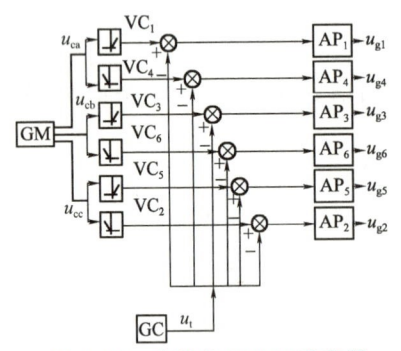

图 1-4-6 单极式 SPWM 逆变器控制电路原理

所谓单极式 SPWM 逆变器就是指采用单极性控制电路的逆变器,具体的控制电路原理如图 1-4-6 所示。图中,GM 是调制波发生器,正弦波 u_{ca}、u_{cb}、u_{cc} 在相位上依次相差 120°,经控制电路整流器 $VC_1 \sim VC_6$ 整流为单极性(负半周倒相)。GC 是载波发生器,产生三角载波 u_t,它本身就是单极性。$AP_1 \sim AP_6$ 为脉冲放大器,输出 $u_{g1} \sim u_{g6}$ 是功率开关器件 $VI_1 \sim VI_6$ 的控制信号。

以 A 相为例,当调制电压 u_{ca} 在正半周时,经 VC_1 整流后仍为正极性,当其电压值大于载波电压 u_t 时,经比较和脉冲放大器 AP_1 处理产生 u_{g1} 为正电平,反之为零电平。u_{g1} 为正电平时,所驱动的主电路开关元件 VI_1 导通,u_{g1} 为零电平时,VI_1 关断。

很明显,当 u_{ca} 在正半周时,只有 VI_1 反复通断;当 u_{ca} 在负半周时,只有 VI_4 反复通断,即正弦波半个周期内,每相只有一个开关元件通断。在 u_{ca} 正半周 VI_1 处于导通时,u_{cb}、u_{cc} 经比较输出使 VI_6 或 VI_2 导通,因此单极式 SPWM 逆变器输出波的相电压幅值大小是 $U_d/2$。如图 1-4-7 所示为单极式 SPWM 逆变器的相关波形,其中,控制波是控制信号 $u_{g1} \sim u_{g6}$ 的电压波形,输出波是 SPWM 逆变器输出相电压波形。

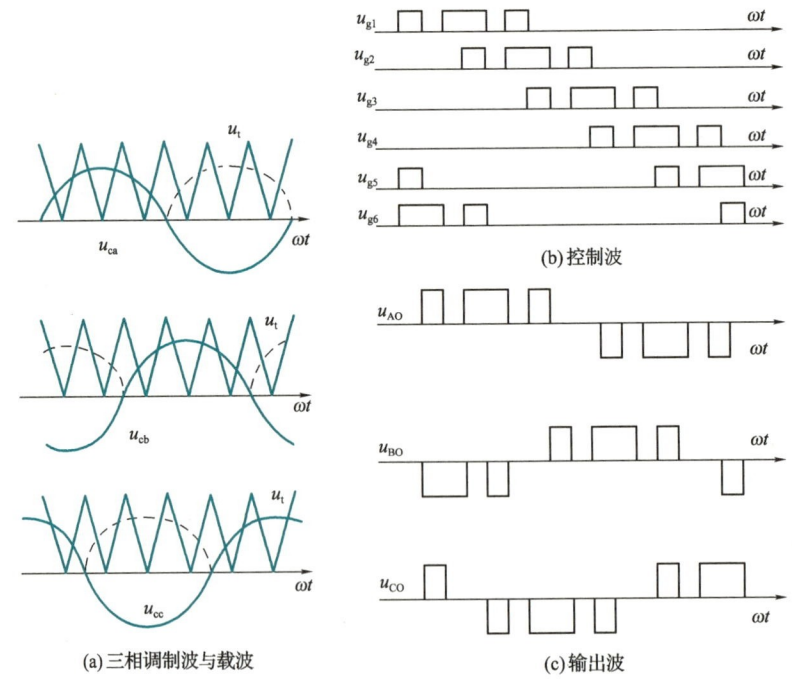

图 1-4-7 单极式 SPWM 逆变器的相关波形

单极式 SPWM 波在半周内的脉冲电压只在正和零（或负和零）电平之间变化，主电路每相只有一个开关器件反复通断，因此器件利用率不高，而且进行正、负信号交替控制有一定复杂性，限制了其在三相逆变器中的使用。

4.3.2 双极式 SPWM 逆变器

所谓双极式 SPWM 逆变器就是指采用双极性控制电路的逆变器，其控制电路原理如图 1-4-8 所示。与单极式 SPWM 逆变器所不同的是，载波发生器 GC 产生三角波本身为双极性，调制波无须整流，如图 1-4-9(a) 所示。

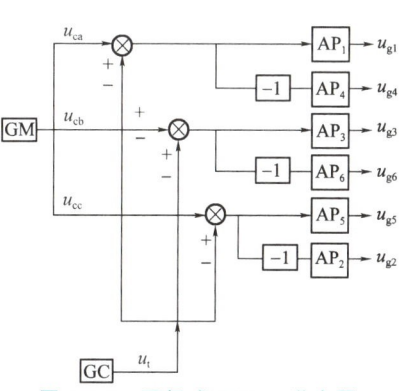

以 A 相为例，当调制电压 u_{ca} 大于载波电压 u_t 时，经比较和脉冲放大器 AP_1 处理得 u_{g1} 为正电平，反相后经 AP_4 处理输出 u_{g4} 为零电平。反之，当 u_{ca} 小于 u_t 时，u_{g1} 为零电平，而 u_{g4} 为正电平。u_{g1} 和 u_{g4} 的正电平和零电平对应 VI_1 和 VI_4 的导通和关断。

图 1-4-8 双极式 SPWM 逆变器控制电路原理

若不考虑器件导通和关断的延时，显然 VI_1 和 VI_4 不可能同时导通，它们处于交替通断的状态，其关系是互补的，即开通或关断的状态彼此相反。

双极式 SPWM 逆变器控制波如图 1-4-9(b) 所示。以线电压 u_{AB} 为例，当 A 相桥臂 VI_1 导通、VI_4 关断时，对应 B 相桥臂 VI_6 导通，$u_{AB}=U_d$，VI_6 阻断，则 $u_{AB}=0$；反之，当 VI4 导通、VI_1 关断时，对应 VI_3 导通，$u_{AB}=-U_d$，VI_3 关断，则 $u_{AB}=0$。由此可见，双极式 SPWM 逆变器输出波线电压的幅值大小是 U_d。同理分析 u_{BC} 和 u_{CA}，得输出波形 u_{AB}、u_{BC}、u_{CA} 波形如图 1-4-9(c) 所示。

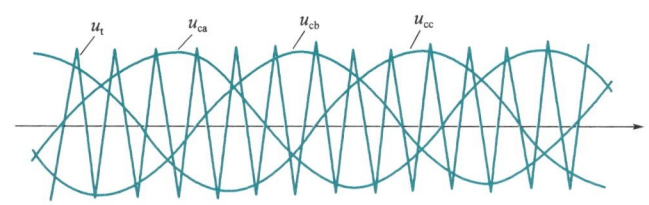

(a) 三相调制波与载波

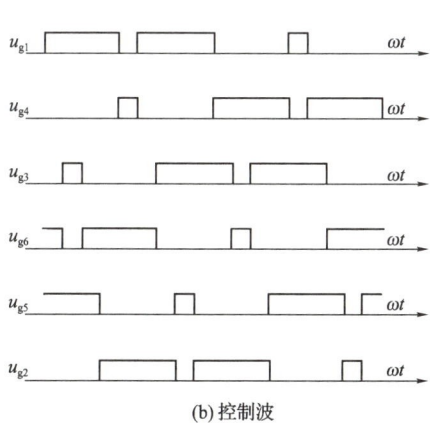

(b) 控制波

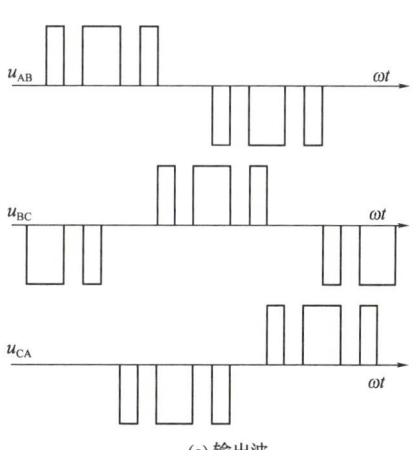

(c) 输出波

图 1-4-9 双极式 SPWM 逆变器的相关波形

双极式 SPWM 逆变器和单极式 SPWM 逆变器一样,是通过控制正弦调制信号的幅值 U_{cm} 的大小来调压,通过控制 u_c 的频率来调频的。

值得一提的是,SPWM 逆变器输出波各脉冲的宽度正比于输出波基波电压幅值,即逆变器输出电压对应的正弦波电压幅值就是逆变器输出电压基波幅值。

4.3.3 开关频率和调制度

1 开关频率

我们知道,输出波半周内有 N 次脉冲,那么功率开关器件半周期内要导通、关断各 N 次,当低频工作时,为了减少谐波,在异步调制和分段同步调制时,要求增大载波比,于是载波频率相应提高,即功率开关器件工作频率提高。但过大的功率开关器件工作频率会导致器件损耗增大,输出电流的交越失真变大而不能正常工作。因此,实际应用中,功率开关器件的允许开关频率 f_{tm} 必须大于或等于载波比 R 和频段内最高调制波信号频率 f_{cmax} 的乘积,即

$$f_{tm} \geqslant R \times f_{cmax}$$

不同功率开关器件的允许开关频率 f_{tm} 可查阅有关资料。一般说来,普通晶闸管为 0.3～0.5 kHz;电力晶体管 GTR 为 1～5 kHz;门极可关断晶闸管 GTO 为 1～2 kHz;绝缘栅双极型晶体管 IGBT 为 10～100 kHz。很明显,普通晶闸管的允许开关频率十分低,所以它不适合在 SPWM 逆变器中使用。

需要说明的是,在变频中开关频率很少用 15 kHz 以上,否则,开关损耗和输出电流的交越失真将十分严重。

2 调制度

调制度 M 定义为

$$M = \frac{U_{cm}}{U_{tm}} \times 100\% \tag{1-4-2}$$

式中　U_{cm}——为正弦调制波信号的峰值;
　　　U_{tm}——三角载波信号的峰值。

通常,U_{tm}=常数,$U_{cm} \leqslant U_{tm}$,$M \leqslant 1$,当 M 值改变时,输出波基波电压幅值将随之改变。在理想情况下,M 可在 0～1 变化以调节输出电压的幅值,在 $M=1$ 时调制出的正弦波幅值最大。由 SPWM 原理可以发现,当调制度的大小接近 1 时,功率开关器件的导通时间和阻断时间在某一时刻非常小。为保证功率开关器件的安全工作,必须使功率开关器件的导通与阻断时间大于功率开关器件的导通时间 t_{on} 与关断时间 t_{off},为此对调制度必须有一个限制,即要求 $M < M_{cr}$,M_{cr} 为临界调制度。

4.3.4 SPWM 逆变器控制波的生成

由模拟电路组成正弦波发生器和三角波发生器调制产生 SPWM 控制波,方法简单直观,但是比较麻烦,可靠性低,低频时噪声大、温漂大、时漂大,性能不够稳定,难以实现优化

控制。因此,在实际工程应用中,常用的产生控制波的方法大体有两类:一类是由专用芯片生成;另一类是用微型计算机通过软件生成。

1 由专用芯片生成 SPWM 逆变器控制波

以由 HEF4752 芯片生成 SPWM 逆变器控制波为例,HEF4752 芯片可用于由全控型功率开关器件构成的逆变器,可输出三相信号对称控制波。调频范围为 0～200 Hz,最大开关频率为 1 kHz,比较适合 GTO 器件的通断控制。HEF4752 为 28 脚双列直插式芯片,由 HEF4752 芯片生成 SPWM 逆变器控制波的变频调速系统的主电路和原理如图 1-4-10 所示。

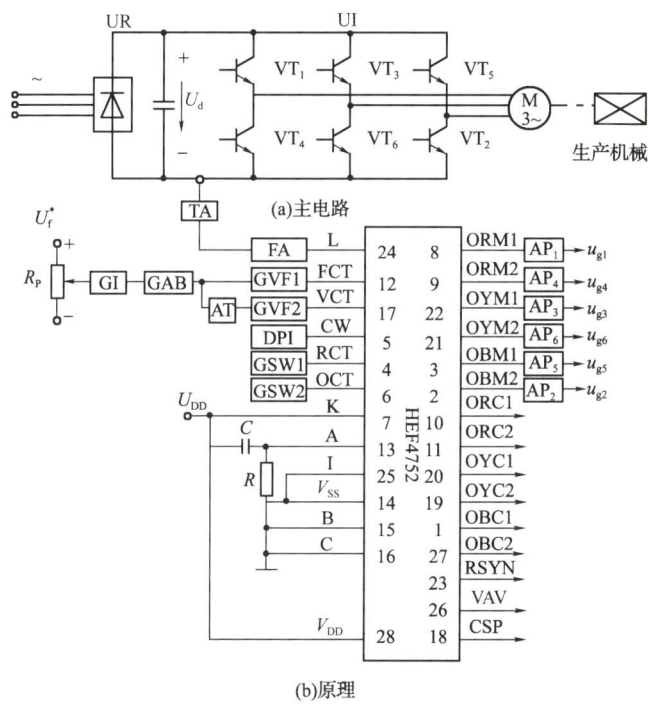

图 1-4-10 由 HEF4752 芯片生成 SPWM 逆变器控制波的变频调速系统的主电路和原理
GI—给定积分器;TA—电流互感器;GAB—绝对值变换器;FA—保护电路;AT—转矩提升器;DPI—极性鉴别器;
GVF1—电压频率变换器 1;GVF2—电压频率变换器 2;GSW1—方波发生器 1;GWS2—方波发生器 2

HEF4752 芯片管脚功能在变频调速系统中的应用说明如下:功率开关器件驱动信号,A 相为 ORM1 和 ORM2,B 相为 OYM1 和 OYM2,C 相为 OBM1 和 OBM2,它们经过脉冲放大器 AP_1～AP_6 控制功率开关器件 VT_1～VT_6;另有辅助开关管驱动信号,A 相为 ORC1 和 ORC2,B 相为 OYC1 和 OYC2,C 相为 OBC1 和 OBC2。

HEF4752 芯片有 4 个时钟输入端,下面分别进行说明。

第 1 个时钟输入 FCT:频率控制时钟输入端,控制 SPWM 逆变器输出波的基波频率 f,即调制波频率 f_c。

第 2 个时钟输入 VCT:电压控制时钟输入端,控制 SPWM 逆变器输出波基波电压有效值 U。

第 3 个时钟输入 RCT:最高开关频率基准时钟输入端,用于限定逆变器功率开关器件最高开关频率的基准时钟频率 f_{RCT}。

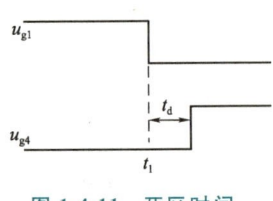

图 1-4-11 死区时间

第 4 个时钟输入端 OCT:输出延迟时钟输入端,目的是防止每一相上、下桥臂两个功率开关器件同时导通,故设立功率开关器件延迟导通,以形成死区时间 t_d,如图 1-4-11 所示。以 A 相为例,设 VT_1 在 $t=t_1$ 时由导通变关断,VT_4 在 $t=t_1+t_d$ 时由关断变导通。在 t_d 时间内,VT_1 和 VT_4 都处于关断状态。

HEF4752 芯片有 7 个控制输入端,其中 K 端与 OCT 端配合使用,死区时间 t_d(ms)、延迟时钟频率 f_{OCT} 与 K 端电平的关系为

$$f_{OCT}=\begin{cases} \dfrac{8}{t_d} \rightarrow K=0 \\ \dfrac{16}{t_d} \rightarrow K=1 \end{cases}$$

一般取 K=1,t_d 一旦确定,f_{OCT} 确定,由方波发生器 GSW2 提供。例如取 $t_d=30\times10^{-3}$ ms,则 $f_{OCT}=\dfrac{16}{30\times10^{-3}}=533$ kHz。

HEF4752 芯片的第 2 个控制输入端是 L 端,为启动/停止端。L=1 时,允许输出功率开关器件控制信号;L=0 时,禁止输出,功率开关器件控制信号为零电平,此信号可用于过流、过压保护。在正常工作时,各种保护电路输出高电平 1;当发生故障时,输出低电平 0,封锁控制波输出使逆变器停止工作。在图 1-4-10 中,电流互感器 TA 检测的电流信号给保护电路 FA,FA 输出控制 L 端。第 3 个控制输入端是 CW 端,为相序控制端。CW=1,假设相序为 A－B－C,电动机正转,CW=0,则相序为 A－C－B,电动机反转,CW 电平由给定电压 U_f^* 极性确定,经极性鉴别器 DPI 输出。第 4 个是 I 端,用半控型功率开关器件使 I=1,用全控型功率器件使 I=0。第 5 个是 A 端,为复位控制输入端。正常时 A 端经电阻接地,为低电平。在接通电源或人为复位时,A 端经电容接电源正端,短时间为高电平 1,使 HEF4752 芯片复位。第 6、7 个控制输入端为 B、C 端,为芯片制造厂家测试用端子,使用时应接地。

HEF4752 芯片有 3 个控制输出端:RSYN 端为 A 相同步信号输出,供示波器外同步用。VAV 端为逆变器输出线电压模拟值信号,供测试用。CSP 端为逆变器功率开关器件开关频率指示,供测试用。

HEF4752 芯片管脚 V_{DD} 为电源正端,V_{SS} 为接地端。

HEF4752 芯片采用分段同步调制,共分 8 个频段,不同频段载波比不同,开关频率限制在一定范围内,在每一载波比切换点附近,形成一个"继电器特性",这是为了避免在切换点上引起开关频率及逆变器输出电压的不稳定现象。

2 由微型计算机软件生成 SPWM 逆变器控制波

随着微处理器技术的迅速发展,以微型计算机为基础的数字控制生成 SPWM 控制波的应用越来越多。控制波的脉宽时间由微型计算机按某种采样原则计算生成,时间的控制通过定时器来完成。软件生成 SPWM 逆变器控制波的采样原则有很多种,下面介绍两种常用的采样方法,即自然采样法和对称规则采样法,如图 1-4-12 所示。

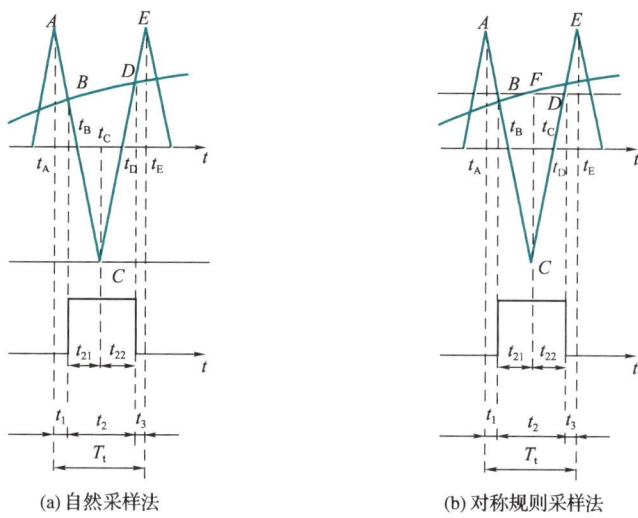

(a) 自然采样法　　　　(b) 对称规则采样法

图 1-4-12　常用的采样方法

(1) 自然采样法

在正弦波与三角波的交点进行脉冲宽度与间隙采样,从而生成 SPWM 控制波,称为自然采样法。如图 1-4-12(a)所示,在三角波变化的一个周期 T_t 之间,正弦波和三角波有 B、D 两个交点,B 点对应时刻 t_B 是脉冲发生时刻,D 点对应时刻 t_D 是脉冲结束时刻,$t_2 = t_D - t_B$,是逆变器功率器件导通工作时间即脉宽时间。三角波周期时间 $T_t = t_E - t_A$,令 $t_1 = t_B - t_A$, $t_3 = t_E - t_D$,t_1 和 t_3 为器件关断时间即间隙时间,t_2 包括两部分 $t_{21} = t_C - t_B$,$t_{22} = t_D - t_C$,$t_2 = t_{21} + t_{22}$,$T_t = t_1 + t_2 + t_3$。

在图 1-4-12(a)中,令三角波幅值 $U_{tm} = 1$,调制度 $M = \dfrac{U_{cm}}{U_{tm}}$,则正弦波可写作以 ω_1 为角频率的正弦波 $u_c = M\sin(\omega_1 t)$。过 C 点作水平辅助线,根据直角三角形相似关系可得

$$\frac{t_{21}}{\dfrac{T_t}{2}} = \frac{1 + M\sin(\omega_1 t_B)}{2}$$

$$\frac{t_{22}}{\dfrac{T_t}{2}} = \frac{1 + M\sin(\omega_1 t_D)}{2}$$

整理得

$$t_2 = t_{21} + t_{22} = \frac{T_t}{2}\left\{1 + \frac{M}{2}[\sin(\omega_1 t_B) + \sin(\omega_1 t_D)]\right\} \qquad (1-4-3)$$

式(1-4-3)中,T_t、M 和 ω_1 为已知数,t_B 和 t_D 由正弦波和三角波交点决定,求解困难,而且 $t_1 \neq t_3$,更增大了计算难度。因此,自然采样法虽然按正弦调制原理真实地反映脉冲产生与结束时刻,但却难以进行实时控制,为此必须寻求工程实用采样方法,使其采样效果尽量接近自然采样方法,而又不必花费过多的运算时间,所以提出对称规则采样法。

(2) 对称规则采样法

在图 1-4-12(b)中,过负峰值点 C 作一垂线与正弦波交于点 F,过 F 点作一水平线,它与三角波交于 B 点和 D 点,B 点对应时刻 t_B 是脉冲发生时刻,D 点对应时刻 t_D 是脉冲结束

时刻。与自然采样法类似，脉宽 $t_2 = t_D - t_B$ 且 $t_{21} = t_{22}$，$t_1 = t_3$，故称此采样法为对称规则采样法，并可得

$$\frac{t_{21}}{\frac{T_t}{2}} = \frac{1 + M\sin(\omega_1 t_C)}{2}$$

$$t_2 = 2t_{21} = \frac{T_t}{2}[1 + M\sin(\omega_1 t_C)] \tag{1-4-4}$$

从图 1-4-12(b) 可以看到，对称规则采样法与自然采样法相比，脉宽的脉冲前沿提前了，脉冲后沿也提前了，但脉冲宽度误差变化并不很大。由于每个载波周期只采样一次，而且间隙时间 $t_1 = t_3$，因此微型计算机处理的工作量大大减少，此方法被广泛采用。

4.3.5 载波频率的工程设定

1 载波频率对调速系统的影响

在信号传输的过程中，将信号负载到一个固定频率的波上，称为加载，这个固定频率就称为载波频率。由前面的分析可知，变频器的载波频率决定了逆变器的功率开关器件的开通与关断的次数。

变频器内部的逆变电路一般采用 SPWM 或改良的 SPWM 调制电路。现代逆变电路器件普遍采用开关频率 20 kHz 左右的 IGBT，其实际动作频率由变频器内部参数载波频率进行设定。从电动机运行情况来看，载波频率越高，电动机电流波形越接近于正弦波，交流电动机的运行噪声就越小，但载波频率越高，其高次谐波频率也越高，由此导致的电动机及电动机动力导线的漏电流也越大，变频器运行电流就越大，并且变频器运行时对外部其他控制设备如计算机、PLC 等的干扰就越大。

安川 G7 型变频器的载波频率设定范围为 2~15 kHz，施耐德 ATV71、ATV312 型变频器载波频率设定范围为 2~16 kHz。ATV312 型变频器的载波频率(开关频率)参数 SFr 的设定范围为 2~16 kHz，其默认值为 4 kHz。

2 载波频率的设定要点

载波频率的设定要点如下：

(1) 低速时，电动机速度和力矩输出不稳定，应增大载波频率设定值。

(2) 变频器运行所产生的干扰对周围设备有影响时，应减小载波频率设定值。

(3) 变频器产生的漏电流较大、变频器与电动机距离较远时，应减小载波频率。载波频率设定值与距离的关系见表 1-4-2。

表 1-4-2　　　　　　　　载波频率设定值与距离的关系

变频器与电动机距离	50 m 以下	100 m 以下	100 m 以上
载波频率设定值	15 kHz 以下	10 kHz 以下	5 kHz 以下

(4) 电动机运行时产生的金属声音较大时，应增大载波频率设定值。

复习思考题

1. 什么是 SPWM 调制技术？
2. 就极性而言，SPWM 有哪两种调制方法？试比较其优缺点。
3. 为什么变频器中通常采用分段同步调制？
4. SPWM 逆变器有什么特点？
5. SPWM 逆变器是如何实现变压变频控制的？
6. 何谓载波？变频器逆变电路载波频率的高低对电动机的运行有何影响？
7. 简述变频器逆变电路载波频率的设定要点。
8. 为什么变频器与电动机距离较远时，应减小载波频率？

基础 5 变频器的压频比控制技术

笼型异步电动机由于结构简单、价格低廉和维护方便等一系列优点,在交流传动中得到了广泛应用。如前所述,笼型异步电动机采用变频调速方法,具有转差率不变、效率高、调速范围宽等优点,被广泛应用于各个领域。从某种意义上说,对异步电动机进行变频调速的专用设备——变频器就是一个可以任意改变频率的交流电源。但是,一个普通的频率可调的交流电源并不能满足对异步电动机进行调速控制的需要。在实际的调速控制过程中,还必须考虑到有效利用电动机磁场、抑制启动电流和得到理想的转矩特性等方面的问题。

目前,变频器对电动机的控制方式大体上有压频比控制、转差频率控制、矢量控制、直接转矩控制等,早期的通用型变频器基本上采用的都是称为 U/f 控制的压频比控制技术。在这类变频器中,为了得到比较满意的转矩特性,变频器的输出电压频率 f 和电压值 U 是同时控制的,并基本满足 $U/f=$ 常数的条件。因此,通用型变频器也被称为 VVVF(Variable Voltage Variable Frequency)变频器。

5.1 压频比控制原理

从转子转速和频率之间的关系上看,只要改变定子电压的频率 f_1 就可以调节转速 n 的大小,从而达到调速的目的。但对一个实际的交流调速系统而言,事情远不是那么简单。这是因为当电源频率改变时,电动机的内部阻抗也随之改变,从而引起励磁电流的变化,使电动机出现励磁不足或励磁过强的情况。励磁不足时电动机将难以输出足够的转矩,励磁过强时电动机又将出现磁饱和,造成电动机功率因数的减小和效率的下降。因此,为了得到理想的转矩-速度特性,必须采取必要的措施以保证电动机的气隙磁通处于高效状态,即保持磁通不变,这就是压频比控制的出发点。

由电动机理论可知,三相异步电动机的定子相电压与磁通之间存在以下关系:

$$U_1 \approx E_1 = 4.44 f_1 N_1 K_1 \Phi_m \quad (1-5-1)$$

式中 U_1——定子相电压；

E_1——定子相电动势；

N_1——定子每相绕组的匝数；

K_1——定子的绕组系数；

Φ_m——每极气隙磁通。

由式(1-5-1)可知,对于异步电动机来说,若 f_1 变化而 U_1 不变,必定会引起磁通的变化。

(1)当 $f_1 \leqslant f_{1N}$(额定频率)时,随着 f_1 减小,Φ_m 将大于额定值。电动机设计制造时,为了充分利用铁芯材料,所取额定磁通靠近磁化曲线的饱和点,当 Φ_m 增大时,必定会引起主磁通饱和,使励磁电流急剧增大,定子铁芯损耗急剧增大,发热加剧,造成电动机效率降低和功率因数减小。因此,为使 Φ_m 基本保持恒定,必须在 f_1 变化的同时改变 U_1,并使其遵循以下规律：

$$\frac{U_1}{f_1} \approx \frac{E_1}{f_1} = 常数 \quad (1-5-2)$$

这种保持压频比为常数的控制方式称为恒磁通控制,一般在 $f_1 \leqslant f_{1N}$ 情况下采用。

(2)在 $f_1 > f_{1N}$ 时,随着 f_1 增大,Φ_m 减小,相同的转子电流情况下电磁转矩 T_d 减小,电动机拖动能力下降,对恒转矩负载可能会引起堵转。此时,如果还保持 $\frac{U_1}{f_1}$=常数以保证磁通恒定,则必然会导致 $U_1 > U_{1N}$(额定供电电压),而电动机是不允许在过压的情况下长期运行的,此时只能保持 $U_1 = U_{1N}$ 不变。

这种保持电源电压为常数的控制方式称为恒电压控制,一般在 $f_1 > f_{1N}$ 情况下采用。

把上述额定频率以下和额定频率以上两种情况结合起来,可得如图 1-5-1 所示异步电动机变压变频调速控制特性。众所周知,如果电动机在不同转速下都达到额定电流,即都能在温升允许条件下长期运行,则转矩基本上随磁通变化。因此,在额定频率以下,磁通恒定时转矩也恒定,具有恒转矩调速性质。而在额定频率以上,转速增大时转矩减小,属于恒功率调速性质。下面,从电动机理论出发具体分析这两种控制方式。

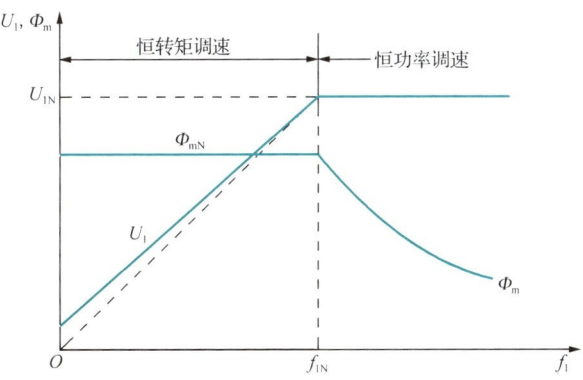

图 1-5-1 异步电动机变压变频调速控制特性

5.1.1 恒磁通控制

1 保持 $\dfrac{U_1}{f_1}$ = 常数的近似恒磁通控制

由于 $\dfrac{U_1}{f_1} \approx \dfrac{E_1}{f_1} \propto \Phi_m$，调节 f_1 时，若 U_1 的大小随之按比例变化，则可实现磁通近似为常数，即近似恒磁通控制。

根据电动机理论，异步电动机电磁转矩的一般方程为

$$T_d = \dfrac{3pU_1^2 \dfrac{r_2'}{s}}{2\pi f_1 \left[(r_1 + r_2')^2 + (X_1 + X_{20}')^2 \right]} \qquad (1\text{-}5\text{-}3)$$

式中　p——定子绕组的磁极对数；
　　　r_1——定子每相电阻；
　　　X_1——定子每相漏电抗；
　　　r_2'——折算到定子侧的转子每相电阻；
　　　X_{20}'——电动机静止时折算到定子侧的转子每相漏电抗。

将式(1-5-3)对 s 求导并令其为零，即可求得临界转差率 s_m 及对应的电动机最大转矩 T_m，即

$$s_m = \dfrac{r_2'}{\sqrt{r_1^2 + (X_1 + X_{20}')^2}} \qquad (1\text{-}5\text{-}4)$$

$$T_m = \dfrac{3pU_1^2}{4\pi f_1 \left[r_1 + \sqrt{r_1^2 + (X_1 + X_{20}')^2} \right]} \qquad (1\text{-}5\text{-}5)$$

在频率较高时，电抗 $X_1 + X_{20}' \gg r_1$，忽略 r_1 的影响后，式(1-5-5)可写成

$$T_m \approx \dfrac{3pU_1^2}{4\pi f_1 (X_1 + X_{20}')} = \dfrac{3}{8\pi^2} \left(\dfrac{U_1}{f_1} \right)^2 \dfrac{p}{L_1 + L_{20}'} \qquad (1\text{-}5\text{-}6)$$

式中，L_1 和 L_{20}' 分别为定子和转子的漏电感。

由于 $\dfrac{U_1}{f_1}$ = 常数，此时 T_m 近似保持恒定。

根据式(1-5-4)，在较高频率下忽略 r_1 的影响后，可推出电动机的临界转速降为

$$\Delta n_m = s_m n_1 = \dfrac{60 r_2'}{2\pi p (L_1 + L_{20}')} \qquad (1\text{-}5\text{-}7)$$

由式(1-5-7)可以看出，临界转速降也与频率无关，也就是说在不同频率下的变频调速特性曲线是相互平行的。

由于漏电抗与频率成正比，当频率较小时，$r_1 \gg X_1 + X_{20}'$，此时 r_1 不可忽略，而应忽略 $X_1 + X_{20}'$，由式(1-5-5)可得

$$T_m \approx \dfrac{3pU_1^2}{4\pi f_1 \cdot 2r_1} = \dfrac{3p}{8\pi^2 r_1} \left(\dfrac{U_1}{f_1} \right)^2 f_1 \qquad (1\text{-}5\text{-}8)$$

$$\Delta n_m = s_m n_1 = \dfrac{r_2'}{\sqrt{r_1^2 + (X_1 + X_{20}')^2}} n_1 = \dfrac{60 r_2'}{p r_1} f_1 \qquad (1\text{-}5\text{-}9)$$

从式(1-5-8)和式(1-5-9)可以看出，在频率较小时，若保持 $\dfrac{U_1}{f_1}$ = 常数，T_m 必将随频率

f_1 的减小而减小,频率越小,T_m 减小越明显;转速减小,Δn_m 也随频率减小而减小,但机械特性曲线中直线段的斜率不变。

根据以上分析,在 $\dfrac{U_1}{f_1}$ ＝常数的情况下,异步电动机变频调速机械特性曲线如图 1-5-2 中实线所示,图中 $f_1>f_2>f_3>f_4$。

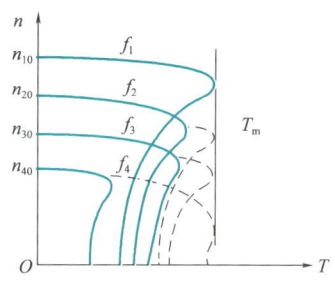

图 1-5-2 U_1/f_1＝常数情况下异步电动机变频调速机械特性曲线

综上所述,$\dfrac{U_1}{f_1}$＝常数的变频调速,并不是绝对的恒磁通调速。低频低速时,由于定子每相电阻 r_1 引起的电压降相对影响较大,电动机无法保持气隙磁通为恒值,其最大输出转矩 T_m 随频率减小显著下降。在低频启动时,启动转矩也将减小,有可能出现不能带动负载的情况。近似恒磁通控制仅适用于调速范围不大或转矩随转速减小而减小的负载(如风机和泵类负载)。对调速范围大的恒转矩负载,电动机在整个调速范围内应都能保持 T_m 不变。欲保证磁通严格恒定,需满足 $\dfrac{E_1}{f_1}$＝常数的条件。

2 保持 $\dfrac{E_1}{f_1}$＝常数的严格恒磁通控制

严格恒磁通控制的机械特性曲线如图 1-5-2 中虚线所示,各条机械特性曲线的 T_m 为定值,即使低频低速时,也能保持最大输出转矩,因此也称为恒转矩控制。但由于电动机的感应电动势 E_1 无法测量和控制,能直接调节和测量的还是外加电压 U_1,因此实际应用中的做法并不是直接控制感应电动势,而是在变频器的低频输出区域,按照某一规则在其输出电压上加上一定的补偿,以抵消低频时定子电阻所引起的压降影响,从而实现严格恒磁通。这种补偿也称为变频器的转矩增强或转矩提升功能。其一般调节规律:在 f_1 较高时,r_1 的影响较小,E_1 与 U_1 近似相等,f_1 对应 U_1 调节即可;在 f_1 较低时,r_1 的影响较大,E_1 与 U_1 相差较大,调节 f_1 时,必须先对 U_1 进行补偿后再进行调节,以保证 $\dfrac{E_1}{f_1}$＝常数的恒磁通调速。

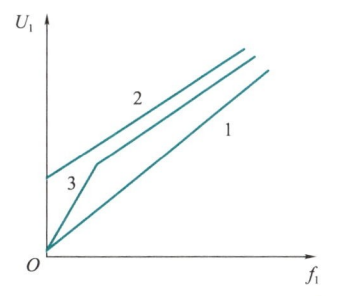

图 1-5-3 恒磁通调速时的典型补偿特性曲线

如图 1-5-3 所示为恒磁通调速时的典型补偿特性曲线,曲线 1 是无补偿时 U_1 与 f_1 的关系曲线,曲线 2、3 是有补偿时的 U_1 与 f_1 的关系曲线。其中,曲线 2 为随着频率的减小逐渐增大补偿值时的 U_1 与 f_1 的关系曲线。曲线 3 所示的补偿情况,除了与曲线 2 相同之外,还考虑到某些负载在低频轻载时电动机定子绕组电阻压降的减小,此时应适当减小补偿量,否则将使电动机磁通增大,导致磁路过饱和而带来问题。因此,U_1 与 f_1 的关系曲线为折线,实践证明这种补偿效果良好,故经常被采用。经补偿后,$\dfrac{E_1}{f_1}$＝常数,可获得如图 1-5-2 中虚线所示的最大输出转矩 T_m 恒定的变频调速机械特性曲线。

5.1.2 恒功率控制

1 $U_1 = U_{1N} =$ 常数的近似恒功率控制

保持 $U_1 = U_{1N} =$ 常数的控制，是在额定频率以上（$f_1 > f_{1N}$）变频调速时使用的方法。在额定工作点时，有 $f_1 = f_{1N}$ 和 $U_1 = U_{1N}$，此时电压值已经到达电动机所允许的额定工作电压 U_{1N}，即使频率 f_1 继续增大，电压值也不能向上调节，电压必须保持 $U_1 = U_{1N}$ 不变，这种恒电压的变频调速方式又称为恒功率调速。分析如下：

当 $f_1 > f_{1N}$ 且 $U_1 = U_{1N}$ 时，主磁通为

$$\Phi_m = \frac{E_1}{4.44 f_1 N_1 K_1} \approx \frac{U_{1N}}{4.44 f_1 N_1 K_1} = K_e \frac{1}{f_1} \quad (1\text{-}5\text{-}10)$$

式中，$K_e = \dfrac{U_{1N}}{4.44 N_1 K_1}$，为常数。

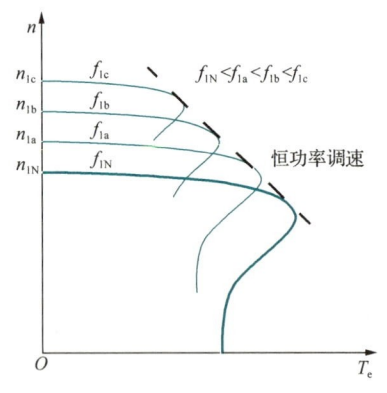

图 1-5-4 恒功率变频调速机械特性曲线

由式（1-5-10）可知，随着 f_1 增大，主磁通 Φ_m 将减小。又由式（1-1-14）可知，$T_d = C_T \Phi_m I_2' \cos \varphi_2$，$T_d \propto \Phi_m$，即随着 f_1 增大，T_d 将会随之减小。而由 $\omega_1 = 2\pi f_1$ 可知，$\omega_1 \propto f_1$，随着 f_1 的增大，ω_1 则会随之增大。因此，可近似认为 $T_d \omega_1$ 随 f_1 增大而近似不变，即 $P_{em} = T_d \omega_1 \approx$ 常数，也就是说，$U_1 = U_{1N}$ 时的变频调速具有近似恒功率的性质。

如图 1-5-4 所示为恒功率变频调速机械特性曲线。由图可见，恒功率调速时，T_m 随频率增大而减小，机械特性的斜率随频率的增大而增大，这是因为 Δn_m 仍然是常量，但 T_m 减小，即 $\Delta n_m / T_m$ 增大，频率越高，机械特性越软。

2 $P_{em} =$ 常数的严格恒功率控制

要使 $P_{em} =$ 常数，就必须使任一频率对应机械特性曲线的电磁功率相等，即

$$T_d \omega_1 = T_N \omega_{1N}$$

由 $\omega_1 \propto f_1$ 可得

$$T_d f_1 = T_N f_{1N} \quad (1\text{-}5\text{-}11)$$

由式（1-5-3）可知 $T_d \propto U_1^2$，$T_N \propto U_{1N}^2$，将其代入式（1-5-11）即可推出，只要保持 $\dfrac{U_1^2}{U_{1N}^2} = \dfrac{f_{1N}}{f_1}$ 就可以保证严格的恒功率，即把调压倍数与调频倍数保持固定的关系即可实现 $P_{em} =$ 常数的严格恒功率控制。

5.2 转速开环的电压源型压频比调速系统

如前所述,变频调速系统的主要设备是变频器,现代的通用型变频器大都是交-直-交变频器。变压变频时,首先由二极管整流器将交流电源整流成直流电压,然后再由逆变器将直流电压逆变为频率可调的交流电。根据变频电源的性质,变频器可以分为电压源型和电流源型两种类型。关于变频器本身的原理、控制方法和工作特性将在实施篇中具体展开,本节先说明它在恒压频比调速系统中的应用。

转速开环的压频比调速系统以恒压频比控制方法为基本原理,结合低速电压补偿、软启动/制动等控制内容,应用于需要宽范围、连续调速而动态性能要求不高的场合。

5.2.1 系统组成

在交-直-交变频器中,当中间直流环节采用大电容滤波时,直流电压接近恒定,变频器的输出电压随之恒定,相当于理想电压源,称为电压源型变频器,其调速系统即电压源型压频比调速系统。由于直流侧电压恒定,变频器输出的交流电压为矩形波,输出电流由矩形波电压和电动机正弦波电动势之差产生,所以电流波形接近正弦波。同样,由于逆变器直流侧电压恒定,因而不能直接实现回馈制动。这种变频调速系统由于没有速度反馈,其调速性能比转速闭环系统差,适用于调速要求不高的传动系统中。

如图1-5-5所示为典型的开环电压源型压频比调速系统,由图可见,该系统主电路由两个功率变换环节构成,即整流桥UR和逆变桥UI。调压与调频控制均通过逆变器来完成,其给定值来自于同一个给定环节。

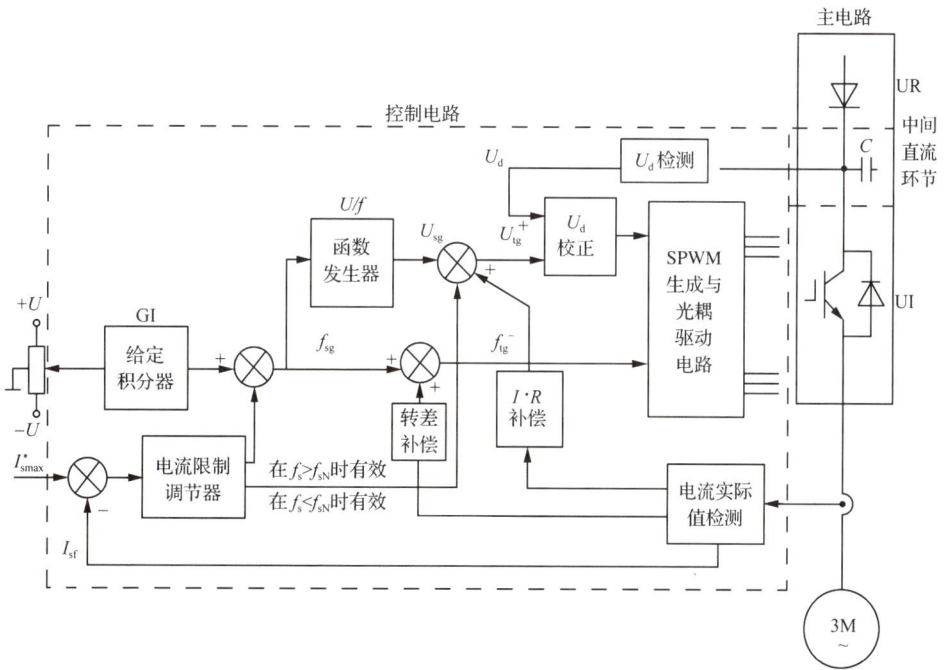

图1-5-5 典型的开环电压源型压频比调速系统

该系统采用 SPWM 控制技术实现变压变频控制,通过改变 IGBT 的占空比(脉冲宽度)来控制逆变器输出交流电压的大小,输出频率可通过控制逆变桥的工作周期实现。逆变器输出给异步电动机的电压与频率通过 SPWM 控制来保持严格的比例协调关系,使异步电动机能合理、正常、稳定地工作。

5.2.2 各控制环节分析

1 给定积分器

给定积分器又称软启动器,可将阶跃给定信号转变为斜坡信号,从而消除阶跃给定对系统产生的过大冲击,使系统的电压、电流、频率和电动机转速都能稳步增大和减小,以提高系统的运行稳定性。

2 转差补偿

由于开环频率控制调速系统的机械特性较软,因此在系统中设置了转差补偿环节,用以增大机械特性硬度,保证系统的转差不变。实现方法是当负载增大时,通过增加同步转速使其机械特性曲线上移,来补偿转差增大的部分。

3 函数发生器(U/f 特性)

函数发生器是根据给定积分器输出的频率信号,产生一个对应于定子电压的给定信号,以实现电压、频率的协调控制,它实现了 $U/f=$ 常数的控制方式。其主要功能如下:

(1)按照不同负载要求设定不同的 $U/f=$ 常数特性曲线。

(2)变频器高于基频 f_s 工作时,采用恒功率控制,这时要保证变频器输出电压不能大于电动机的额定输入电压,可通过函数发生器 $U/f=$ 常数特性的输出限幅来保证。

(3)节能控制:电动机处于轻载工作时,适当减小电压,可以使输出电流减小,减小损耗,通过改变 $U/f=$ 常数特性曲线的斜率来实现。

4 电流实际值检测

电流实际值检测主要用于输出电流的修正和过流、过载保护。通过检测变频器输出电流,进行过流、过载计算,当判断为过流、过载后,发出触发脉冲锁存信号封锁触发器,停止变频器运行,确保变频器和电动机的安全。

5 电流限制调节器

电流限制调节器的作用:当 $I_{sf} \leqslant I^*_{smax}$ 时,电流限制调节器输出为 0;当 $I_{sf} > I^*_{smax}$ 时,电流限制调节器有对应的输出,使变频器输出电压减小,保证变频器输出不发生过流,确保了负载运行的安全。

6 U_d 校正

U_d 校正用于检测 U_d 变化。当 U_d 变化时,通过 SPWM 调整输出电压脉冲的宽度,以保证 $U/f=$ 常数的协调关系,可防止变频器直流电压 U_d 发生波动时,引起 $U/f=$ 常数关系的失调。

7 I·R 补偿

在变频器中引入 I·R 补偿环节,是为了保证低频时的磁通恒定。其实现方法是根据负载性质及负载电流值适当增大 U_{sg},修正 $U/f=$ 常数特性曲线,达到使 $U/f=$ 常数接近于 $E/f=$ 常数的目的。

5.3 转速开环的电流源型压频比调速系统

在交-直-交变频器中,当中间直流环节采用大电感滤波时,电源阻抗大,直流环节的电流接近恒定,变频器输出电流随之恒定,相当于理想电流源,称之为电流源型变频器,其调速系统即电流源型压频比调速系统。电流源型变频器输出的电流波形为矩形波,输出电压波形由电动机正弦波电动势决定,所以为近似正弦波。这种变频器最突出的优点就是能够在主回路不增加任何元件的条件下实现回馈制动。

5.3.1 系统组成

典型的开环电流源型压频比调速系统如图 1-5-6 所示。由图可知,电流源型变频器主电路的中间直流环节采用电抗器滤波,其主电路由两个功率变换环节构成,即三相桥式整流器和逆变器,它们分别具有相应的电压控制回路和频率控制回路,用以进行调压和调频控制。电压和频率控制回路采用一个公共给定,通过函数发生器,使两个回路协调工作。在电流源型压频比开环调速系统中,除了设置电流调节环外,仍需设置电压闭环,以保证调压调频过程中对逆变器输出电压的稳定性要求,实现恒压频比的控制方式。

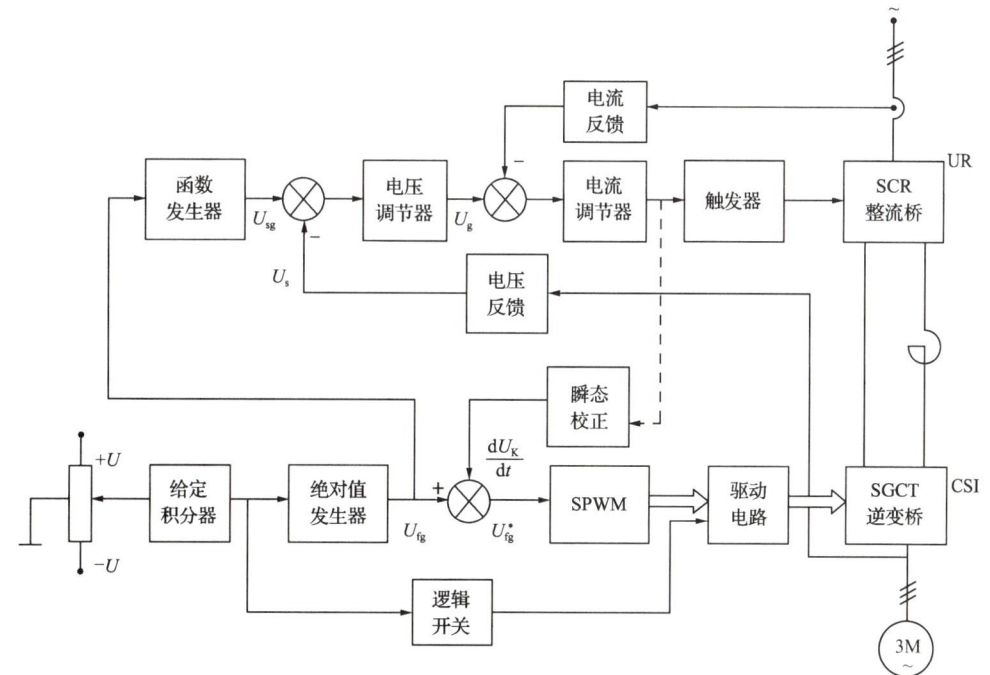

图 1-5-6 典型的开环电流源型压频比调速系统

5.3.2 各控制环节分析

1 给定积分器

给定积分器将阶跃给定信号转变为斜坡信号,从而消除阶跃给定对系统产生的过大冲击,使系统的电压、电流、频率和电动机转速都能稳步增大和减小,以提高系统的运行稳定性并满足一些生产机械的使用要求。

2 函数发生器

在变压变频调速系统中,定子电压是频率的函数,函数发生器就是根据给定积分器输出的频率信号,产生一个对应于定子电压的给定值,实现 $U/f=$ 常数。

3 电压调节器和电流调节器

电压调节器采用 PID 调节器,其输出作为电流调节器的给定值。电流调节器也采用 PID 调节器,根据电压调节器输出的电流给定值与实际电流信号值的偏差,实时调整触发角,使实际电流跟随给定电流。

4 瞬态校正

瞬态校正环节是一个微分环节,具有超前校正作用。其功能是在瞬态调节过程中使系统基本保持 $U/f=$ 常数的关系。

当电源电压波动而引起逆变器输出电压发生变化时,电压闭环控制系统按电压给定值自动调节逆变器的输出电压。但是在电压调节过程中逆变器输出频率并没有发生变化,因此 $U/f=$ 常数的关系在瞬态过程中不能得到维持。这将导致磁场过激或欠激不断交替的情况发生,使得电动机输出转矩大幅度波动,从而造成电动机转速波动。加入瞬态校正环节就可避免上述情况的发生。瞬态校正环节的输入信号取自于电流调节器的输出信号,当电流调节器的输出发生改变时,整流桥的触发角 α 将改变,使整流电压改变。由于逆变桥输出的三相交流电压的大小直接与整流电压的大小成正比,因此电流调节器输出的改变量正比于逆变桥输出电压的改变量,采样这个信号,经微分运算后与频率给定信号 U_{fg} 相叠加 ($U_{fg}^{*}=U_{fg}+K \cdot \dfrac{dU_{K}}{dt}$),从而使输出电压瞬态改变时,频率也随之相应地改变,实现在瞬态过程中保证恒压频比的控制方式。当系统进入稳态后,瞬态校正环节将不起作用。

需要指出的是,由于电流源输出的交流电流是矩形波或阶梯波,因而波形中含大量谐波分量,由此带来了电动机内部损耗增大和谐波转矩影响严重的问题。近几年来,为提高电流源型压频比调速系统的性能,对电流源型逆变器的输出电流采用 SPWM 控制,以改善电流波形。

总而言之,恒压频比控制的异步电动机压频比调速系统的控制方式较为简单,从控制理论的观点进行分类时,$U/f=$ 常数的控制方式属于转速(频率)开环控制系统。这种系统虽然在转速控制方面不能得到非常满意的控制性能,但它有着很高的性价比,在以节能为目的的各种用途中和对转速精度要求不高的各种场合下,得到了广泛的应用。

需要指出的是,恒压频比控制系统是最基本的变压变频调速系统,其他性能更好的系统都是建立在其基础上的。如图 1-5-7 所示是典型的电流源型异步电动机转差频率控制的变频调速系统,该系统在电流源型压频比开环调速系统的基础上,通过增加电动机速度检测装置形成速度闭环,构成具有速度反馈的闭环控制。系统中,由速度调节器 ASR 将速度设定信号 ω^* 与检测到的电动机实际转速 ω_f 进行比较放大,产生转差频率 $\Delta\omega^*$。变频器的设定频率为 $\Delta\omega^*$ 与电动机实际转速 ω_f 之和。当电动机负载稳定运行时,若负载转矩突然增大,电动机转速必然减小,导致 $\omega_f<\omega^*$,ASR 输出增大,直到 $\Delta\omega^*$ 达到最大值,电动机输出最大转矩,转子很快加速。同时,经过函数发生器产生对应 $\Delta\omega^*$ 的定子电流 I_s^*,使电动机主磁通保持不变。当转速恢复到 $\omega_f \geqslant \omega^*$ 时,ASR 反向积分,使 $\Delta\omega^*$ 减小,最终达到 $\omega_f=\omega^*$,重新进入稳态,实现转速无静差调节。

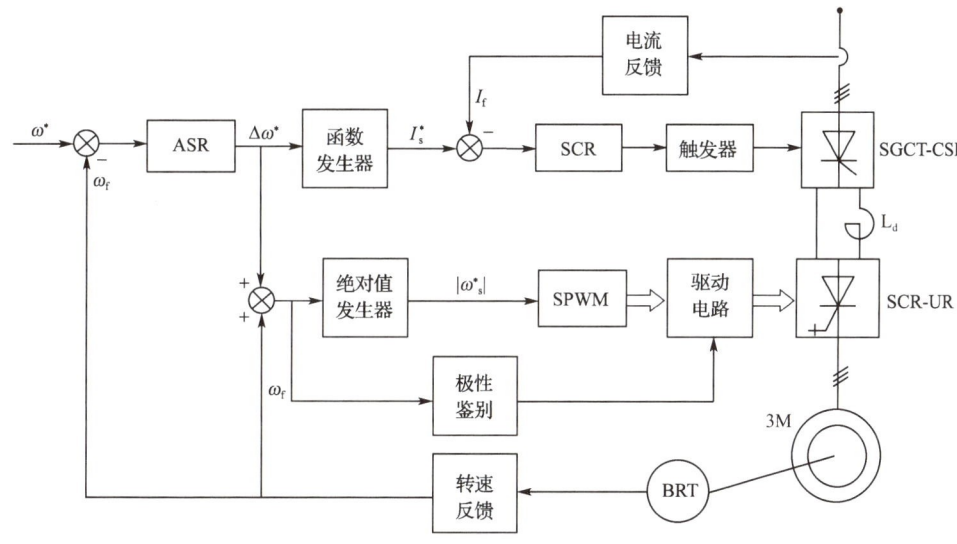

图 1-5-7 典型的电流源型异步电动机转差频率控制的变频调速系统

与开环恒压频比控制系统相比,转差频率控制系统的动、静态特性都有一定的提高。但经深入分析可知,该调速系统的基本关系式都是从稳态方程中导出的,没有考虑到电动机电磁惯性的影响和主磁通动态如何变化等因素的影响,所以其动态转矩与磁通的控制并不理想,仅能满足一般需要平滑调速的生产机械要求,而不能达到数控机床、工业机器人、电梯等需要高精度快速响应的要求。为此人们又进行了改革,其中最突出的方案就是将异步电动机的动态数学模型矩阵化,采用矢量变换控制系统。关于矢量控制的有关知识,将在实施篇中予以介绍。

基础 6 伺服控制技术基础

所谓伺服控制技术一般是指精确跟踪控制指令、实现理想运动控制过程的一种技术,而用来控制被控对象的某种状态,使其能够自动地、连续地、精确地复现输入信号变化规律的自动控制系统就称为伺服控制系统,也称为随动系统或自动跟踪系统。

"servo(伺服)"一词源于英文"servant(随从)",几乎所有的机械运动都可以用伺服的概念进行解释。简单的如人的捡球动作,通过眼睛与神经系统的密切配合,使人体的动作跟踪球的运行轨迹;复杂的如雷达天线的自动瞄准跟踪控制,火炮、导弹发射架的瞄准运动控制等。在机械行业,各种高性能运动部件的速度控制、运动轨迹控制都是依靠各种伺服控制系统完成的。在由控制介质、数控装置、伺服控制系统和机床本体等部件组成的数控机床中,伺服控制系统是决定其加工精度和生产效率的主要因素之一。

6.1 伺服控制系统的组成及特点

6.1.1 伺服控制系统的组成

伺服控制系统的组成如图 1-6-1 所示,从图中可以看出,高性能的伺服控制系统就是一个反馈控制系统。

(1)输入变换元件

输入变换元件用于产生给定输入信号,是进行物理量种类和大小变换的元件。例如,用电位器设定的滑臂位置来表示需要的温度。

(2)反馈元件

反馈元件用于检测被控的物理量,在随动系统中被测量是角度或位移,而在速度控制系统中被控量是转速或角速度。如果被测量是非电量参数,一般必须转换为电量参数。

(3)比较元件

比较元件用于将来自反馈元件的被控量实际值与给定输入相比较,求出它们之间的偏

基础6 伺服控制技术基础 71

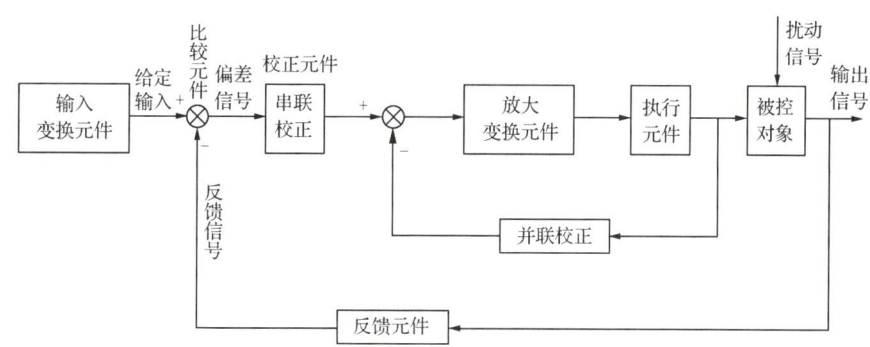

图1-6-1　伺服控制系统的组成

差,产生差值信号。

(4) 放大变换元件

放大变换元件将比较元件产生的差值信号进行放大,使之达到足够的幅值和功率,用来推动执行元件控制被控对象。

(5) 执行元件

执行元件是根据控制信号直接对控制对象进行操纵的元件,如伺服电动机、控制阀等。

(6) 被控对象

被控对象是控制系统所要操纵的对象,其输出量即系统的被控量,如恒温炉、水箱、火炮炮管等。

(7) 校正元件

校正元件是为改善系统的控制性能而加入系统的元件,其结构或参数可调,用串联或反馈的方式连接在系统中,以改善系统的动态性能,减小或消除系统的稳态误差。

上述伺服控制系统的工作过程:由比较元件将输入变换元件给定的输入量与反馈元件检测到的输出量进行比较,获得偏差信号。偏差信号经过放大变换后推动执行元件控制被控对象,使被控对象的输出信号趋向于给定的值。

6.1.2　伺服控制系统的主要特点

(1) 精确的检测装置:以组成速度和位置闭环控制。

(2) 有多种反馈比较原理与方法:根据检测装置实现信息反馈的原理不同,伺服控制系统反馈比较的方法也不相同。常用的有脉冲比较、相位比较和幅值比较三种。

(3) 高性能的伺服电动机(简称伺服电动机):伺服控制系统经常处于频繁的启动和制动过程中,因此要求电动机的输出力矩与转动惯量的比值要大,以产生足够大的加速或制动力矩。伺服电动机在低速时应有足够大的输出力矩且运转平稳,以便在与机械运动部分连接中尽量减少中间环节。

(4) 宽调速范围的速度调节系统:以数控机床的伺服控制为例,从系统的控制结构看,数控机床的位置闭环系统可看作位置调节为外环、速度调节为内环的双闭环自动控制系统,其内部的实际工作过程是把位置控制输入转换成相应的速度给定信号后,再通过调速系统驱动伺服电动机,实现实际位移。数控机床的主运动要求的调速性能也比较高,因此要求伺服控制系统为高性能的宽调速系统。

6.2 伺服控制系统的基本要求

理想情况下,伺服控制系统的被控量和给定值任何时候都应该相等,完全没有误差,而且不受干扰的影响。然而在实际系统中,由于机械部分质量、惯量的存在以及电路中电感、电容的存在和能源功率的限制,运动部件的加速度不会很大,速度和位移不会瞬时变化,总是具有一定的延时。通常把系统受到外加信号作用后,被控量随时间变化的全过程称为系统的动态过程。动态过程可较为充分地显示系统控制性能的优劣,根据动态过程在不同阶段的特点,工程上常常从稳定性、快速性和准确性三个方面来评价系统的总体性能。

1 稳定性

稳定性是指系统在给定输入或外界干扰的作用下,在短暂的调节过程后到达新的或恢复到原有的平衡状态的性能。一个控制系统能正常工作,必须是稳定的,而且必须具有一定的稳定裕量,在系统某些参数发生变化时,仍能够保持稳定的工作状态。

2 快速性

快速性是反映系统动态特性的重要指标之一。动态特性反映的是系统跟踪控制信号或抑制扰动的速度快慢、系统响应过程的振荡大小及平稳、均匀的程度。快速性就是指动态过程进行的时间长短,过程时间持续很长,将使系统长久地出现大偏差,同时也说明系统响应很迟钝,难以复现快速变化的指令信号。

3 准确性

准确性是指伺服控制系统的控制精度,一般用稳态误差来衡量。稳态误差是系统受扰动作用又重新平衡后可能会出现的偏差。例如,作为精密加工的数控机床,其允许的偏差一般为±(1~10) μm,高的可达到±(0.05~0.1) μm。

由于控制系统的控制目的、对象和要求的不同,因而各系统对动态特性、稳态特性的要求也不同。例如,随动系统对快速性要求高一些,电动机调速系统则要求过渡过程平稳、均匀,而机器人控制系统则不允许系统产生振荡。对于同一个系统,稳、准、快的三个要求是相互制约的。提高过程快速性,会使系统振荡性加剧;改善系统相对稳定性,可能使控制过程时间延长,反应迟缓,甚至使最终精度变差;提高系统控制的稳定性,则会引起动态性能的变化。如何分析和妥善处理这三者之间的矛盾,是伺服控制系统要解决的重要问题。

需要指出的是,上述性能要求是基于一般的伺服控制系统而言的,对于具体的伺服控制系统,其性能要求又各有侧重。例如,对交流伺服控制系统而言,其性能指标主要从调速范围、定位精度、稳速精度、转矩波动、动态响应和运行稳定性等几个方面来衡量。其中,调速范围是指电动机的最低平稳转速与最高转速之比,普通的伺服控制系统调速范围在1∶1 000以上,一般在1∶5 000~1∶10 000,高性能的可以达到1∶100 000以上。定位精度取决于具体伺服控制系统中的反馈元件与伺服驱动器的性能参数。稳速精度,尤其是在低速下的稳速精度,一般为-0.1~0.1 r/min,高性能的可以达到-0.01~0.01 r/min。通常情况下,一些驱动器还以其额定转速的百分数作为速度精度,如西门子伺服驱动器的理想速度精度通常为其额定转速的0.001%。作为衡量交流伺服控制系统性能的重要指标,性能优良的伺服控制系统转矩波动要求在-3%～3%。系统最高响应频率和上升时间用于衡量系统动态响应,而运行稳定性主要反映系统在电压波动、负载波动、电动机参数变化、上位控制器输出特性变化、电磁干扰以及其他特殊运行条件下,维持稳定运行并保证一定的性能指标的能力。

6.3 伺服控制系统的分类

伺服控制系统的种类很多,按照构成伺服控制系统的主要元件的种类、特征,可划分出各种各样的伺服控制系统。

1 按执行元件分类

按执行元件分类,伺服控制系统分为电气伺服控制系统、液压伺服控制系统、电液伺服控制系统、气压伺服控制系统等。其中电气伺服控制系统按照所驱动的电动机的类型不同又分为步进伺服控制系统、直流伺服控制系统和交流伺服控制系统。

(1)步进伺服控制系统

步进伺服控制系统驱动的电动机为步进电动机,又称为开环位置伺服控制系统。该系统的结构最简单、控制最容易、维修最方便,全数字化的控制符合数字化控制技术的要求。随着计算机技术的发展,除功率驱动电路外,其他电路均可由软件实现,从而简化了系统结构,降低了成本,提高了系统可靠性。

(2)直流伺服控制系统

直流伺服控制系统常用的伺服电动机有小惯量的直流伺服电动机和永磁直流伺服电动机。小惯量的直流伺服电动机能获得较好的快速性,但要经过中间机械传动(如减速器)才能与丝杆相连接。永磁直流伺服电动机的额定转速很低,可以在低速甚至堵转下运行,其转轴可以和负载直接耦合,简化了系统结构,提高了传动精度。其缺点是有电刷,限制了转速的增大,而且电动机结构复杂,价格较贵。

(3)交流伺服控制系统

交流伺服控制系统使用交流异步伺服电动机和永磁同步伺服电动机。由于直流伺服电动机存在电刷等固有缺点,其应用环境得到限制,而交流伺服电动机显然没有这些缺点,而且转子惯量更小,动态响应更好。在同样体积下,交流电动机的输出功率可比直流电动机增大10%～70%。此外,交流电动机的容量比直流电动机更大,可达到更高的电压和转速。因此,在许多应用场合,交流伺服控制系统已经逐步直至全部替代直流伺服控制系统。

2 按控制方式分类

按控制方式分类,伺服控制系统分为开环伺服控制系统、半闭环伺服控制系统和闭环伺服控制系统等。数控系统分成开环、半闭环和闭环三种类型,就是以伺服控制系统的这种分类方式为依据的。

(1) 开环伺服控制系统

如图 1-6-2 所示为开环伺服控制系统,它主要由数控装置、驱动电路、执行元件(步进电动机)和机床部件(工作台等)等组成。这类系统不带检测装置,没有来自位置传感器的反馈信号,系统的信息流是单向的,实际值不再反馈回来,因此称为开环伺服控制系统,存在一定的稳定性问题。

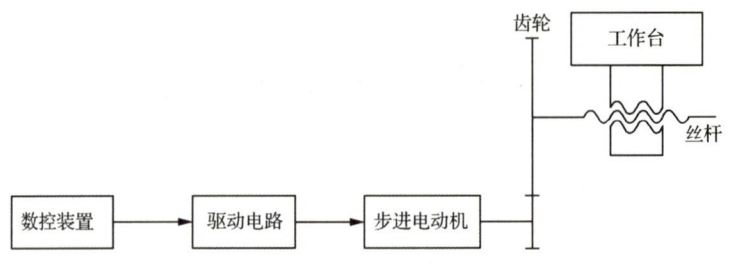

图 1-6-2　开环伺服控制系统

(2) 半闭环伺服控制系统

半闭环伺服控制系统的角位移测量元件一般安装在丝杆或电动机轴端,用测量丝杆或电动机轴的旋转角位移来代替测量工作台的直线位移。如图 1-6-3 所示,该系统未将丝杆螺母副包含在闭环系统内,因此称为半闭环伺服控制系统。这种系统不能补偿系统外传动装置的传动误差,但可以获得稳定的控制特性。

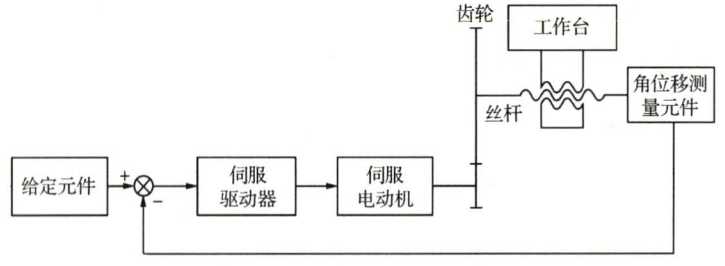

图 1-6-3　半闭环伺服控制系统

(3) 闭环伺服控制系统

闭环伺服控制系统带有检测装置,可以对工作台的位移量进行检测,如图 1-6-4 所示。与半闭环伺服控制系统相比,其反馈点取自输出量,避免了半闭环伺服控制系统的系统外传动装置的传动误差,适用于精度要求很高的设备。

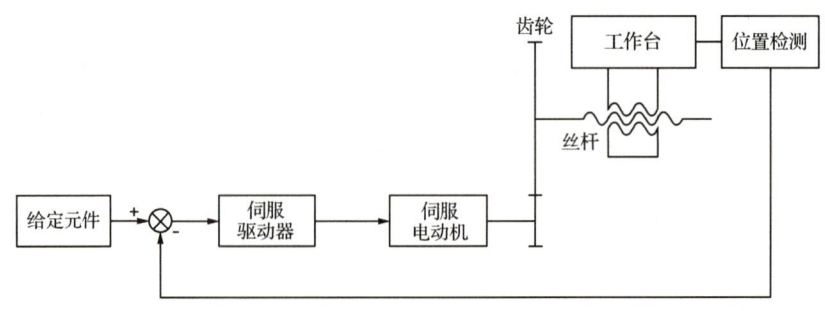

图 1-6-4　闭环伺服控制系统

关于伺服控制系统的分类,除上述两种分类方法以外,还有其他的分类方法,如数控设备中还可以按进给驱动和主轴驱动分为进给伺服控制系统和主轴伺服控制系统等,在此不再赘述。

6.4 交流伺服电动机

伺服电动机在伺服控制系统中用作执行元件,其任务是将输入的电压信号变换成转轴的角位移或角速度的变化。输入的电压信号称为控制信号或控制电压,改变控制电压可以改变伺服电动机的转速及转向。

根据使用电源的不同,伺服电动机分为直流伺服电动机和交流伺服电动机两大类。直流伺服电动机的输出功率较大,功率为 1~600 W,有的甚至可达上千瓦;而交流伺服电动机输出功率较小,功率为 0.1~100 W。本节介绍传统意义上的交流伺服电动机,即两相交流伺服电动机。

6.4.1 工作原理

两相交流伺服电动机是一种具有两相定子绕组的异步电动机,其运行原理与三相异步电动机类似。当两相定子绕组通以两相交流电时,气隙中产生旋转磁场使转子受到电磁转矩的作用而转动。但由于这种电动机在伺服控制系统中主要用作小功率执行元件,所以还应满足以下要求:

(1)调速范围要大,转速和转向控制方便。

(2)机械特性和调节特性接近线性,保证运行稳定性。

(3)无自转现象,当控制电压为零时,电动机立即停转。

(4)控制功率小,启动转矩大。

(5)机电时间常数小,动态性能好。

两相交流伺服电动机的原理如图 1-6-5 所示,两相定子绕组即励磁绕组 f 和控制绕组 c 在空间呈 90°电角度,它们分别接励磁电压 $\dot{U}_f$ 和控制电压 $\dot{U}_c$,$\dot{U}_c$,$\dot{U}_f$ 和 $\dot{U}_c$ 频率相同。当 $\dot{U}_c=0$ 时,交流励磁

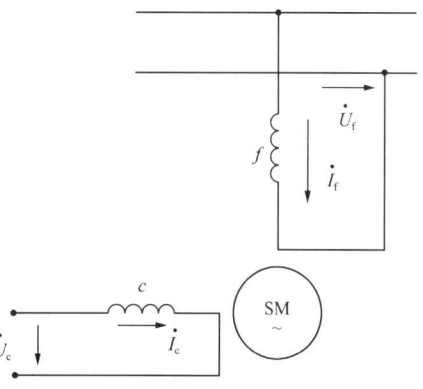

图 1-6-5 两相交流伺服电动机的原理

电源 $\dot{U}_f$ 单独供电,气隙中只有脉振磁通势,电动机无启动转矩。当 $\dot{U}_c\neq 0$ 且产生的控制电流与励磁电流相位不同时,气隙中建立起旋转磁场,于是产生启动力矩,电动机转子转动起来。如果伺服电动机的参数与一般的单相异步电动机一样,那么当控制电压 $\dot{U}_c$ 消失时,电动机在励磁电压 $\dot{U}_f$ 的作用下仍将继续转动,产生所谓的"自转"现象而失控。由于"自转"的原因是控制电压消失后,电动机仍有与原转速方向一致的电磁转矩,因此只要能够将该转矩消除并同时产生一个与原转速方向相反的制动转矩,就可以使电动机在 $\dot{U}_c=0$ 时能很快停

止转动,一个可行的办法就是增大转子电阻。事实证明,增大转子电阻,不仅可以消除电动机的"自转"现象,还可以扩大交流伺服电动机的稳定运行范围。但转子电阻过大,也会减小启动转矩,从而影响快速响应性能。

6.4.2 基本结构

交流伺服电动机的定子与异步电动机类似,在定子槽中装有励磁绕组和控制绕组,而转子主要有两种结构形式。

1 笼型转子

这种笼型转子和三相异步电动机的笼型转子一样,但其导条采用的是高电阻率的导电材料,如青铜、黄铜等。另外,为了提高交流伺服电动机的快速响应性能,笼型转子往往又细又长,目的是减小转子的转动惯量。

2 非磁性空心杯转子

如图1-6-6所示,非磁性空心杯转子交流伺服电动机有两个定子:外定子和内定子。外定子铁芯槽内安放有励磁绕组和控制绕组,而内定子一般不放绕组,仅作为磁路的一部分。非磁性空心杯转子位于内、外定子之间,通常用非磁性材料(如铜、铝或铝合金)制成。在电动机旋转磁场的作用下,非磁性空心杯转子内感应产生涡流,涡流与主磁场作用产生电磁转矩,使非磁性空心杯转子转动起来。

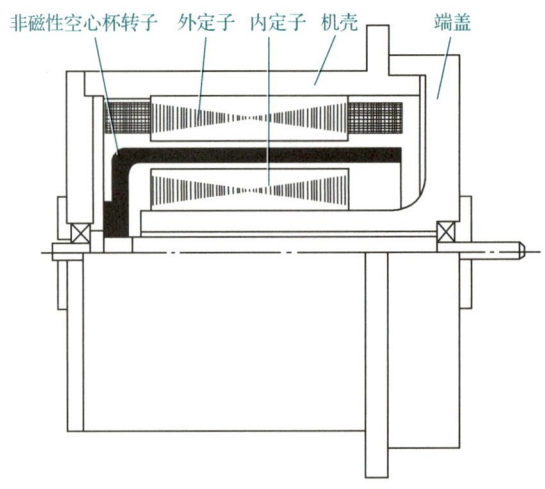

图1-6-6 非磁性空心杯转子交流伺服电动机的结构

非磁性空心杯转子的壁厚为0.2～0.6 mm,因而其转动惯量很小,故电动机快速响应性能好,而且运行平稳平滑,无抖动现象。但由于使用内、外定子的结构,气隙较大,故励磁电流较大,体积也较大。

6.4.3 控制方式

两相交流伺服电动机作为伺服控制用电动机,不仅要控制它的启动与停止,还要控制它的转速与转向，这种控制是通过改变其气隙的旋转磁场实现的。

如果在交流伺服电动机的励磁绕组和控制绕组上分别加上幅值相等、相位相差 90°的电压，那么电动机的气隙磁场将是一个圆形旋转磁场。如果改变控制电压 $\dot{U}_c$ 的大小或相位，气隙磁场都将变成椭圆形磁场。椭圆形磁场的椭圆度不同，产生的电磁转矩也不同，电动机转子的转速也不同。当 $\dot{U}_c$ 的大小为零或控制电流 $\dot{I}_c$ 与励磁电流 $\dot{I}_f$ 的相位差为零时，气隙磁场为脉振磁场，无启动转矩。基于这个原理，交流伺服电动机的控制方式有以下三种。

1 幅值控制

幅值控制是通过改变控制电压 $\dot{U}_c$ 的幅值来控制电动机转速的，而 $\dot{U}_c$ 的相位始终保持不变，控制电流 $\dot{I}_c$ 与励磁电流 $\dot{I}_f$ 始终保持 90°电角度关系。若 $\dot{U}_c=0$，则转速为零，电动机停转。

2 相位控制

相位控制是通过改变控制电压 $\dot{U}_c$ 的相位，从而改变控制电流 $\dot{I}_c$ 与励磁电流 $\dot{I}_f$ 之间的相位差来控制电动机转速的。此时，$\dot{U}_c$ 的大小保持不变。当 $\dot{I}_c$ 与 $\dot{I}_f$ 之间的相位差为零时，转速为零，电动机停转。

3 幅相控制

幅相控制是通过同时改变控制电压 $\dot{U}_c$ 的幅值以及控制电流 $\dot{I}_c$ 与励磁电流 $\dot{I}_f$ 之间的相位差来控制电动机转速的。具体的方法是在励磁绕组回路中串入一个移相电容后，再接到稳压电源 $\dot{U}_1$ 上，此时励磁电压 $\dot{U}_f=\dot{U}_1-\dot{U}_{Cf}$，如图 1-6-7 所示。控制绕组上加与 $\dot{U}_1$ 同相位的电压 $\dot{U}_c$，那么当改变控制电压 $\dot{U}_c$ 的幅值来控制电动机转速时，由于转子绕组与励磁绕组之间的耦合作用，励磁电流 $\dot{I}_f$ 随着转速的变化而变化，励磁电压 $\dot{U}_f$ 和电容电压 $\dot{U}_{Cf}$ 也随之变化。这样改变 $\dot{U}_c$ 幅值的结果是使 $\dot{U}_c$、$\dot{U}_f$ 的幅值及相位差，$\dot{I}_c$ 与

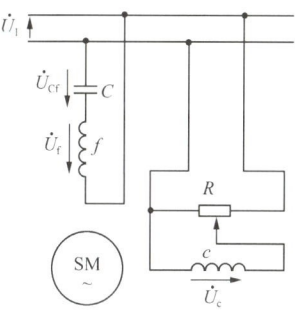

图 1-6-7　幅相控制

$\dot{I}_f$ 之间的相位差也都发生相应的变化，所以称之为幅值和相位的复合控制。当 $\dot{U}_c=0$ 时，转速为零，电动机停转。

幅相控制在三种控制方式中是唯一一种仅需要单相交流电源供电而不需要复杂的移相设备的调速控制方法。它只需要电容进行分相，设备简单，使用方便，有较大的输出功率，是伺服控制系统中最常用的一种控制方式。

复习思考题

1．什么是 U/f 控制？为什么变频器的电压需要与频率成比例地改变？
2．什么是恒转矩控制？适用于什么场合？
3．什么是恒功率控制？适用于什么场合？
4．电动机在低频运行时为什么要进行转矩提升？

5. 画出三相异步电动机变频调速机械特性曲线。
6. 电压源型变频器和电流源型变频器有何不同？
7. 简述转差频率控制原理。
8. 伺服控制系统对伺服电动机的要求有哪些？
9. 什么是"自转"现象？如何消除交流伺服电动机的"自转"现象？
10. 两相交流伺服电动机的转子电阻为什么都设计成较大的阻值？转子阻值过大又有何影响？
11. 简述交流伺服电动机的三种控制方式。

实施篇

项目 1 通用型变频调速系统安装与调试

基础篇介绍的是以三相异步电动机为控制对象的交流调速系统的基本知识,重点介绍了变频调速系统的调速原理、调速电路及相关调速理论。在实施篇中,将以施耐德通用型变频器 ATV312 和转矩矢量高性能变频器 ATV71 为载体,学习变频器的具体操作和使用。

教材中所涉及的实训设备包括:

(1)施耐德通用型变频器 ATV312,0.75 kW,1 台。

(2)施耐德转矩矢量高性能变频器 ATV71,0.75 kW,1 台。

(3)三种电动机负载:普通异步电动机、永磁同步电动机、带光电编码器的变频调速异步电动机各 1 台。

(4)闪光测速仪、万用表、工具以及导线若干。

(5)实训台。

ATV312 型变频器和 ATV71 型变频器安装于实训台的网孔板上,如图 2-1-1 所示。每块网孔板上除变频器外,还安装有制动电阻、电源开关、接线端子排等,制动电阻已经连接至变频器的制动电阻接线端子上,变频器主电路输出端子、控制端子均已引至接线端子排上。按钮、指示灯安装在实训台的电源箱上。

如图 2-1-2 所示为电动机负载板,安装有变频调速系统常用的三种电动机负载,从左至右分别为带光电编码器的变频调速异步电动机、普通异步电动机、永磁同步电动机。所用的电动机负载均为工厂实际使用的型号规格:变频调速异步电动机规格为 550 W,380 V,光电编码器型号为光洋 TRD-2TH600V;普通异步电动机规格为 550 W,380 V;永磁同步电动机规格为 180 W,50 Hz,220 V,1.86 A。

为便于操作,实训设备已将光电编码器的引出线引至左下角接线端子排。由图 2-1-2 可见,变频调速异步电动机的后端盖比较长,因为后端盖内安装了光电编码器和强制通风的单相轴流风机。永磁同步电动机的转子为永磁体,调频范围为 15～85 Hz,当采用变频器传动时,其转子转速与旋转磁场转速相同,所以称为永磁同步电动机。

实训载体的安排模拟了工厂实际使用环境,切记注意安全用电及规范操作!

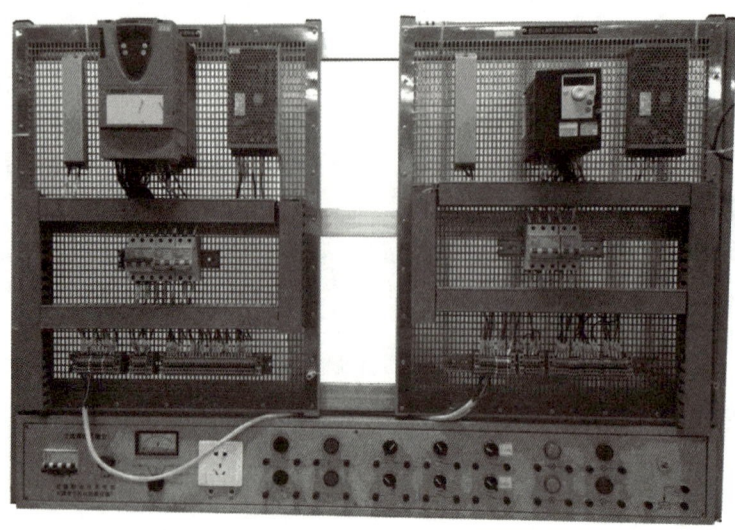

图 2-1-1　实训台

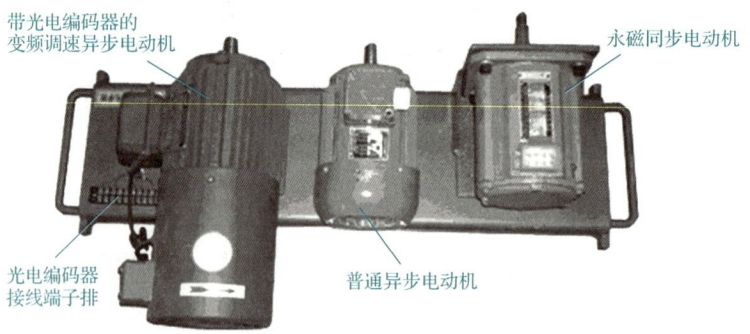

图 2-1-2　电动机负载板

任务 1　认识通用型变频器

目前,在我国所使用的变频器有一百多种型号,其中绝大部分为交-直-交变频器,所传动的电动机大多为普通异步电动机或变频调速异步电动机。随着工业技术的发展,通用型变频器凭借低廉的价格、较高的可靠性及便捷的操作方式,在工业生产及民用等各方面得到了越来越多的应用。

常见的中小型变频器如图 2-1-3 所示。其中,如图 2-1-3(a)所示为适合风机、泵类负载的安川 F7 型变频器,如图 2-1-3(b)所示为富士 G11 型变频器,如图 2-1-3(c)所示为施耐德通用型变频器 ATV312,如图 2-1-3(d)所示为施耐德转矩矢量高性能变频器 ATV71,如图 2-1-3(e)所示为汇川 MD320 型变频器。

项目 1 通用型变频调速系统安装与调试　83

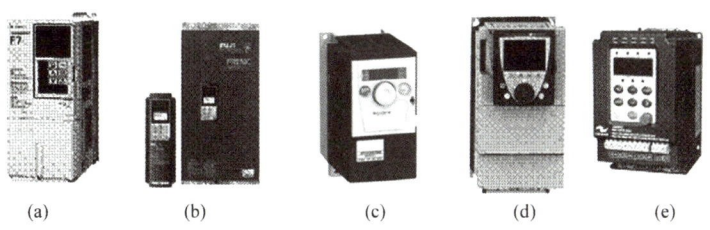

图 2-1-3　常见的中小型变频器

知识点 1　通用型变频器的组成

如图 2-1-4 所示,通用型变频器一般由主电路、控制电路及数字设定单元等几部分组成。其中,主电路由整流电路、中间直流电路和逆变电路三部分组成。整流电路的功能是将固定频率、固定电压的交流电变换成脉动直流电;中间直流电路的功能是对整流后的脉动直流电进行滤波、限流、均压和显示;逆变电路的功能是将直流电转换为频率及电压均可调的交流电供给三相交流电动机。

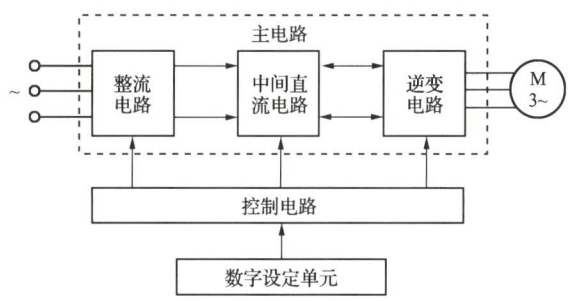

图 2-1-4　通用型变频器的组成

知识点 2　通用型变频器的主电路

熟悉变频器的主电路对变频器的安装、保护等有着重要的意义。不同品牌通用型变频器的主电路基本相同,一般均采用如图 2-1-5 所示交-直-交电压源型电路。

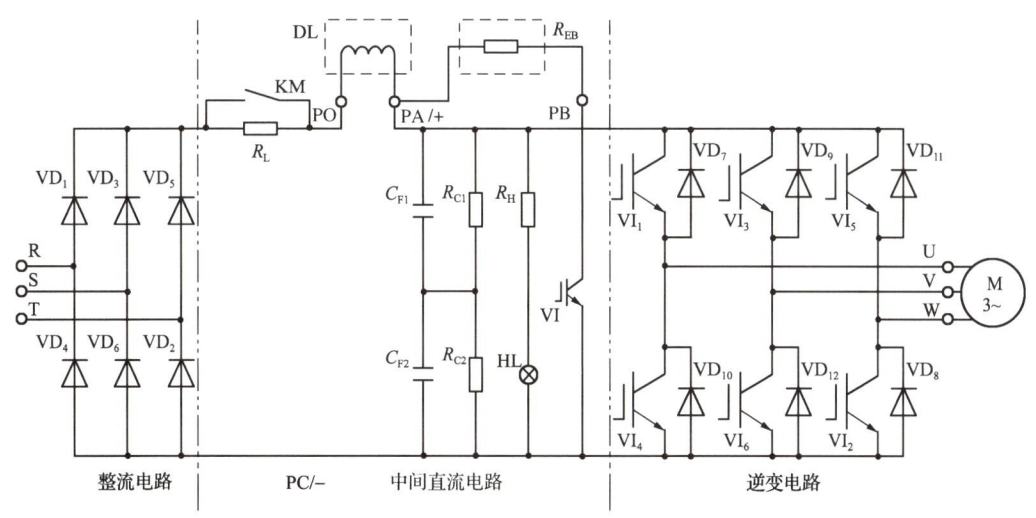

图 2-1-5　交-直-交电压源型电路

1 整流电路与中间直流电路

（1）整流电路

图 2-1-5 中，电力二极管 $VD_1 \sim VD_6$ 构成不可控三相全波整流电路。端子 PO、PC/－为变频器直流母线的两个引出端，变频器正常运行时，PO、PC/－端直流电压约为 513 V。当该电压小于某一值时，变频器会出现欠压故障显示。在某些特殊的应用场合，如两台变频器直流共母线运行时，其中一台变频器不接交流电源，而直接由另一台变频器的直流母线供电，此时仍可保证变频器正常运行。

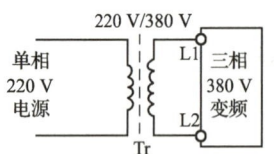

图 2-1-6 利用单相电源调试三相变频器

实际应用表明，尽管通用型变频器的交流供电电源要求为三相交流电，但在特定的条件下，只要直流母线电压大于其规定的最小电压值，即使是单相电源供电，变频器仍可正常运行。如图 2-1-6 所示为利用单相电源调试三相变频器，图中，Tr 为升压变压器，可将 220 V 交流电压变换为 380 V。需要注意的是，此时需屏蔽变频器内部进线电源缺相保护功能。此外，这种方法仅适合不带负载情况下的变频器调试，带上负载则有可能损坏变频器。

（2）滤波与均压电路

滤波电路的作用是平滑整流后的脉动直流电压。由于受到电容的容量和耐压能力的限制，滤波电路通常由两组电容采用先并联、再串联的方式组成。图 2-1-5 中的滤波电容 C_{F1}、C_{F2} 均为由数个电容并联而成的电容组。

根据电路要求，C_{F1}、C_{F2} 电压应保持相等，但由于电解电容的电容量有较大的离散性，故 C_{F1}、C_{F2} 的电容量不能完全相等，造成分压不均，分压较大的电容组容易被损坏。为此，在 C_{F1}、C_{F2} 两端各并联一个阻值相等的电阻 R_{C1}、R_{C2} 组成均压电路。其均压原理：如果 $C_{F1} < C_{F2}$，那么 C_{F1} 具有较大的分压，使 C_{F2} 的充电电流大于 C_{F1} 的充电电流，这样，C_{F2} 上的电压有所增大，而 C_{F1} 上的电压则有所减小，从而缩小了两组电容的分压差距并使之趋于平衡。

（3）上电限流电路

由于电容电压不能突变，因此在变频器接通电源瞬间，C_{F1}、C_{F2} 相当于短路，电路中会产生很大的瞬间冲击电流，该电流流经整流桥和滤波电容时会造成电路损坏。为此，在电路中接入限流电阻 R_L，以便将充电电流限制在较小的范围内，消除电流冲击。但是，如果限流电阻 R_L 长时间接在电路中，一方面会导致直流输出电压减小，另一方面电路的损耗也会增大。因此，在电容充电达到一定的程度之后必须短路限流电阻 R_L。早期的通用型变频器采用接触器 KM 作为短路器件，在变频器接通电源时候会听到接触器吸合的声音，目前一般采用 SCR 或 GTR 作为短路器件。

（4）直流电压指示电路

图 2-1-5 中，直流电压指示电路由指示灯 HL 和电阻 R_H 构成。由于 C_{F1}、C_{F2} 的电容量较大，而切断电源又必须在逆变电路停止工作的状态下进行，所以 C_{F1}、C_{F2} 缺少快速放电的回路，其放电时间较长。C_{F1}、C_{F2} 上较高的充电电压如果不能完全放电，就会对人身安全构成威胁，所以由指示灯 HL 和电阻 R_H 实现对变频器直流电压的指示。操作者可以通过观察 HL 是否完全熄灭来判断 C_{F1}、C_{F2} 是否放电完全结束（通常为 5 min 左右，变频器容量不

同,指示灯熄灭时间不同),从而在确认变频器已经停止运行后安全地进行拆卸主电路端子接线或维修工作。很多通用型变频器将该指示灯标示为CHARGE。

(5)直流电抗器DL

图2-1-5中,直流电抗器DL的作用是增大变频器的功率因数。由于变频器出厂时的标准配置不含直流电抗器,因此出厂时主电路端子PO和PA/+一般用短接片进行短接。

2 逆变电路

变频器的逆变电路是由全控开关器件(目前多采用IGBT)$VI_1 \sim VI_6$构成的逆变桥,作用是把直流电转换为频率和电压均可调的交流电。图2-1-5中,每个IGBT旁都反向并联一个二极管($VD_7 \sim VD_{12}$),作用是为电动机负载向直流侧反馈能量提供通道。此外,由于异步电动机是感性负载,其电流在相位上滞后于电压一个电角度,二极管也是使负载电流连续流通的通道,即具有续流作用。

3 制动单元及制动电阻

图2-1-5中,全控开关器件VI及R_{EB}组成制动电路,主要是防止变频器运行在第二象限及第四象限即电动机处于再生制动状态时,滤波电容电荷积累使中间直流电路产生泵升电压而导致器件损坏。图2-1-5所示为变频器内置制动单元,当变频器容量大于7.5 kW时,制动单元就需要外置,这时变频器中间直流电路的引出端子与图2-1-5所示有所不同。关于变频器的制动功能以及制动运行,将在后面的任务中予以专门讨论。

4 其他可选件

在电磁噪声要求较高的场合使用变频器时,可以考虑选用进线滤波器及出线滤波器,以减少外部电源对变频器的影响和变频器对外部设备的干扰。

知识点3 ATV312型变频器

ATV312型变频器适用于功率为0.18~15 kW的三相异步电动机,具有功能强劲、结构紧凑和易于安装的特点。ATV312型变频器集成的多种应用功能使其特别适合于简单工业机械应用;增强的通信功能使其可完美集成到系统之中,并可与所有控制系统产品进行通信;集成EMC滤波器使其完全适用于所有应用环境;简化的用户界面尽显用户友好性。

1 ATV312型变频器的型号规格

ATV312型变频器的型号规格说明如图2-1-7所示,图中各字母和数字的含义如下:

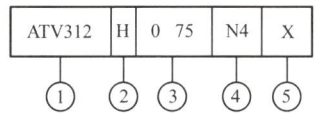

图2-1-7 ATV312型变频器的型号规格说明

①产品系列:ATV312型变频器。
②工艺方面的变化:"H"表示带散热器的标准产品。

③与电动机功率相关联的产品规格：第一位表示功率值中小数点的位置："0"表示后缀值乘以0.01；"U"表示后缀值乘以0.1；"D"表示后缀值乘以1；"C"表示后缀值乘以10。后两位为电动机功率整数值。ATV312型变频器的型号规格中电动机功率整数值含义见表2-1-1。

表2-1-1　　　　ATV312型变频器的型号规格中电动机功率整数值含义

电动机功率整数值	18	37	55	75
电动机功率/kW	0.18	0.37	0.55～5.50	0.75～7.50
电动机功率整数值	11	15	22	30
电动机功率/kW	1.10～11.00	1.50～15.00	2.20	3.00

④进线电压："M2"表示单相240 V；"M3"表示三相240 V；"N4"表示三相380～400 V；"S6"表示三相600 V。

⑤是否带EMC滤波器："X"表示不带EMC滤波器；不注明表示带EMC滤波器。

例如，ATV312H075N4是一台功率0.75 kW、电源电压为三相380 V、带散热器并内置EMC滤波器的ATV312型变频器，其型号规格说明如图2-1-8所示。

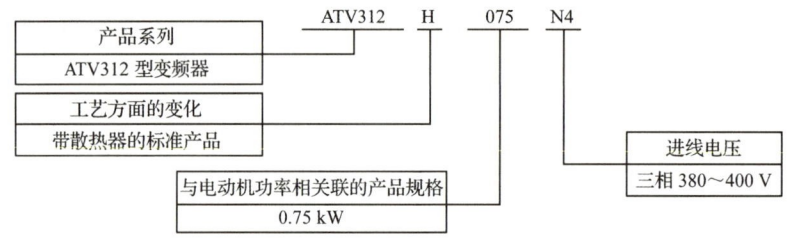

图2-1-8　ATV312H075N4型变频器的型号规格说明

注意：型号规格说明中所表示的规格是电动机铭牌功率。变频器的容量一般用输入的视在功率(kV·A)表示。每种电动机功率一般均有与之对应变频器容量，其对应关系见表2-1-2。

表2-1-2　　　　电动机功率与变频器容量的对应关系

电动机功率/kW	0.37	0.55	0.75	1.1	1.5	2.2	3	4	5.5	7.5	11	15
变频器容量/(kV·A)	1.5	1.8	2.4	3.2	4.2	5.9	7.1	9.2	15.0	18.0	25.0	32.0

2 ATV312型变频器的操作面板

不同品牌的变频器内部功能的表现形式不同，因此设定器或操作面板也不相同。ATV312型变频器的操作面板如图2-1-9所示，操作面板上除了有状态指示灯、数字信息显示、按钮以外，还有一个导航旋钮。当变频器参数设置运行频率由操作面板给定时，导航旋钮起给定电位器作用。

变频器除了在本体上装有操作面板以外，还可以选择安装远程操作面板。工业控制系统中，变频器安装于电控柜内，可将远程操作面板安装于电控柜柜门上，用通信线将变频器与远程操作面板相连，就能在不打开电控柜的情况下安全地对变频器进行操作。远程操作面板如图2-1-10所示，它用上、下按钮替代ATV312型变频器操作面板上的导航旋钮。

项目1 （通用型变频调速系统安装与调试）   87

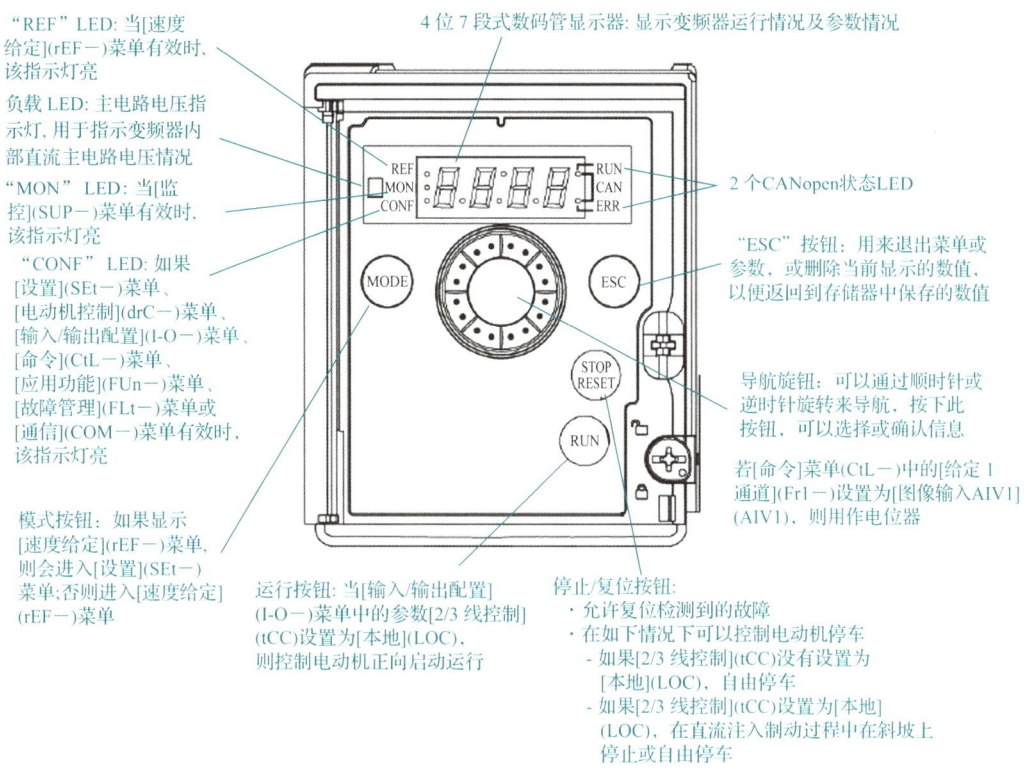

图 2-1-9 ATV312 型变频器的操作面板

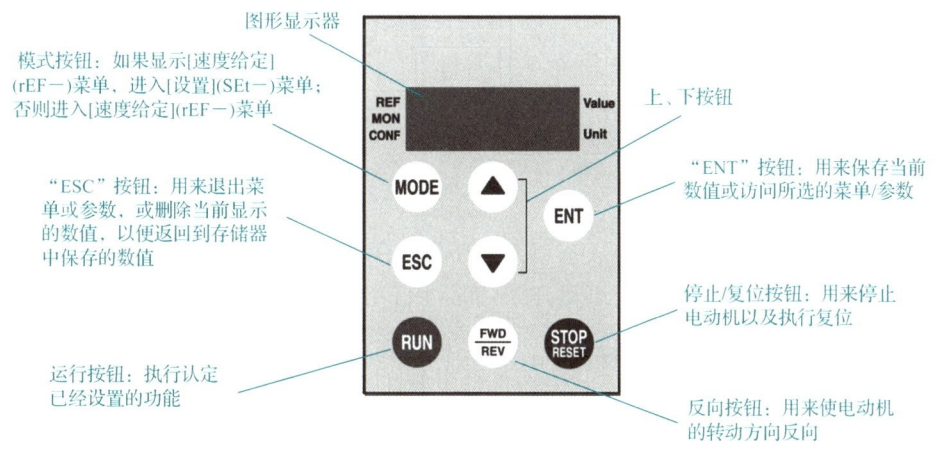

图 2-1-10 远程操作面板

任务2 熟悉通用型变频器的功能

知识点1 通用型变频器的功能码参数

目前，通用型变频器用于与操作者交互的方式已十分友好，如运行状态显示、变频器内部参数管理、故障信息的传递等都比较人性化。但变频器内部管理的参数有几十乃至数百个,使用者在使用变频器时关心的是如何在较短的时间内设置运行所需要的基本参数,使用中出现问题时如何在较短的时间内找出问题所在并进行必要的修改,这就要求使用者了解变频器参数的组织和表现形式。

不同品牌的变频器的参数有不同的表现形式,但同一品牌、不同型号的变频器的参数的表现形式是基本一致的。

通用型变频器的参数一般以功能码菜单形式表示。ATV312型变频器的菜单及其设置流程如图2-1-11所示。该菜单按变频器参数功能分为一级菜单和二级菜单等,现将主要菜单功能说明如下。

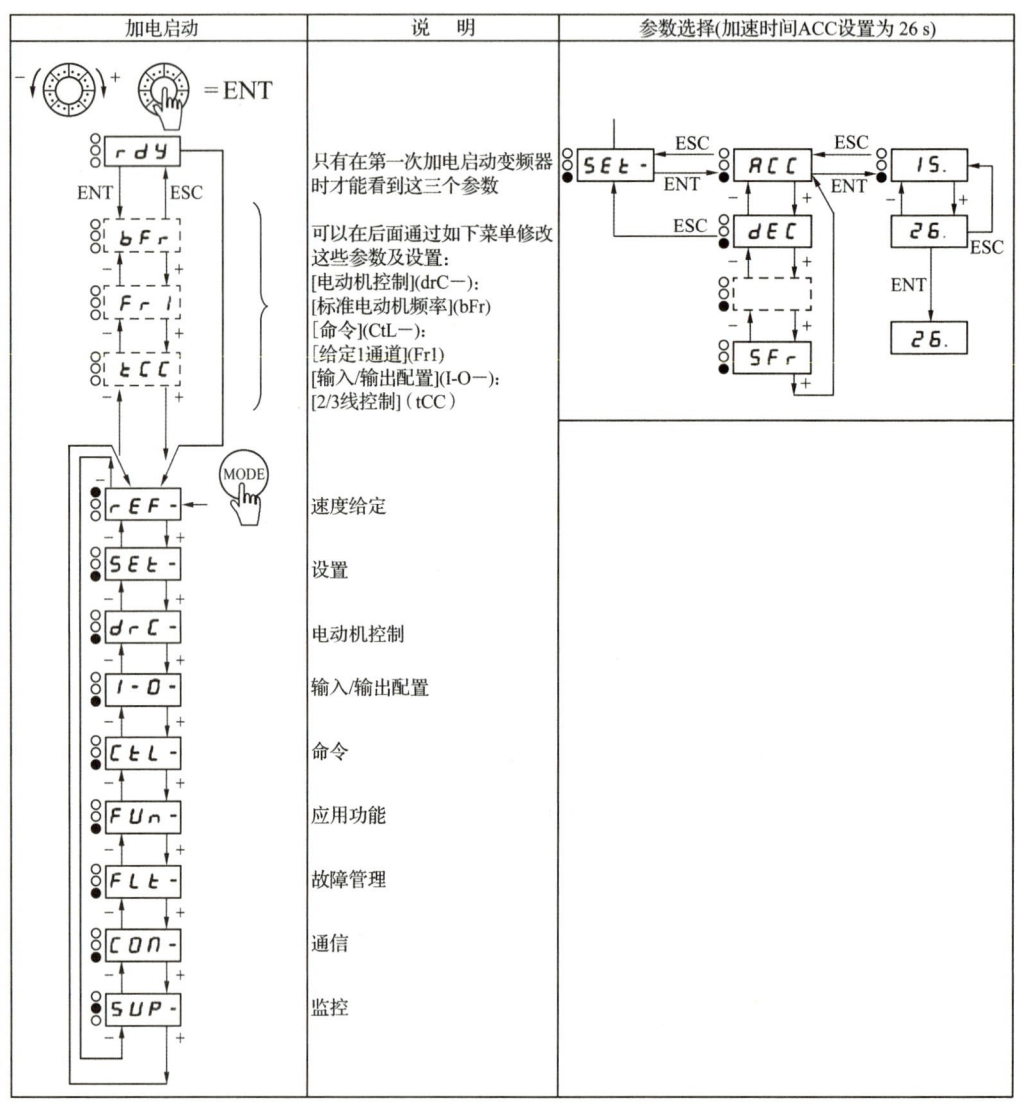

图 2-1-11　ATV312 型变频器的菜单及其设置流程

rdy:显示变频器准备就绪。

rEF－:[速度给定]菜单。

SEt—[设置]菜单,主要用于运行频率、加/减速时间、多段速度等参数的设置。

drC—[电动机控制]菜单,菜单中可设置压频比、电动机额定频率、额定转速、低频转矩补偿等参数。

I-O—[输入/输出配置]菜单,包含变频运行信号、频率命令来源、输出继电器定义等。

CtL—[命令]菜单。

FUn—[应用功能]菜单,如停车方式、制动功能、多段速度定义等参数均在该菜单中进行设置。

FLt—[故障管理]菜单,主要用于设置变频器在某些非致命性故障下是否停机或是否起作用,如电源缺相、电动机缺相时是否停机等。例如,在对未连接电动机负载的变频器进行调试时,需要对这类参数进行正确设置,否则就无法进行调试。而在某些可能会损坏变频器的故障如变频器过载、变频器过热等发生时,变频器默认为停止运行。

COM—[通信]菜单,主要用于设置变频器自带 Modbus、CANopen 通信口的有关信息,如通信地址、通信波特率、通信校验等。

SUP—[监控]菜单,在变频器正常运行情况下,切换到该菜单以便显示输出频率、输出电压、电动机电流等需要监控的参数。

在使用变频器时应首先掌握将所有参数恢复出厂设置这一功能。这是由于变频器的参数众多,在调试某一特殊功能时往往需要反复调试,采用恢复到出厂设置这一功能可以使变频器恢复到初始状态,以便重新调试。

变频器参数众多,并且不同变频器的表现形式也各不相同。有些变频器直接以数字形式表示,有些变频器利用英文缩写表示,仅有为数不多的几种变频器参数采用中文界面表示。因此,在使用变频器前应仔细阅读变频器的使用说明书并了解各参数的含义。需要注意的是,某些参数只有在与之相关的参数进行定义后才能显示和设置。

知识点 2　通用型变频器的压频比参数设置功能

在通用型变频器应用中,压频比是一个非常重要的参数,它在不同的变频器中有着不同的表现形式。例如,在施耐德 ATV312 型、ATV71 型变频器中,该参数以电动机额定电压、额定频率的形式出现;在安川 G7 型变频器中,该参数以最大电压、基准频率的形式出现;在有些变频器中,该参数还会以基准电压、基准频率的形式出现。

如图 2-1-12 所示为常用变频调速异步电动机的 U/f 曲线。由图可见,当运行频率在 50 Hz 以下时,U/f 曲线是斜率恒定为 7.6 的直线,电动机为恒转矩运行;当运行频率大于 50 Hz 时,频率继续增大,但电压维持 380 V 不变,此时电动机内部磁通减小,输出转矩减小,表现为恒功率运行。为获得该 U/f 曲线,在对变频器进行参数设置时,其最大频率应设置为 100 Hz,基准频率或电动机额定频率应设置为 50 Hz,最大电压与基准电压均设置为 380 V。

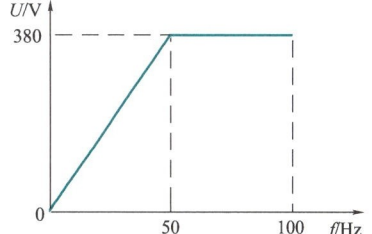

图 2-1-12　常用变频调速异步电动机的 U/f 曲线

为了方便用户应用,有些变频器自带可供选择的固有 U/f 曲线。例如安川 G7 型变频器,既可以自定义 U/f 曲线,又可以根据需要在其内部固有的 15 种 U/f 曲线中选择一种使用。如图 2-1-13 所示为安川 G7 型变频器适合三种不同负载特性的固有 U/f 曲线,其中,如图 2-1-13(a)所示曲线 0 适用于一般用途的恒转矩负载,如图 2-1-13(b)所示曲线 5 适用于风机、泵类等二次方律负载,如图 2-1-13(c)所示曲线 9 适用于高启动转矩型负载。

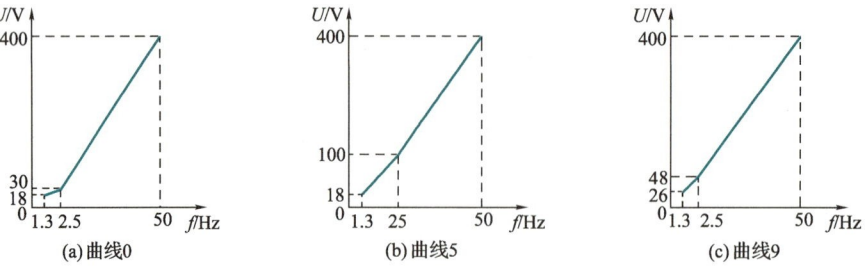

图 2-1-13　安川 G7 型变频器适合三种不同负载特性的固有 U/f 曲线

知识点 3　通用型变频器的低频转矩补偿功能

通过基础篇的学习可知,对于一般的 U/f 控制变频器,当变频器输出频率较低时,电动机定子绕组电压降的存在会导致其磁通不能保持恒定,因此需要进行低频转矩补偿。低频转矩补偿的实质是补偿定子绕组的电压,所以在有些变频器的使用说明中将其描述为低频电压补偿。

如图 2-1-13 所示的三种 U/f 曲线均具有低频转矩补偿功能,但三种曲线的补偿效果各不相同。由图可见,曲线 9 在低频时增大了压频比,属于正补偿;曲线 5 在低频时压频比反而减小,属于负补偿。由于风机、泵类等二次方律负载的负载转矩与叶片的转速平方成正比,刚启动时叶片转速很小,所需的负载转矩也较小,这时采用负补偿可以在启动过程中节省电能。实践表明,在电动机容量较大情况下节省的电能是比较可观的。对于恒转矩负载,由于在启动过程中负载转矩不变,应进行正补偿,其补偿值应以能够启动负载为宜,若补偿值过大,就会出现过补偿导致的启动电流过大。实际应用中,这一参数需要在带负载的情况下通过反复调试确定。

实训任务　熟悉通用型变频器的功能

1　任务目标

(1)了解实训台的组成。
(2)读懂实训台的电路图,并能与实训台上各器件相对应。
(3)认识 ATV312 型变频器,知道其型号规格的含义及操作面板各部分的功能。
(4)掌握调阅 ATV312 型变频器菜单的方法,并根据要求修改变频器的参数。

2　所需设备

ATV312 型变频器。

3　任务实施步骤

(1)了解实训台的组成。包括主电路、电动机负载、实训台面板、实训室动力电源的布线等。

(2)将实训设备与设备电路图进行对照,读懂电路图。合上实训台电源总开关,通过实训台上的电压表观察进线电压,转动电压选择按钮,确认三相电源电压基本平衡对称,记录线电压值。

(3)认识 ATV312 型变频器,查阅变频器手册,了解变频器型号规格的含义。

①认识 ATV312 型变频器的外形。

②认识 ATV312 型变频器的型号规格。

③认识 ATV312 型变频器的操作面板。

④认识 ATV312 型变频器的菜单。

(4)ATV312 型变频器通电,按要求修改变频器的参数。

①ATV312 型变频器上电,读出变频器 SEt－、drC－菜单中所有参数的出厂设定值,并将其填入自行设计的表格内。

②更改 ATV312 型变频器中 drC－菜单中的参数 UnS、nCr、nSP、COS 的值,具体的更改要求见表 2-1-3。

表 2-1-3　　　　　参数 UnS、nCr、nSP、COS 的更改要求

参　数	出厂设定值	任务设定值
UnS	400	380
nCr	2.0	1.2
nSP	1 420	1 400
COS	0.76	0.82

③完成上述设置后,在 drC－菜单中,找到恢复配置参数 FCS－InI,按住导航旋钮 2 s 以上直至显示器显示跳转为 nO,恢复变频器出厂设置。

(5)ATV312 型变频器的简单启动。

①屏蔽 ATV312 型变频器的缺相检测功能(FLt－OPL－nO),使变频器处于不接电动机的调试运行状态。

②修改变频器中参数的值,具体修改要求见表 2-1-4。

表 2-1-4　　　　　ATV312 型变频器简单启动的参数修改要求

菜　单	参　数	出厂设定值	任务设定值
I-O-	tCC	2C	LOC
CtL-	Fr1	AI1	AIV1
rEF-	AIV1	100	100

③将显示器显示切换到 SUP－rFr 菜单,按下操作面板上的"RUN"按钮,变频器启动;按下"STOP"按钮,变频器停止运行。注意观察显示器中频率变化情况及电动机运行情况。

(6)恢复变频器出厂设置,关闭电源。

思考

(1)变频器恢复出厂设置有何重要意义？ATV312 型变频器恢复出厂设置的步骤是怎样的？

(2) 为什么变频器编程手册中有些参数在显示器上不能显示？

(3) 如何使变频器在不接电动机的情况下也能够运行？

任务 3　了解通用型变频器的速度给定

知识点 1　变频器的速度给定方法

速度给定就是设置变频器的输出频率，常见的速度给定方式有本机给定、模拟量给定、脉冲序列给定、远程终端给定以及通信给定等。如图 2-1-14 所示为安川 G7 型变频器速度给定接线，由图可知，该变频器可通过模拟量给定（A1、A2、A3）以及脉冲序列给定的方式进行速度给定。

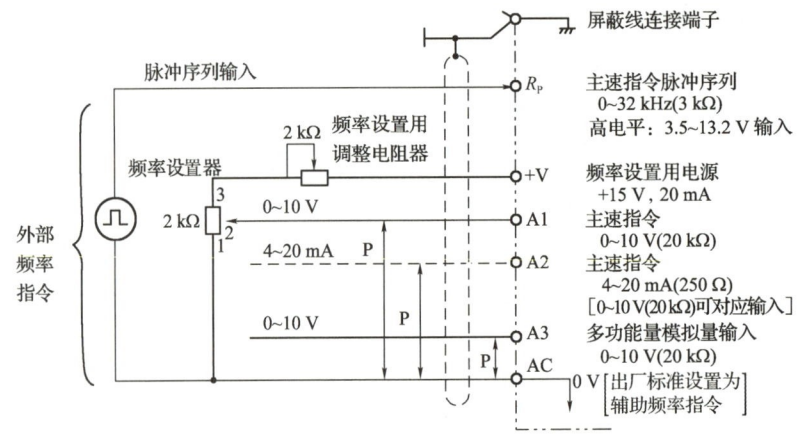

图 2-1-14　安川 G7 型变频器速度给定接线

变频器的种类繁多，不同的变频器其速度给定方式也不尽相同，但一般均具有本机给定和模拟量给定的功能。其中，本机给定是通过变频器的操作面板来增大或减小变频器的输出频率。就 ATV312 型变频器而言，本机给定就是通过操作面板上的导航旋钮来设置输出频率，从而达到增大或减小速度的目的。速度给定时，通过旋动操作面板上的导航旋钮，可以将变频器的输出频率从 LSP（低速）调节至 HSP（高速）。LSP 是最小给定输入时的变频器输出频率，HSP 是最大给定输入时的变频器输出频率，如图 2-1-15 所示。

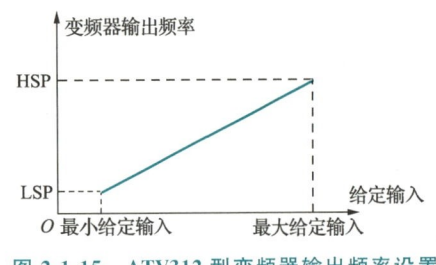

图 2-1-15　ATV312 型变频器输出频率设置

通过操作面板上的导航旋钮进行本机速度给定的一般步骤如下：

1　设置频率输出范围 LSP 和 HSP

LSP 和 HSP 可通过 SEt－菜单进行设置，见表 2-1-5。LSP 的给定范围是 0～HSP，默认 0 Hz；HSP 的给定范围是 LSP～tFr，默认 bFr，即 50 Hz。tFr 是 ATV312 型变频器的最大输出频率，可在 drC－菜单中进行设置。

表 2-1-5　　　　　　　　　　　频率输出范围设置

菜　单	参　数	说　明	调整范围	出厂设定值
SEt—	LSP	[低速]在最小给定输入下的电动机频率	0～HSP	0 Hz
	HSP	[高速]在最大给定输入下的电动机频率，确保此设置适用于电动机和应用	LSP～tFr	bFr
drC—	tFr	[最大频率]出厂设置为 60 Hz，如果[标准电动机频率](bFr)设置为 60 Hz，则该参数为 72 Hz	10～500 Hz	60 Hz

② 选择速度给定通道

在将给定速度进行输出时，还必须设置速度给定通道。ATV312 型变频器提供两个速度给定通道 Fr1 和 Fr2，每个通道都可以设定为模拟量输入端子 AI1/AI2/AI3 或通过操作面板上的导航旋钮给定，具体的通道可由[给定 2 切换]参数 rFC 进行设置，如图 2-1-16 所示。参数 Fr1、Fr2 和 rFC 在 CtL—菜单下进行设置，见表 2-1-6。

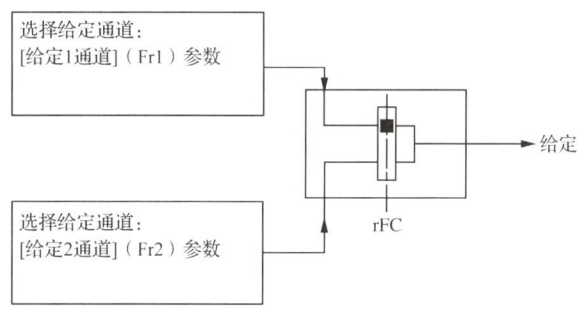

图 2-1-16　选择速度给定通道

表 2-1-6　　　　　　　　　　参数 Fr1、Fr2 和 rFC 的设置

菜　单	参　数	参数值	说　明	出厂设定值
CtL—	[给定 1 通道] Fr1	AI1	[AI1]模拟输入 AI1	[AI1](AI1)
		AI2	[AI2]模拟输入 AI2	
		AI3	[AI3]模拟输入 AI3	
		AIV1	[虚拟模拟量输入 1]在远程控制模式下，导航旋钮用作电位计	
	[给定 2 通道] Fr2	nO	[否]未分配	[否](nO)
		AI1	[AI1]模拟输入 AI1	
		AI2	[AI2]模拟输入 AI2	
		AI3	[AI3]模拟输入 AI3	
		AIV1	[虚拟模拟量输入 1]导航旋钮	
	[给定 2 切换] rFC		用来选择[给定 1 通道](Fr1)或[给定 2 通道](Fr2)，或者设置一个逻辑输入或一个控制字的位，从而对[给定 1 通道](Fr1)或[给定 2 通道](Fr2)进行远程开关操作	[通道 1 有效] (Fr1)
		Fr1	[通道 1 有效]Reference=给定 1	
		Fr2	[通道 2 有效]Reference=给定 2	

由表 2-1-6 可见，ATV312 型变频器默认给定通道是 Fr1，默认给定方式是模拟量给定 AI1，即默认 CtL－rFC＝Fr1，CtL－Fr1＝AI1。当操作面板上的导航旋钮作为电位计进行速度给定时，需将 Fr1 设置为 AIV1。

3 给定并读取设定频率

在设置好上述参数后，需要在 rEF－菜单下，切换到参数值 AIV1，旋动导航旋钮进行速度给定，rEF－菜单参数的设置见表 2-1-7。注意：AIV1 是一个百分数，具体的运行频率为

$$FrH＝(HSP－LSP)\times AIV1\%＋LSP \qquad (2\text{-}2\text{-}1)$$

表 2-1-7　　　　　　　　　　　rEF－菜单参数的设置

菜　单	参　数	说　明	出厂设定值
rEF－	LFr	［HMI 频率给定］只有当启用了相关功能后，才能显示这个参数。它通过远程控制更改速度给定。不必按下"ENT"按钮即可允许更改给定	0～500 Hz
	AIV1	［虚拟模拟量输入 1］通过导航旋钮更改速度给定	0～100%
	FrH	［频率给定］这个参数是只读的。不管是否选择了给定通道，它都允许显示电动机的速度给定	LSP～HSP（Hz）

4 监控输出频率

在启动运行后，可通过 SUP－菜单下的参数 rFr 动态观察加载到电动机的输出频率，其设置见表 2-1-8。

表 2-1-8　　　　　　　　　　　参数 rFr 的设置

菜　单	参　数	说　明	出厂设定值
SUP－	rFr	［输出频率］此参数用于增大/减小速度功能（使用键盘或操作面板上的导航旋钮），它显示并验证操作。如果线路电源缺失，不会存储此参数，必须在菜单中重新启用增大/减小速度功能	－500～500 Hz

如果控制柜安装在操作现场，变频器操作面板装在控制柜的面板上且不需要同步调速，可使用本机给定。通常情况下，本机给定很少使用。

知识点 2　变频器的模拟量输入/输出端子

ATV312 型变频器有 3 个模拟量输入端子，分别为 AI1、AI2 和 AI3，其公共端为 COM，如图 2-1-17 所示。AI1 给定信号为 0～10 V 电压信号，0 V 对应最低速（SEt－LSP 参数），10 V 对应最高速（SEt－HSP 参数），其模拟量与频率给定的关系如图 2-1-18 所示。AI2 给定信号为 0～10 V 或－10～0 V 电压信号，当给定信号为正电压时电动机正转，为负电压时电动机反转，可通过 CtL－rFC＝Fr2，CtL－Fr2＝AI2 来激活此功能。AI3 给定信号为 $X\sim Y$ mA 电流信号，X 对应最低速，通过 I-O－CrL3 参数来设置，设置范围是 0～20 mA，通常设置为 4 mA；Y 对应最高速，通过 I-O－CrH3 参数来设置，设置范围是 4～20 mA，通常设置为 20 mA。由于 4～20 mA 的电流信号抗干扰能力要好于 0～10 V 的电压信号，因此工程应用中特别是信号导线较长时一般均采用电流信号。

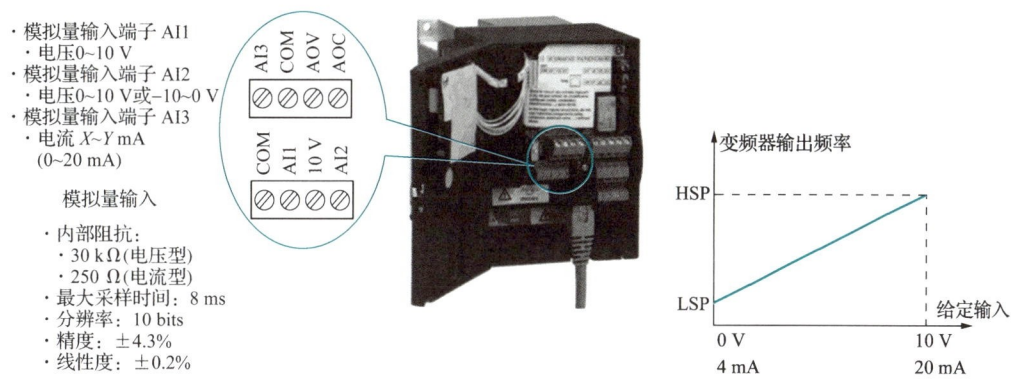

- 模拟量输入端子 AI1
  - 电压 0~10 V
- 模拟量输入端子 AI2
  - 电压 0~10 V 或 -10~0 V
- 模拟量输入端子 AI3
  - 电流 X~Y mA
    (0~20 mA)

模拟量输入
- 内部阻抗：
  - 30 kΩ(电压型)
  - 250 Ω(电流型)
- 最大采样时间：8 ms
- 分辨率：10 bits
- 精度：±4.3%
- 线性度：±0.2%

图 2-1-17　ATV312 型变频器的模拟量输入端子　　　图 2-1-18　模拟量与频率给定的关系

变频器采用外部电位器作为信号源给定频率时，电位器 R_P 所接电源如果是变频器自身 0~10 V 电压输出端子，这种给定方式称为本机模拟量速度给定；电位器 R_P 所接电源如果是外部直流电源，通常是由开关电源供电，这种给定方式称为外部模拟量速度给定。这两种速度给定方式下的模拟量输入端子接线如图 2-1-19 所示。

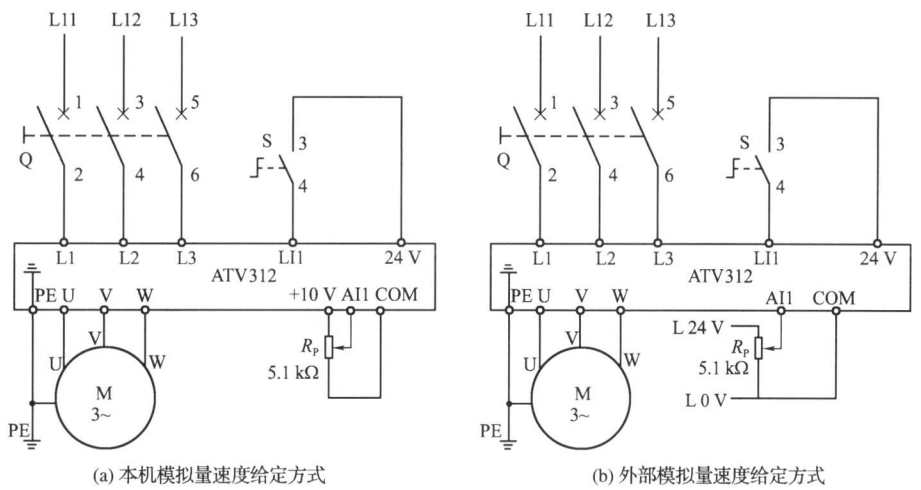

(a) 本机模拟量速度给定方式　　　　　　　(b) 外部模拟量速度给定方式

图 2-1-19　两种速度给定方式下的模拟量输入端子接线

进行频率给定时，需要进行相应的参数设置。

（1）设置输出频率范围 LSP 和 HSP，当模拟量输入端子的电压在 0~10 V 或电流在 4~20 mA 变化时，输出频率将从 LSP 变化到 HSP。

（2）选择频率给定通道。给定通道的选择及通道切换功能参数的设置见表 2-1-6。需要注意的是，ATV312 型变频器的 Fr1 通道还具有求和输入的功能，如果参数设置不当，可能会导致输出不正确。

在启动运行后，可以由 SUP- 菜单下的参数 rFr 动态观察加载到电动机的输出频率，若该参数显示为负值，则表示电动机反转。参数 rFr 的设置见表 2-1-8。

ATV312 型变频器还有 2 个模拟量输出端，分别为 AOV 和 AOC。AOV 是电压输出端，AOC 是电流输出端。端子的使用以及输出信号的配置通过 I-O- 菜单下的参数 AO1t 和 dO 来设置，详见 ATV312 型变频器使用手册。

知识点 3 变频器的加/减速

1 加速时间与加速方式

加速时间是变频器输出频率从 0 Hz 增大到额定频率(一般为 50 Hz)所需要的时间。加速时间对启动电流有很大的影响,加速时间越长,则启动电流越小。由于在加速时间内是不进行生产活动的,因此从提高劳动生产率的角度来看,加速时间越长,则生产率越低;反之,加速时间越短,则启动电流越大,甚至可能会因为电流超过上限值而引起跳闸,所以应根据实际情况来设置变频器的加速时间。在 ATV312 型变频器中,加速时间可以通过参数 SEt－ACC 进行设置。

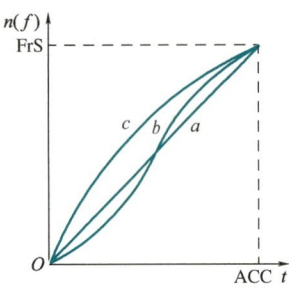

图 2-1-20 变频器常见的斜坡加速方式

变频器常见的斜坡加速方式有三种,如图 2-1-20 所示。图中,曲线 a 为线性斜坡加速方式,加速过程中频率与时间成线性增大。ATV312 型变频器可以通过设置参数 FUn－rPC－rPt＝LIn 来实现线性加速方式。曲线 b 为 S 形斜坡加速方式,在开始和结束阶段,加速的过程比较缓慢,而在中间阶段,则按线性方式加速。ATV312 型变频器可以通过设置参数 FUn－rPC－rPt＝S 来实现 S 形斜坡加速方式。曲线 c 为 U 形斜坡加速方式,加速过程呈 U 形,即前半段加速较快,后半段加速较慢。ATV312 型变频器可以通过设置参数 FUn－rPC－rPt＝U 来实现 U 形斜坡加速方式。

变频器应用于电梯控制时,如果加速过快,会使乘客感觉不适,所以一般采用 S 形斜坡加速方式。变频器应用于鼓风机控制时,由于鼓风机在低速时负载转矩很小,加速过程可以加快,而随着鼓风机转速的加快,负载转矩增大,加速过程应减慢,所以一般采用 U 形斜坡加速方式。

2 减速时间与减速方式

减速时间是指变频器输出频率从额定频率减小到 0 Hz 所需要的时间。减速时间对变频器主电路的直流电压有很大的影响,如果减速时间较长,则直流电压增大的幅度较小,反之直流电压增大的幅度较大。从提高生产率的角度来看,减速过程与加速过程一样,减速时间越短越好。但如果减速时间过短,就可能导致直流电压增大幅度过大而引起跳闸,因此要根据实际情况来设置变频器的减速时间。在 ATV312 型变频器中,减速时间可以通过参数 SEt－dEC 进行设置,加/减速参数设置见表 2-1-9。

表 2-1-9 加/减速参数设置

菜单	参数	说明	调整范围	出厂设定值
SEt－	ACC	[加速]定义为从 0 加速到[电动机控制](drC－)菜单中的额定频率[电动机额定频率](FrS)	符合[斜坡增量](Inr)	3 s
	dEC	[减速]定义为从[电动机控制](drC－)菜单中的额定频率[电动机额定频率](FrS)减速到 0 确认[减速](dEC)的数值相对要停止的负载而言不会过小	符合[斜坡增量](Inr)	3 s

变频器常见的斜坡减速方式有三种,如图 2-1-21 所示。图中,曲线 a 为线性斜坡减速方式,减速过程中频率与时间成线性减小。曲线 b 为 S 形斜坡减速方式,在开始和结束阶段,减速的过程比较缓慢,而在中间阶段,则按线性方式减速。曲线 c 为 U 形斜坡减速方式,减速过程呈 U 形,即前半段减速较快,后半段减速较慢。ATV312 型变频器参数设置斜坡减速方式的方法与设置斜坡加速方式的方法相同,见表 2-1-10。

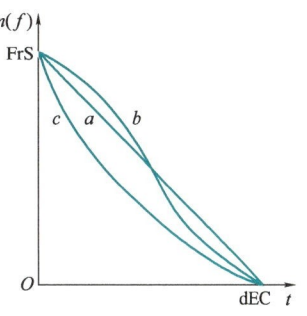

图 2-1-21 变频器常见的斜坡减速方式

表 2-1-10　　　　　　　　斜坡加/减速方式参数设置

一级菜单	二级菜单	参　数	参数值	说　明	出厂设定值
[应用功能] (FUn-)	[斜坡] (rPC-)	[斜坡类型] rPt	LIn	[线性]线性	[线性] (LIn)
			S	[S 斜坡]S 斜坡	
			U	[U 斜坡]U 斜坡	
			CUS	[定制]定制	
		[斜坡增量] Inr	0.01	[0.01]斜坡可以设置为 0.05~327.60 s	0.1
			0.1	[0.1]斜坡可以设置为 0.1~3 276.0 s	
			1	[1]斜坡可以设置为 1~32 760 s(如果在变频器或远程操作面板显示器中显示的数值大于 9 999,则在千位后加入一个点)	
				此参数适用于[加速](ACC)、[减速](dEC)、[加速 2](AC2)和[减速 2](dE2)参数。注意:如果更改[斜坡增量](Inr)参数,则[加速](ACC)、[减速](dEC)、[加速 2](AC2)和[减速 2](dE2)参数的设置也会更改	

实训任务　通用型变频器速度给定控制

1　任务目标

(1)能够应用通用型变频器本机模拟量速度给定方式给定异步电动机转速。
(2)能够应用通用型变频器外部模拟量速度给定方式给定异步电动机转速。
(3)掌握速度给定值与变频器运行速度之间的关系。

2　所需设备

ATV312 型变频器、普通异步电动机、万用表。

3　任务实施步骤

(1)按图 2-1-19 所示电路连接变频器主电路,并确认连接可靠。

图 2-1-19 中,L11、L12、L13 为三相 380 V 电源进线,Q 为小型断路器,M 为普通异步电动机。变频器的动力引出线和控制线已经引出到实训台的端子上,在接线时不需要打开变频

器的操作面板,将电动机负载线和控制线直接引到相应的端子上,并确认相应的线号即可。

(2)本机给定变频器运行频率,使电动机运行,观察变频器输出。

①确认变频器状态,在变频器上设置及确认参数,参数设置见表 2-1-11。

表 2-1-11　　　　　　　　　变频器速度给定控制参数设置

菜　单	参　数	出厂设定值	任务设定值
SEt—	ACC	3 s	15 s
	dEC	3 s	15 s
	LSP	0 Hz	0 Hz
	HSP	50 Hz	50 Hz
	ItH	—	1.5 倍电动机铭牌电流
CtL—	rFC	Fr1	Fr1
	Fr1	AI1	AIV1
rEF—	AIV1	100	100
drC—	bFr	50 Hz	50 Hz
	UnS	400 V	380 V
	FrS	50 Hz	电动机铭牌频率
	nCr	—	电动机铭牌电流
	nSP	—	电动机铭牌转速
	COS	—	电动机铭牌功率因数
	tFr	60 Hz	50 Hz
I-O—	tCC	2C	LOC

②将显示器显示切换到 SUP—菜单下的参数 FrH,记录当前设置频率应为 50 Hz。切换到参数 rFr,监控电动机运行情况。

按下操作面板上的"RUN"按钮,电动机启动。在电动机稳定运行后,按下变频器操作面板上的"STOP"按钮,电动机停止运行。

③将显示器显示切换到 rEF—菜单下的参数 AIV1[虚拟模拟量输入 1],将 AIV1 分别设置为 80%、60%,重复步骤②。

④改变 SEt—菜单下的参数 ACC 和 dEC,再次利用操作面板上的"RUN"和"STOP"按钮控制电动机启停,观察电动机的速度变化情况。

(3)模拟量给定变频器运行频率,使电动机运行,观察变频器输出。

如图 2-1-19 所示是两种变频器模拟量速度给定方式接线。两种方式下,模拟量信号由实训台上的 5.1 kΩ 电位器 R_P 输出后由 AI1 输入至变频器。图 2-1-19(a)所示方式下,模拟量信号来自变频器内置 0～10 V 电压输出端子+10 V 和 COM 端;图 2-1-19(b)所示方式下,模拟量信号来自外部直流电源。按图 2-1-19(b)接线时,外部 24 V 直流电源的 0 V(COM)端接变频器的 COM 端。由于变频器 AI1 端有效输入信号范围是 0～10 V,因此操作时应注意使电位器的输出信号值小于 10 V。

①按照图 2-1-19(a)所示电路连接电位器 R_P,将模拟电压信号从 AI1 输入。

②旋动电位器,使用万用表测量 AI1、COM 两端电压为 0。

③在变频器上设置及确认参数 CtL—Fr1 为 AI1,其余参数设置见表 2-1-11。

④按变频器操作面板上的"RUN"按钮,变频器启动,由于此时电位器的输出电压为 0,因此电动机不运行。旋动电位器,使输出电压增大,电动机运行。用万用表测量 AI1、COM 两端电压,当输出电压为 5 V 时,观察变频器的输出频率(监控 FrH、rFr)。改变电位器的输出电压,观察变频器的输出频率并做好记录,画出变频器输出频率与模拟输入电压之间的关系曲线。

⑤切断电源,按照电路图 2-1-19(b)接线,重复上述过程。注意电位器输出至变频器的信号电压不要超过 10 V。

(4)改变变频器参数,给定模拟量使电动机运行,观察变频器输出频率。

①将 tFr、HSP 的设定值调整为 60 Hz,重复上述步骤并做好记录。

②保持电位器的位置,将 tFr、HSP 的设定值调整为 68 Hz,记录同样电位器模拟量输出情况下的变频器输出频率。

(5)任务结束,将变频器恢复出厂设置,关闭电源。

4 思考

(1)变频器的速度给定方式有哪几种?

(2)某同学采用模拟量给定方式,接线时将模拟电压接入 AI2,设变频器参数 Fr1=AI2,rFC=Fr1,运行时发现输出频率是理论值的 2 倍,例如,默认情况下,AI1=5 V 时输出频率应为 25 Hz,现输出频率为 50 Hz,原因是什么?请查阅手册找出解决问题的办法。

(3)当变频器模拟量输入信号幅值相同时,只要改变参数设置,就可以改变变频器运行频率,试考虑实现方法。

任务 4　通用型变频器控制异步电动机正/反转

通用型变频器内部的控制电路主要由运算电路、电压/电流检测电路、驱动电路、速度检测电路、保护电路以及外部输入/输出电路等组成。在自动控制系统中,变频器及其拖动的电动机是作为执行单元或装置使用的,它与外部主控制器如 PLC、工控机的信号连接需通过输入/输出电路进行。

知识点 1　通用型变频器的电路接口

通用型变频器的控制电路一般使用 16 位 CPU,一些高性能变频器的控制电路使用了 32 位 CPU,因此变频器控制电路具有一般计算机控制电路的特征,例如在输入、输出端普遍使用光电耦合电路进行隔离等。施耐德通用型变频器的数字量输入电路如图 2-1-22 所示。

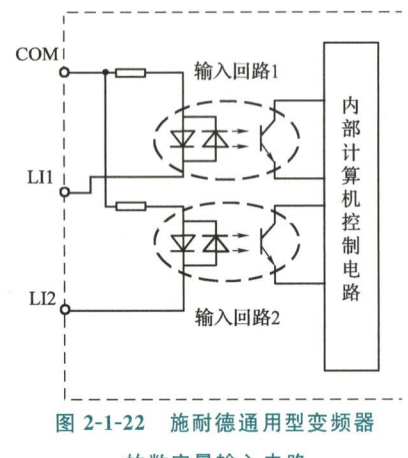

图 2-1-22　施耐德通用型变频器
的数字量输入电路

1 数字量(逻辑)输入电路

变频器可以通过数字量(逻辑)输入电路接收外部的控制信号,如运行、停止、速度变化等。高性能变频器的数字量输入电路有十多个,不仅能接收如按钮、行程开关等无源数字信号,还能接收如接近开关、PLC晶体管输出信号等有源数字信号,变频器不同输入信号对应的外部输入电路如图2-1-23所示。

图2-1-23(a)中,外部输入信号为无源数字信号,两输入回路内部公共端连接DC+,因此电流方向是从变频器输入回路内部流出,称为拉电流信号输入(漏型输入);图2-1-23(b)中,两输入回路公共端连接DC-,因此电流方向是从变频器输入回路流入,称为灌电流信号输入(源型输入);图2-1-23(c)和图2-1-23(d)分别表示有源PNP、NPN信号输入的情形。输入回路内部公共端连接电源的极性可以通过变频器内部开关或外部连线方式进行设置。施耐德ATV系列变频器的内部有可设置公共端电源极性的Sink/Source转换开关,安川G7型变频器可通过内部短接片的位置设置PNP或NPN信号输入形式,西门子MM型变频器可通过外部COM端的连接方式进行设置。

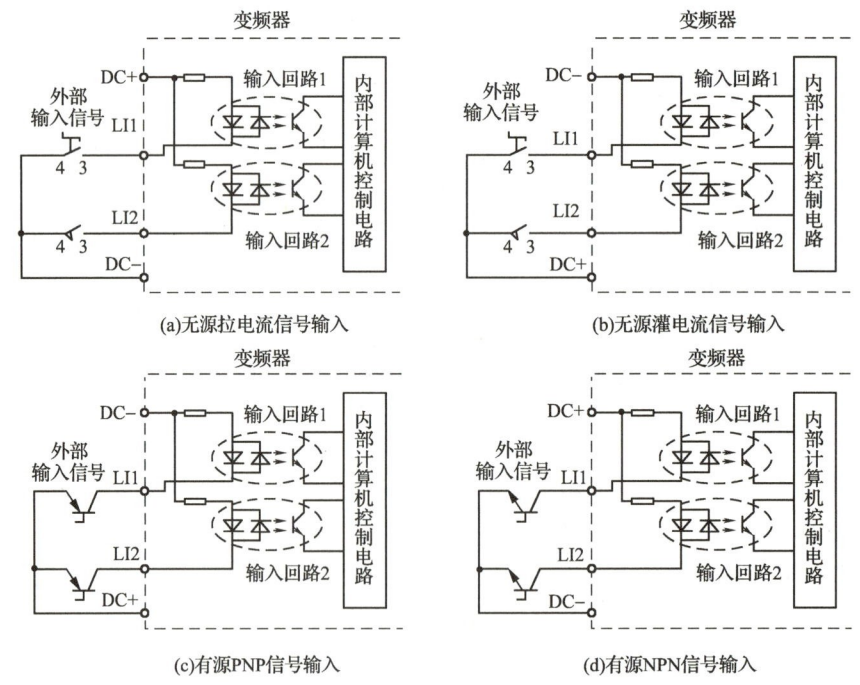

图 2-1-23　变频器不同输入信号对应的外部输入电路

ATV312型变频器的数字量输入端子(逻辑输入端子)如图2-1-24所示。不同输入信号情况下,其数字量输入端子接线如图2-1-25所示。

项目 1 通用型变频调速系统安装与调试

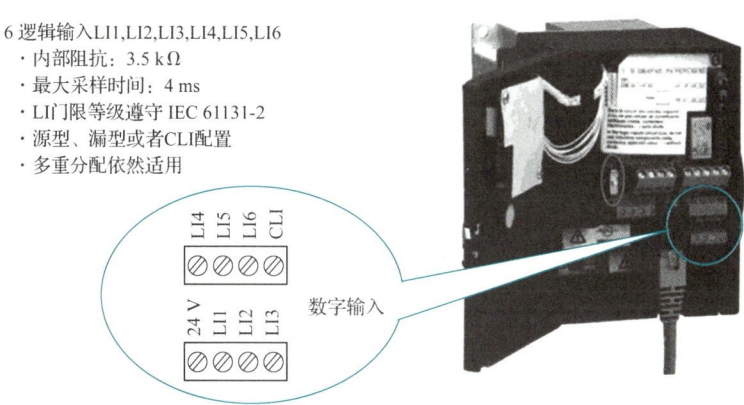

图 2-1-24　ATV312 型变频器的数字量输入端子

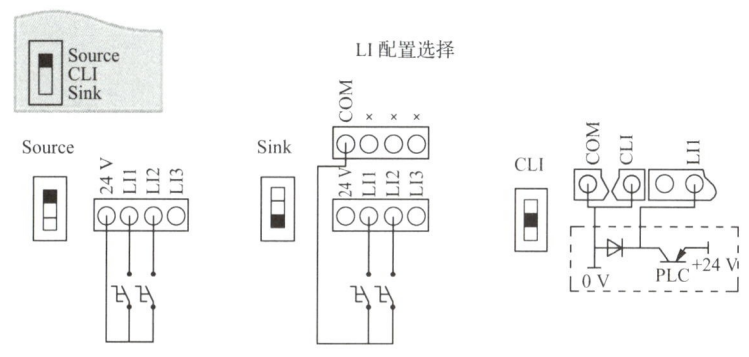

图 2-1-25　ATV312 型变频器的数字量输入端子接线

2 数字量(逻辑)输出电路

数字量(逻辑)输出电路用于输出变频器的内部状态,有继电器输出与晶体管输出两种类型。继电器输出是一组带有公共端的常开、常闭触点,既可以驱动交流负载,也可以驱动直流负载。在开关频率高、负载重或承受冲击电流时,继电器触点寿命将显著降低,因此,继电器触点不宜用来直接驱动电磁阀、制动器等大电流负载。ATV312 型变频器的数字量输出端子(逻辑输出端子)如图 2-1-26 所示。

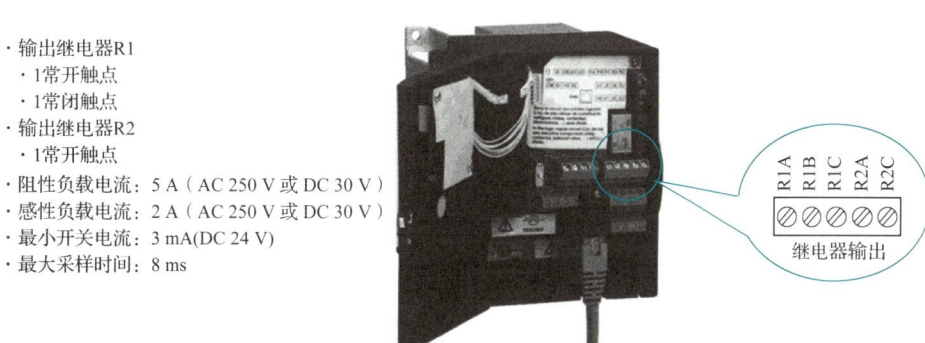

图 2-1-26　ATV312 型变频器的数字量输出端子

知识点 2　通用型变频器的操作运行

变频器的操作运行即变频器的启动与停止,可分为本机控制方式和外部端子控制方式,外部端子控制方式又可分为 2 线控制方式和 3 线控制方式。

1　本机控制方式

本机控制是指通过变频器操作面板上的"RUN"和"STOP"按钮控制变频器的运行与停止。ATV312 型变频器操作面板上"RUN"和"STOP"按钮位置如图 2-1-9 所示,可通过将 I-O－菜单的参数 tCC 设置为 LOC 来实现此功能,即 I-O－tCC＝LOC。

2　外部端子控制方式

外部端子控制是通过变频器的逻辑输入端子来控制变频器的运行。ATV312 型变频器 2 线和 3 线控制方式接线分别如图 2-1-27 和图 2-1-28 所示。

(1) 2 线控制方式

2 线控制是通过变频器的 2 个逻辑输入端子来控制变频器的运行与停止。如图 2-1-27 所示,LI1 为正转控制端子,LIX 为反转控制端子。当 LI1 为 ON 时,变频器控制电动机正转运行;当 LI1 为 OFF 时,变频器控制电动机停止运行。当 LIX 为 ON 时,变频器控制电动机反转运行;当 LIX 为 OFF 时,变频器控制电动机停止运行。2 线控制方式可以通过设置 I-O－tCC＝2C 来实现。电动机反转控制端子可由参数 J-O－rrS 进行设置,默认设置为 LI2。

(2) 3 线控制方式

3 线控制是通过变频器的 3 个逻辑输入端子来控制变频器的运行与停止。ATV312 型变频器可以通过设置 I-O－tCC＝3C 来实现 3 线控制。如图 2-1-28 所示,S_1、S_2、S_3 为自复位按钮。当 LI2 为 ON 时,变频器控制电动机正转运行,电动机正转运行后,即使 S_2 复位,LI2 为 OFF,变频器仍控制电动机继续运行。当 LIX 为 ON 时,变频器控制电动机反转运行,同样,电动机反转运行后若 S_3 复位,LIX 为 OFF,变频器仍将控制电动机继续运行。电动机反转逻辑输入端子 LIX 可以通过 I-O－菜单中的参数 rrS 来设置,默认设置为 LI3。S_1 为停止按钮,按下 S_1,电动机停止运行。

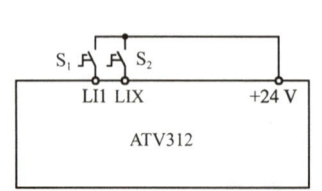
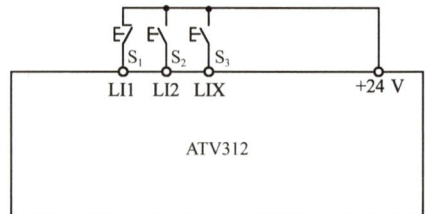

图 2-1-27　ATV312 型变频器 2 线控制方式接线　　图 2-1-28　ATV312 型变频器 3 线控制方式接线

3　操作运行参数设置

ATV312 型变频器的操作运行参数 tCC,tCt 和 rrS 在 I-O－菜单下进行设置,见表 2-1-12。

表 2-1-12　　　　　　　　　参数 tCC、tCt 和 rrS 的设置

菜单	参数	参数值	说明	出厂设定值
I-O-	[2/3 线控制] tCC	2C	[2 线]2 线控制	[2 线](2C)
		3C	[3 线]3 线控制	
		LOC	[本地]本地控制（运行/停止/复位变频器）（在[访问等级](LAC)=[3 级](L3)时不可见）	
	[2 线类型] tCt		[2/3 线控制]tCC=[2 线](2C)时可访问 tCt 参数	[转换](trn)
		LEL	[电平触发]运行或停止考虑状态 0 或 1	
		trn	[上升/下降沿触发]需要更改状态（转变或边沿）才能开始操作，从而防止在断电后意外重新启动	
		PFO	[正向优先级]运行或停止操作考虑状态 0 或 1，但是"正向"输入优先于"反向"输入	
	[反向分配] rrS		如果[反向分配]rrS=[否](nO)，运行反向功能会保持有效，比如通过 AI2 上的负电压	[LI2](LI2)
		nO	[否]未分配	
		LI1	[LI1]逻辑输入 LI1	
		LI2	[LI2]当[2/3 线控制]tCC=[2 线](2C)时可访问 LI2	
		LI3	[LI3]逻辑输入 LI3	
		LI4	[LI4]逻辑输入 LI4	
		LI5	[LI5]逻辑输入 LI5	
		LI6	[LI6]逻辑输入 LI6	

需要注意的是，在更改参数 tCC 之后，参数 rrS 和 tCt 以及所有与逻辑输入有关的配置都会恢复到默认值。这样就需要确认更改后的参数是否符合变频器所使用的连线情况，如果参数设置与使用连线不符，可能导致严重的人身伤害事故。

实训任务　通用型变频器速度控制异步电动机正/反转

1 任务目标

(1)能够应用变频器本机控制方式启动异步电动机。
(2)能够应用变频器外部端子控制方式启动异步电动机。
(3)能够应用变频器控制异步电动机正/反转运行。
(4)能够根据具体接线设置变频器参数。

2 所需设备

ATV312 型变频器、普通异步电动机、闪光测速仪。

3 任务实施步骤

(1)按照图 2-1-29 所示电路进行接线。图中,S_1、S_2 为转换开关,用于变频器的外部端子启动,其中 S_1 控制电动机正转运行,S_2 控制电动机反转运行(通过设置变频器参数来确定)。

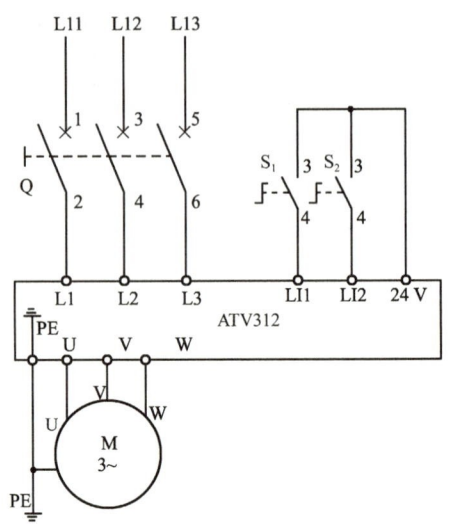

图 2-1-29　ATV312 型变频器 2 线控制异步电动机正/反转接线

(2)确认接线正确无误、连接可靠后,变频器上电。
(3)将变频器恢复出厂设置。
(4)变频器本机控制异步电动机运行。
①在变频器上设置及确认参数,参数设置见表 2-1-13。

表 2-1-13　　　　　　　变频器本机控制异步电动机运行参数设置

菜　单	参　数	出厂设定值	任务设定值
I-O-	tCC	2C	LOC
CtL-	Fr1	AI1	AIV1
	rFC	Fr1	Fr1
rEF-	A1V1	100	100
drC-	bFr	50 Hz	50 Hz
	UnS	400 V	380 V
	FrS	50 Hz	电动机铭牌频率
	nCr	—	电动机铭牌电流
	nSP	—	电动机铭牌转速
	COS	—	电动机铭牌功率因数

②将显示器显示切换到 SUP-菜单,在参数 FrH 中读取频率设定值,切换到参数 rFr。
③按操作面板上的"RUN"按钮,电动机启动;按操作面板上的"STOP"按钮,电动机停止运行。

(5)变频器2线控制电动机正/反转。

①更改变频器中设置的参数并确认,参数设置见表2-1-14。

表2-1-14　　　　　　　变频器2线控制异步电动机正/反转参数设置

菜　单	参　数	出厂设定值	任务设定值
I-O-	tCC	2C	2C
	tCt	trn	trn
	rrS	LI2	LI2
CtL-	Fr1	AI1	AIV1
	rFC	Fr1	Fr1
rEF-	A1V1	100	100

②合上 S_1,电动机正转运行;断开 S_1,电动机停止运行。合上 S_2,电动机反转运行;断开 S_2,电动机停止运行。

改变变频器频率设定值和加/减速时间,重复以上操作,通过操作比较并体会变频器本机控制与2线控制电动机运行的功能。

③频率、转速关系测定。在 SEt-菜单中,将参数 HSP 设置为 60 Hz,用闪光测速仪分别测定变频器运行频率为 60 Hz、55 Hz、50 Hz、40 Hz 时电动机的实际转速。将测得的转速记录在自行设计的表格中,画出相应的 n/f 曲线。

④监控电动机运行电流。以上操作中,在设置频率并启动电动机前,将显示器显示切换到 SUP-菜单下的参数 LCr,监控电动机的运行电流和启动电流变化情况。

改变变频器 SEt-菜单中的加速时间和减速时间,观察不同的加/减速时间状态下的最大启动电流和最大停止电流,记录在自行设计的表格中。

(6)变频器3线控制电动机正/反转。

①将 LI1、LI2、LI3 按照变频器3线控制电动机正/反转方式连接自复位按钮,接线如图 2-1-28 所示。

②改变 I-O-菜单中的参数并确认,参数设置见表 2-1-15。

表2-1-15　　　　　　　变频器3线控制异步电动机正/反转参数设置

菜　单	参　数	出厂设定值	任务设定值
I-O-	tCC	2C	3C
	rrS	LI3	LIX(X 为具体逻辑端子)

③按下 S_2,电动机正转运行,S_2 复位后电动机仍保持正转运行,按下 S_1,电动机停止运行;按下 S_3,电动机反转运行,S_3 复位后电动机仍保持反转运行,按下 S_1,电动机停止运行。

改变变频器运行频率,重复以上操作,通过操作比较并体会变频器2线控制与3线控制电动机运行的功能。

(7)完成以上实训任务后,将变频器恢复出厂设置,关闭电源。

 思考

(1)变频器的操作运行方式有哪几种?

(2)在变频器2线或3线控制电动机正/反转运行时,若要求用 LI4 作为反转控制端子,应该如何设置参数？

（3）通过记录变频器的运行频率与电动机的实际转速，试计算电动机空载情况下的转差率。

任务5　通用型变频器多段速度运行

变频器多段速度控制功能是指通过设置变频器参数，将若干个逻辑输入端子定义为多段速度运行控制端子，由这几个逻辑输入端子的不同逻辑组合实现多个预设速度，一种逻辑组合对应一个预设速度，从而控制电动机能够以不同的预设速度运行。一般的变频器能够实现八段速度运行功能，ATV312型变频器最多能够实现十六段速度运行功能。

知识点　通用型变频器多功能逻辑输入端子功能定义

按照变频器逻辑输入端子组合与预设速度之间的对应关系，两段速度控制需要1个逻辑输入端子，四段速度控制需要2个逻辑输入端子，八段速度控制需要3个逻辑输入端子，十六段速度控制则需要4个逻辑输入端子。ATV312型变频器各段速度控制的逻辑输入端子组合见表2-1-16，其中SP1可以由Fr1或Fr2来给定，SP2～SP16可以通过菜单FUn－PSS－中的参数来设置，参数设置见表2-1-17和表2-1-18。

表2-1-16　　ATV312型变频器各段速度控制的逻辑输入端子组合

十六段速度逻辑输入端子 LI(PS16)	八段速度逻辑输入端子 LI(PS8)	四段速度逻辑输入端子 LI(PS4)	两段速度逻辑输入端子 LI(PS2)	速度给定值
0	0	0	0	SP1
0	0	0	1	SP2
0	0	1	0	SP3
0	0	1	1	SP4
0	1	0	0	SP5
0	1	0	1	SP6
0	1	1	0	SP7
0	1	1	1	SP8
1	0	0	0	SP9
1	0	0	1	SP10
1	0	1	0	SP11
1	0	1	1	SP12
1	1	0	0	SP13
1	1	0	1	SP14
1	1	1	0	SP15
1	1	1	1	SP16

表 2-1-17　　　　　　　　　　　多功能逻辑输入端子定义参数设置

一级菜单	二级菜单	参　数	参数值	说　　明	出厂设定值
FUn—	PSS—	[2个预设速度] PS2	nO	[否]未分配	[LI3](LI3)
			LIX	[LIX]逻辑输入端子 LIX	
				选择分配的逻辑输入,可以激活功能	
		[4个预设速度] PS4	nO	[否]未分配	[LI4](LI4)
			LIX	[LIX]逻辑输入端子 LIX	
				选择分配的逻辑输入,可以激活功能。确保在分配[4个预设速度](PS4)之前已经分配了[2个预设速度](PS2)	
		[8个预设速度] PS8	nO	[否]未分配	[否](nO)
			LIX	[LIX]逻辑输入端子 LIX	
				选择分配的逻辑输入,可以激活功能。确保在分配[8个预设速度](PS8)之前已经分配了[4个预设速度](PS4)	
		[16个预设速度] PS16	nO	[否]未分配	[否](nO)
			LIX	[LIX]逻辑输入端子 LIX	
				选择分配的逻辑输入,可以激活功能。确保在分配[16个预设速度](PS16)之前已经分配了[8个预设速度](PS8)	

注:LIX 指 LI1、LI2、LI3、LI4、LI5、LI6。

表 2-1-18　　　　　　　　　　　多段预设速度参数设置

一级菜单	二级菜单	参　数	说　　明	调整范围	出厂设定值
FUn—	PSS—	SP2	预设速度 2	0～500 Hz	10 Hz
		SP3	预设速度 3	0～500 Hz	15 Hz
		SP4	预设速度 4	0～500 Hz	20 Hz
		SP5	预设速度 5	0～500 Hz	25 Hz
		SP6	预设速度 6	0～500 Hz	30 Hz
		SP7	预设速度 7	0～500 Hz	35 Hz
		SP8	预设速度 8	0～500 Hz	40 Hz
		SP9	预设速度 9	0～500 Hz	45 Hz
		SP10	预设速度 10	0～500 Hz	50 Hz
		SP11	预设速度 11	0～500 Hz	55 Hz
		SP12	预设速度 12	0～500 Hz	60 Hz
		SP13	预设速度 13	0～500 Hz	70 Hz
		SP14	预设速度 14	0～500 Hz	80 Hz
		SP15	预设速度 15	0～500 Hz	90 Hz
		SP16	预设速度 16	0～500 Hz	100 Hz
		以上参数还可以在[设置](SEt—)菜单中访问;以上参数取决于设置了多少个速度;以上参数设置时速度值仍然受[高速](HSP)参数的限制			

对于 ATV312 型变频器来说,如果控制方式为本机控制,则 6 个逻辑输入端子都可以用于多段速度逻辑控制端子设定;如果控制方式为 2 线控制方式,则逻辑输入端子 LI1 和 LI2 默认用于控制电动机正/反转,其余 4 个逻辑输入端子可以用于定义多段速度逻辑控制

端子，实现十六段速度运行功能，如图 2-1-30 所示。

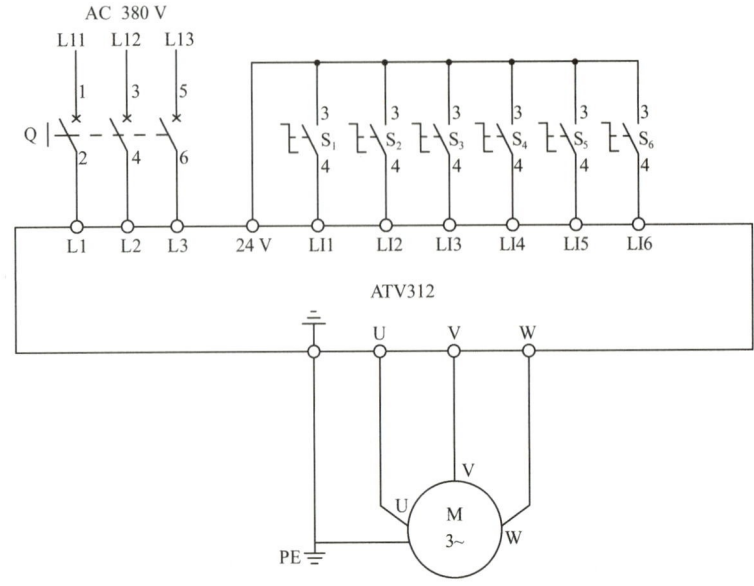

图 2-1-30　多段速度控制接线

下面通过一个案例说明变频器多功能逻辑输入端子的定义及使用。现要求 ATV 312 型变频器 2 线控制普通异步电动机正/反转运行，变频器要能够实现 5 Hz、8 Hz、11 Hz、14 Hz、17 Hz、20 Hz、23 Hz、27 Hz、30 Hz、33 Hz、36 Hz、39 Hz、42 Hz、45 Hz、48 Hz、50 Hz 的多段速度运行功能。

根据控制要求，为实现变频器控制普通异步电动机按十六段速度正/反转运行，需按照图 2-1-30 所示进行接线，并设置变频器相关的参数。

1　设置操作运行方式为 2 线控制方式

I-O－tCC＝2C

2　定义多功能逻辑输入端子

FUn－PSS－PS2＝LI3（将 LI3 定义为两段速度逻辑输入端子）

FUn－PSS－PS4＝LI4（将 LI4 定义为四段速度逻辑输入端子）

FUn－PSS－PS8＝LI5（将 LI5 定义为八段速度逻辑输入端子）

FUn－PSS－PS16＝LI6（将 LI6 定义为十六段速度逻辑输入端子）

3　设定各段运行速度

（1）第一段速度由本机给定

CtL－Fr1＝AIV1

rEF－AIV1＝10％（注：HSP 默认 50 Hz，LSP 默认 0 Hz，AIV1＝10％，则 FrH 为 5 Hz）

（2）根据控制要求设定其余十五段速度

FUn－PSS－SP2＝8 Hz（设置第二段速度为 8 Hz）

FUn－PSS－SP3＝11 Hz(设置第三段速度为 11 Hz)
FUn－PSS－SP4＝14 Hz(设置第四段速度为 14 Hz)
FUn－PSS－SP5＝17 Hz(设置第五段速度为 17 Hz)
FUn－PSS－SP6＝20 Hz(设置第六段速度为 20 Hz)
FUn－PSS－SP7＝23 Hz(设置第七段速度为 23 Hz)
FUn－PSS－SP8＝27 Hz(设置第八段速度为 27 Hz)
FUn－PSS－SP9＝30 Hz(设置第九段速度为 30 Hz)
FUn－PSS－SP10＝33 Hz(设置第十段速度为 33 Hz)
FUn－PSS－SP11＝36 Hz(设置第十一段速度为 36 Hz)
FUn－PSS－SP12＝39 Hz(设置第十二段速度为 39 Hz)
FUn－PSS－SP13＝42 Hz(设置第十三段速度为 42 Hz)
FUn－PSS－SP14＝45 Hz(设置第十四段速度为 45 Hz)
FUn－PSS－SP15＝48 Hz(设置第十五段速度为 48 Hz)
FUn－PSS－SP16＝50 Hz(设置第十六段速度为 50 Hz)

当变频器控制电动机正转运行时，各逻辑输入端子状态及对应的运行频率见表 2-1-19。

表 2-1-19　　　　　　　变频器控制电动机正转运行状态

方	向	十六段速度	八段速度	四段速度	两段速度	运行
LI1	LI2	LI6	LI5	LI4	LI3	频率
1	0	0	0	0	0	5 Hz
1	0	0	0	0	1	8 Hz
1	0	0	0	1	0	11 Hz
1	0	0	0	1	1	14 Hz
1	0	0	1	0	0	17 Hz
1	0	0	1	0	1	20 Hz
1	0	0	1	1	0	23 Hz
1	0	0	1	1	1	27 Hz
1	0	1	0	0	0	30 Hz
1	0	1	0	0	1	33 Hz
1	0	1	0	1	0	36 Hz
1	0	1	0	1	1	39 Hz
1	0	1	1	0	0	42 Hz
1	0	1	1	0	1	45 Hz
1	0	1	1	1	0	48 Hz
1	0	1	1	1	1	50 Hz

实训任务　通用型变频器多段速度控制

1 任务目标

(1)能够根据变频器多段速度控制要求连线。
(2)能够根据通用型变频器多段速度运行的接线设置变频器参数。

2 所需设备

ATV312型变频器、普通异步电动机。

3 任务实施步骤

(1)按图2-1-30所示电路接线并确认连接可靠。

图2-1-30中,转换开关$S_1 \sim S_6$分别与变频器的逻辑输入端子LI1~LI6连接,可以实现十六段速度运行功能。LI1设置为控制电动机正转运行,LI2设置为控制电动机反转运行,LI3设置为PS2,LI4设置为PS4,LI5设置为PS8,LI6设置为PS16。

(2)合上电源开关,变频器上电,将变频器恢复出厂设置。

(3)在变频器上设置及确认参数。

①定义多功能逻辑输入端子,参数设置见表2-1-20。

表2-1-20　　　　　　　　　　多功能逻辑输入端子参数设置

菜　单	参　数	出厂设定值	任务设定值
FUn－PSS－	PS2	LI3	LI3
	PS4	LI4	LI4
	PS8	nO	LI5
	PS16	nO	LI6

②由本机给定SP1为5 Hz(FrH设置为5 Hz),设置变频器操作运行方式为2线控制方式,参数设置见表2-1-21。

表2-1-21　　　　　　　　　　2线控制方式参数设置

菜　单	参　数	出厂设定值	任务设定值
I-O－	tCC	2C	2C
	rrS	LI2	LI2
CtL－	Fr1	AI1	AIV1
	rFC	Fr1	Fr1
rEF－	AIV1	100	5
SEt－	LSP	0 Hz	0 Hz
	HSP	50 Hz	100 Hz
drC－	UnS	400 V	380 V
	FrS	50 Hz	50 Hz
	nCr		电动机铭牌电流值
	nSP		电动机铭牌转速值
	COS		电动机铭牌值
	tFr	60 Hz	100 Hz

注:在变频器上设置参数时,应首先仔细阅读ATV312型变频器的说明书。由于变频器的参数分布在不同的菜单,某些参数前后有关联,当限定条件不符合要求时,就无法进行设置。例如,如果需要设置HSP为100 Hz,应首先设置tFr为100 Hz。

③设置 SP2～SP16，见表 2-1-22。

表 2-1-22　　　　　　　　　　　参数 SP2～SP16 设置

菜　　单	参　　数	出厂设定值	任务设定值
FUn－PSS－	SP2	10 Hz	10 Hz
	SP3	15 Hz	15 Hz
	SP4	20 Hz	18 Hz
	SP5	25 Hz	20 Hz
	SP6	30 Hz	26 Hz
	SP7	40 Hz	30 Hz
	SP8	45 Hz	35 Hz
	SP9	50 Hz	38 Hz
	SP10	55 Hz	40 Hz
	SP11	60 Hz	46 Hz
	SP12	65 Hz	48 Hz
	SP13	70 Hz	50 Hz
	SP14	80 Hz	55 Hz
	SP15	90 Hz	60 Hz
	SP16	100 Hz	65 Hz

(4)实现变频器多段速度运行。按照变频器设置的十六段速度与 LIX 的对应关系见表 2-1-23，闭合相应开关，实现多段速度调整，记录相应的电动机转速。

表 2-1-23　　　　　　　　　十六段速度与 LIX 的对应关系

LI1	PS16(LI6)	PS8(LI5)	PS4(LI4)	PS2(LI3)	SPX
1	0	0	0	0	SP1
1	0	0	0	1	SP2
1	0	0	1	0	SP3
1	0	0	1	1	SP4
1	0	1	0	0	SP5
1	0	1	0	1	SP6
1	0	1	1	0	SP7
1	0	1	1	1	SP8
1	1	0	0	0	SP9
1	1	0	0	1	SP10
1	1	0	1	0	SP11
1	1	0	1	1	SP12
1	1	1	0	0	SP13
1	1	1	0	1	SP14
1	1	1	1	0	SP15
1	1	1	1	1	SP16

(5)完成以上实训任务后，将变频器恢复出厂设置，关闭电源。

4 思考

(1) 如何实现十六段速度的反转运行功能？

(2) 如果要实现五段速度正/反转运行(不采用本机给定速度)，需要定义几个逻辑输入端子？需要设置变频器哪些功能参数？

任务 6　通用型变频器的制动

在变频调速系统中，减速及停车是通过减小变频器的输出频率来实现的。在变频器的输出频率减小的瞬间，电动机的同步转速会随之减小，但由于机械惯性的原因，电动机的转子转速并未马上减小。当同步转速 n_0 小于转子转速 n 时，电动机电流的相位将会改变 $180°$，电动机从电动状态变为发电状态。同时，电动机轴上的转矩变为制动转矩，使电动机的转速迅速下降，电动机处于再生制动状态，如图 2-1-31 所示。

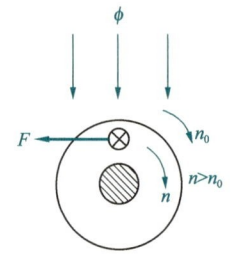

图 2-1-31　电动机再生制动状态

知识点 1　电动机的四象限运行

如图 2-1-32 所示为电动机四象限运行状态。由图可见，电动机在第一象限运行时，转速为正，输出转矩也为正，此时电动机处于正向电动状态，电动机消耗电能。在第二象限运行时，转速仍为正，但转矩为负，电动机处于正向制动状态，电动机产生电能。第三、四象限运行与第一、二象限相似，只是电动机的转速方向相反，分别为反向电动和反向制动状态。

实际应用中，电梯传动电动机的运行就是典型的电动机四象限运行，如图 2-1-33 所示。假设电梯轿厢向上运动时电动机正转，电梯轿厢向下运行时电动机反转。电梯轿厢向上启动及正常运行时，电动机运行在第一象限，是正向电动状态。电梯轿厢向上运行至停止过程中，电动机运行在第二象限，是正向制动状态。电梯轿厢向下启动及正常运行时，电动机运行在第三象限，是反向电动状态。电梯轿厢向下运行至停止过程中，电动机运行在第四象限，是反向制动状态。若在重负载情况下，电动机反向运行的全过程有可能全部为反向制动状态。

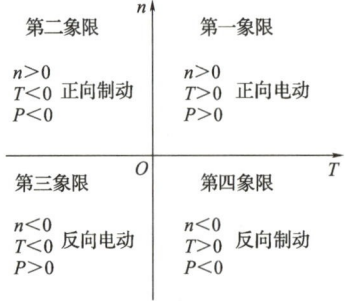

图 2-1-32　电动机四象限运行状态

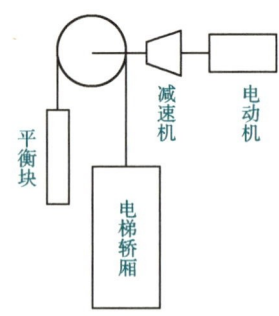

图 2-1-33　电梯传动电动机的运行

知识点 2 变频器的再生制动

电动机运行在第二、四象限时变频器处于制动状态,又称再生制动状态。如图 2-1-34 所示为电动状态和再生制动状态下变频器与电动机的能量传递。由图可见,再生制动状态下的电动机转子机械运动产生再生电能,此电能经过变频器逆变电路中的反向并联二极管全波整流后反馈到中间直流电路。由于通用型变频器整流电路采用不可控整流电路,这部分电能无法经过整流电路回馈到交流电网,所以如果仅依靠变频器中间直流电路中的电容吸收,会在电容上形成泵升电压,导致变频器直流母线电压增大,对变频器造成危害。

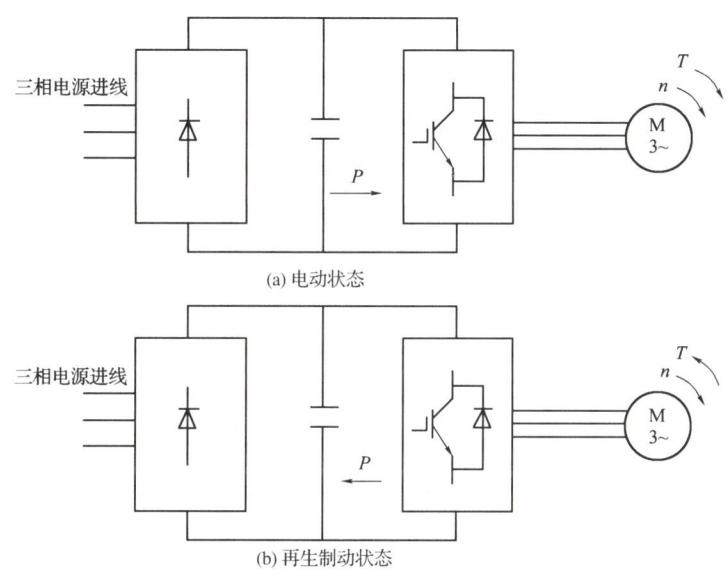

图 2-1-34 电动状态和再生制动状态下变频器与电动机的能量传递

知识点 3 变频器制动运行

如果不能采取有效措施避免再生制动状态下产生的泵升电压,那么电动机就只能运行在第一、三象限,无法应用于电梯、提升机、轧钢机、卷绕机等需要电动机四象限运行的场合,为此实际应用中常采取以下几种制动方式。

1 能耗制动

通用型变频器一般设置有制动单元。制动单元和外接制动电阻用于消耗再生制动状态下产生的多余电能。如图 2-1-35 所示为变频器的制动单元。由图可见,在变频器中间直流电路中有一电压检测装置,用于检测电容两端的电压。当电动机处于再生制动状态时,通过 IGBT 的反向并联二极管将机械能转换成直流电能,这部分电能对电容充电导致电容电压增大形成泵升电压。当电压检测装置检测到该电压大于某一值(有些变频器如 ATV71 可以设置这一电压)时,制动功率管 VT 饱和导通,电容通过制动电阻放电,使直流母线电压减小。这种将能量消耗在制动电阻上的制动方式称为能耗制动。电压检测装置和制动功率管 VT 组成了变频器的制动单元,其中 VT 一般工作在高频开关状态。

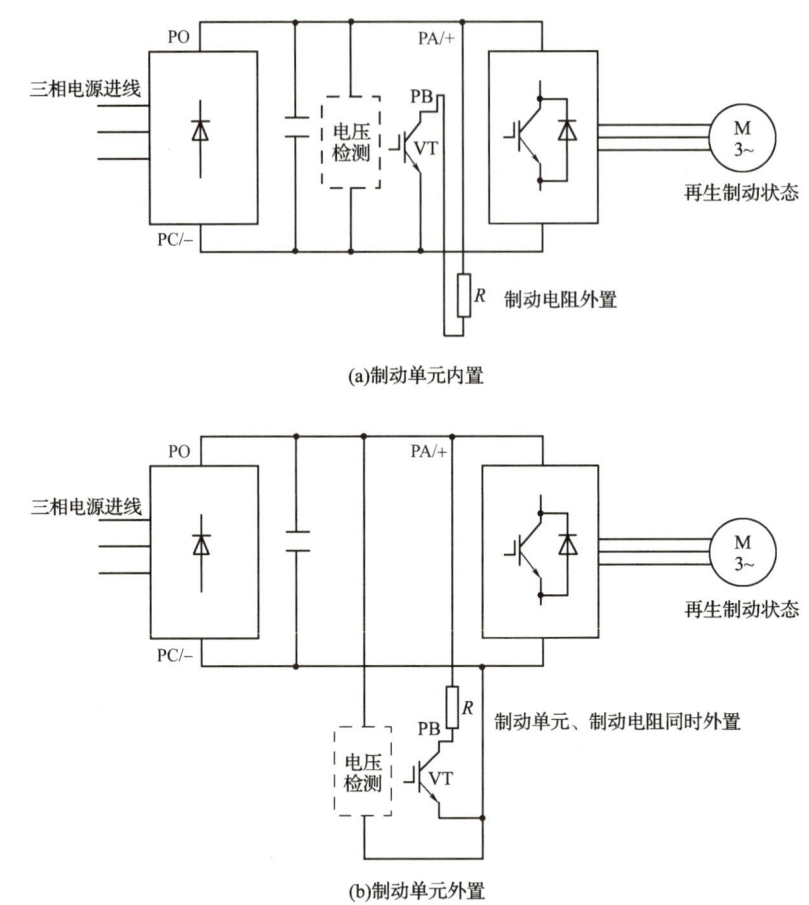

图 2-1-35 变频器的制动单元

小容量通用型变频器的制动单元一般是内置的,如图 2-1-35(a)所示。15 kW 以上的变频器制动单元一般外置(不同品牌、不同系列的变频器会有所不同),如图 2-1-35(b)所示。图中,PO、PC/－为变频器的直流母线端,PA/＋、PB 为外接制动电阻接线端。

能耗制动时,如果变频器正处于斜坡停车等过程,就会自动进入这一状态,不需要进行参数设置。应用时主要考虑制动电阻阻值及功率的选择问题,建议采用变频器生产厂家提供的参考值。

2 直流注入制动

在交流电动机的两相定子绕组中通入直流电进行制动的方法称为变频器的直流注入制动。通过变频器的逆变电路在电动机的两相定子绕组中通入直流电是很容易实现的。

当电动机的定子绕组接通直流电源时,电动机中将形成一固定的磁场。若这时电动机处于运转状态,电动机的转子绕组将切割固定磁场的磁力线产生电动势,进而在转子绕组中产生转子电流,形成阻碍转子转动的阻力矩。在电动机停车过程中,这个阻力矩就是制动转矩。需要注意的是,这种方式下电动机转子上的机械能将转换成电动机转子绕组中的电能消耗在转子上,从而会使电动机的转子温度升高。

一般,变频器是不允许在高速运行中立刻进行直流注入制动的。通常的做法是,变频器控制电动机按照预先的设置进行减速,当运行频率小于一定值后,再进行直流注入制动。通用型变频器具有直流注入制动开始频率、直流注入制动电流、直流注入制动时间等可设置的参数。

直流注入制动一般用于两种情况:一是用于准确停车;二是用于制止在启动前电动机由外因引起的不规则自由旋转,如引风机叶片的旋转等。对于引风机而言,在停车状态下,由于引风道气流的作用,引风机叶片会旋转,并且旋转方向可能与引风机电动方向相反。这时如果直接启动引风机,必须先克服引风机叶片的反转状态再进入正转,启动电流会很大。如果在引风机启动前先采取直流注入制动使引风机叶片处于停止状态再进行启动,就会大大减小启动电流,从而保护了变频器。

3 回馈制动

回馈制动是将再生制动状态时产生的多余电能回馈到电网的制动方式。通用型变频器整流单元是由不可控全波整流电路组成,所以无法形成真正意义上的回馈制动。但是很多变频器的中间直流电路可以通过端子引出,因而在某些特殊的使用场合下可将能量回馈到直流母线侧的能量进行输出并加以利用,这种将能量回馈至直流母线侧的情形也归纳为回馈制动。当前工业经济发展中,十分注重节能减排,所以这种回馈制动具有一定的现实意义和经济价值。

如图 2-1-36 所示为具有公共直流母线的多电动机变频调速。图中,逆变器 1~4 共用一个公共整流单元和一个公共制动单元;负载 1~4 中有些工作于电动状态,有些工作于再生制动状态。工作于再生制动状态的电动机通过逆变器将能量回馈到公共直流母线后,由工作于电动状态的电动机消耗掉,从而节省了电能。

上述共用直流母线的情况在大容量、高性能变频器的使用中较为常见。实际上,在通用型变频器应用中更多的是两台变频器之间的直流共母线运行。如图 2-1-37 所示为螺旋离心机电气控制电路。由图可见,两台变频器中只有变频器 INV1 与交流电源相连,变频器 INV2 的电源直接来自变频器 INV1 的直流母线侧。这种情形主要用于两台电动机具有严格的停车时间要求的场合,如螺旋离心机或纺织机械中的罗拉传动电动机等,而且要求变频器 INV1 具有较大的额定功率才能保障该系统稳定运行。

如上所述,由于变频器内部整流单元为不可控整流电路,电能无法回馈给交流电网,因此这并非真正意义上的回馈制动,真正意义上的能量回馈到电网的回馈制动电路如图 2-1-38 所示。

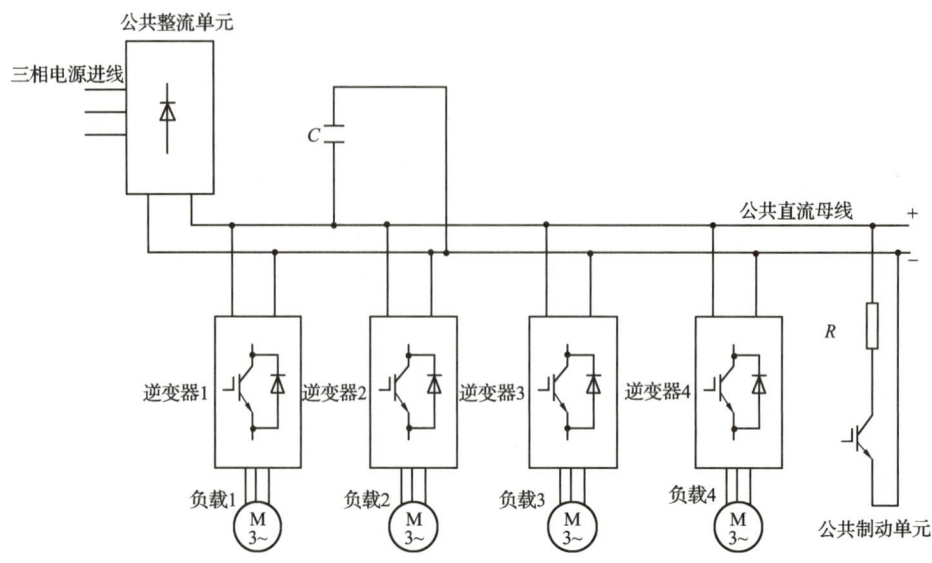

图 2-1-36　具有公共直流母线的多电动机变频调速

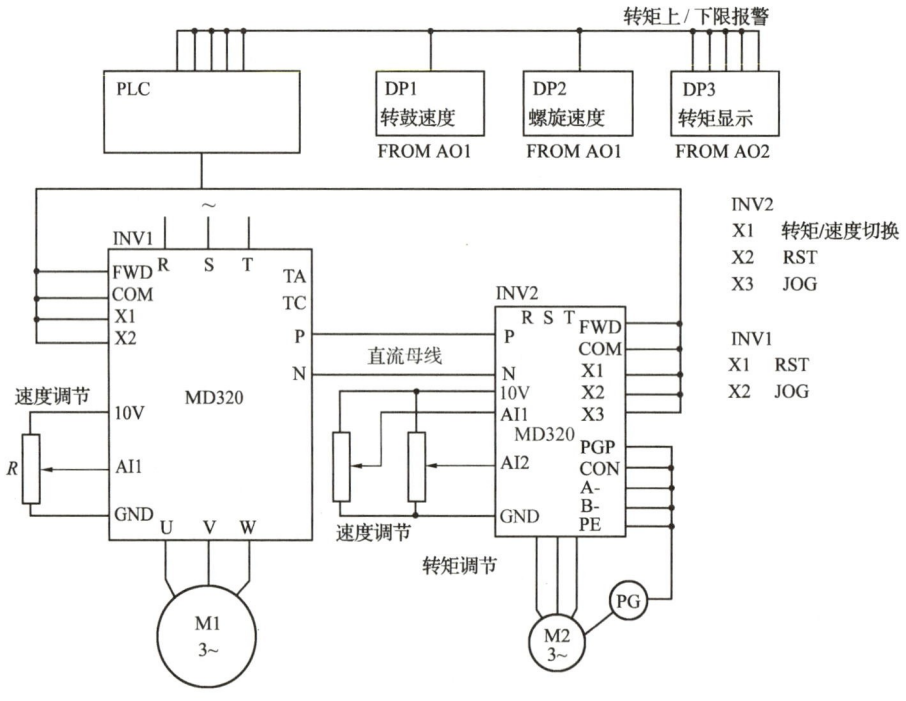

图 2-1-37　螺旋离心机电气控制电路

与普通变频器相比,图 2-1-38 所示电路中变频器增加了一组回馈可控逆变单元与交流电源相连,使整个系统成为真正具有回馈制动功能的变频器。当系统检测到直流母线上的电压大于某一值时,启动该回馈可控逆变单元,就可将系统的能量回馈到电网。这种回馈制动变频器由于增加了一组回馈可控逆变单元,控制更为复杂,变频器的价格也高,这就使工程设计者不得不考虑性价比的问题,所以回馈制动变频器一般用于使用大容量的起重机等场合。

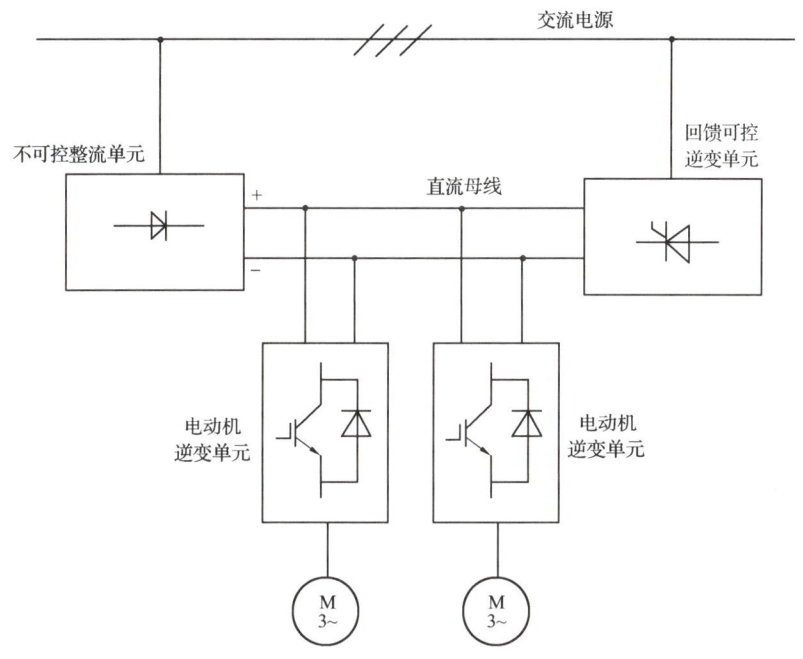

图 2-1-38　能量回馈到电网的回馈制动电路

回馈制动对电源系统的可靠性要求很高。变频器在回馈制动过程中,一旦发生电源系统故障,将会使变频器发生不可恢复的故障。

知识点 4　变频器的停车方式

变频器采用本机控制方式时,通过按变频器操作面板上的"STOP"按钮实现正常停车。采用 2 线控制方式时,需要通过断开接在正转控制端子或反转控制端子上的开关来实现停车。采用 3 线控制方式时,则需要通过按下接在停止端子上的按钮来实现。这种在运行命令消失或停止命令出现后进入停车模式的过程称为正常停车或常规停车。变频器除了正常停车外,还可以通过逻辑输入端子进行停车。

各个厂商生产的变频器的停车方式因型号不同而略有不同。ATV312 型变频器有四种正常停车方式:rMP 斜坡停车方式、FSt 快速停车方式、nSt 自由停车方式和 dCI 直流注入停车方式。用户可根据实际需要灵活选择,然后通过参数 FUn－StC－Stt 进行设置。除 rMP 斜坡停车方式外,其余三种方式均可通过定义逻辑输入端子停车。

这四种正常停车方式中,rMP 斜坡停车方式的斜坡时间是由 SEt－dEC 设置的,变频器接收停车命令后,完全按照预设的减速时间停车,在这一过程中,变频器参与电动机停车控制。nSt 自由停车方式是指变频器接收到停车命令后,变频器完全不参与电动机停车控制,这与继电器、接触器控制电动机释放后的情形完全相同。dCI 直流注入停车时,直流注入电流的大小决定了停车的快慢,这个数值由参数 IdC 进行设置。

ATV312 型变频器停车方式的参数设置见表 2-1-24 和表 2-1-25。

表 2-1-24　　　　　　　　　　ATV312 型变频器停车方式的参数设置 1

一级菜单	二级菜单	参　数	参数值	说　明	出厂设定值
FUn—	StC—	Stt	rMP	[斜坡停车]斜坡停车	[斜坡停车]（rMP）
			FSt	[快速停车]快速停车	
			nSt	[自由停车]自由停车	
			dCI	[直流注入]直流注入停车	
			在运行命令消失或停止命令出现后进入停车模式		
		FSt	nO	[否]未分配	[否]（nO）
			LIX	[LIX]逻辑输入 LIX	
			在输入的逻辑状态变化到 0 时激活停车功能。如果输入回到状态 1 并且运行命令仍然有效，那么只有在 2 线控制设置为[2/3 线控制]（tCC）=[2 线]（2C）并且[2 线类型]（tCt）=[电平]（LEL）或[正向优先级]（PFO）的情况下，电动机才会重新启动。在其他情况下，必须发送一个新的运行命令		
		dCI		无保持力矩的警告：①直流注入制动在 0 速度时不提供保持力矩；②当失去电源或变频器检测到故障时，直流注入制动无法工作；③必要的话，需要通过分享的制动来维持力矩水平 警告：不按照说明操作可能导致人身伤亡及设备损坏	[否]（nO）
			nO	[否]未分配	
			LIX	[LIX]逻辑输入 LIX	
			直流注入功能与"制动逻辑控制"功能不兼容。当变频器在点动功能激活时停车，直流注入停车功能无效		
		nSt	nO	[否]未分配	[否]（nO）
			LIX	[LIX]逻辑输入 LIX	
			如果输入的逻辑状态为 0，则激活停止功能。如果输入回到状态 1，并且运行命令仍然有效，那么只有在设置了 2 线控制的情况下，电动机才会重新启动。在其他情况下，必须发送一个新的运行命令		

表 2-1-25　　　　　　　　　　ATV312 型变频器停车方式的参数设置 2

一级菜单	二级菜单	参　数	说　明	调整范围	出厂设定值
FUn—	StC—	IdC	[直流注入等级 1]需检查并确认电动机能够承受此电流而不引起过热	$0\sim I_n$	$0.2I_n$
			在如下情况可以访问此参数：[停车类型]（Stt）=[直流注入]（dCI），或[直流注入分配]（dCI）没有设置为[否]（nO）		
			如果注入电流设定值大于 0.5[电动机热电流]（ItH），在 5 s 以后，会将其限制到 0.5[电动机热电流]（ItH）		
		tdC	[直流注入时间 2] 长时间的直流注入制动会引起过热并损坏电动机。避免长时间的直流注入制动以保护电动机	$0.1\sim30.0$ s	0.5 s
			当[停车类型]（Stt）=[直流注入]（dCI）时，可以访问此参数		
	SEt—	ItH	[电动机热电流]将此参数设置为电动机铭牌上给出的额定电流。如果希望限制热保护，可参考[过载故障管理]（OLL）	$0.2I_n\sim1.5I_n$	符合变频器规定规格

项目 1 通用型变频调速系统安装与调试   119

实训任务　通用型变频器的制动

1 任务目标

(1)了解通用型变频器制动单元、制动电阻的功能。
(2)了解通用型变频器中间直流电路能耗制动的有关知识。
(3)了解通用型变频器的正常停车方式。
(4)了解通用型变频器进行直流注入停车的实现方法。
(5)掌握根据通用型变频器制动要求设置参数的方法。

2 所需设备

ATV312 型变频器、普通异步电动机。

3 任务实施步骤

(1)按图 2-1-39 所示电路接线并确认连接可靠，S_1、S_2 处于断开状态。

图 2-1-39 中，R 为制动电阻，已连接至变频器相应的端子上。S_1 为变频器启动开关，变频器的逻辑输入端子 LI1 为电动机正转控制端子。S_2 用于电动机停车控制，逻辑输入端子 LI3 为停车控制端子。

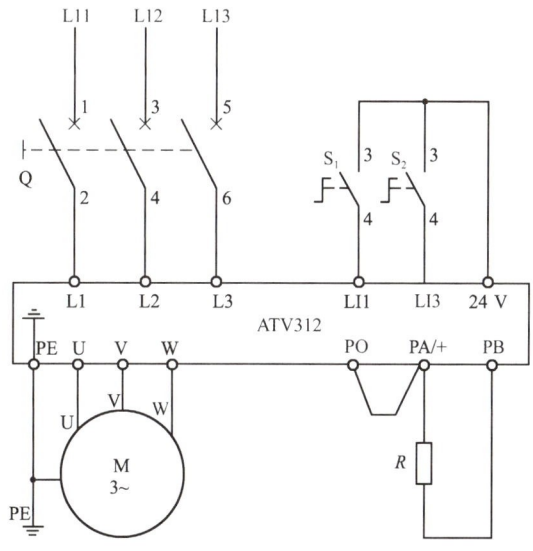

图 2-1-39　通用型变频器制动接线

(2)将参数 ACC 和 dEC 均设置为 0.1 s，显示器显示切换到 SUP-菜单下的参数 Lcr，合上电源开关，变频器上电，确认显示器显示正常后，将变频器恢复出厂设置。

(3)将变频器的正常停车方式设置为斜坡停车(FUn-StC-Stt=rMP)，参数 ACC 和 dEC 均设置为 30 s，具体的参数设置见表 2-1-26。将参数 FrH 分别设置为 60 Hz、50 Hz、40 Hz、30 Hz、20 Hz，在不同的变频器运行频率下，分别测定变频器实际启动、停止时间，并记录在自行设计的表格中，理解变频器中关于 ACC 和 dEC 的定义。

表 2-1-26　　　　　　　　　　斜坡停车方式参数设置

菜　单	参　数	出厂设定值	任务设定值
I-O—	tCC	2C	2C
	tCt	trn	trn
	rrS	LI2	LI2
CtL—	Fr1	AI1	AIV1
	rFC	Fr1	Fr1
rEF—	AIV1	100	60
FUn-StC—	Stt	rMP	rMP
SEt—	ACC	3 s	30 s
	dEC	3 s	30 s
	LSP	0 Hz	0 Hz
	HSP	50 Hz	100 Hz
	ItH		1.5 倍电动机额定电流
drC—	UnS	400 V	380 V
	FrS	50 Hz	50 Hz
	nCr		电动机铭牌电流值
	nSP		电动机铭牌转速值
	COS		电动机铭牌值
	tFr	60 Hz	100 Hz

(4)变频器的快速停车：

①将变频器的正常停车方式设置为快速停车(FUn－StC－Stt＝FSt)，将参数 FrH 设置为 50 Hz，测定快速停车时的实际停止时间。

②将参数 ACC 和 dEC 均设置为 0.1 s，显示器显示切换到 SUP－菜单下的参数 LCr，合上 S₁，电动机运行。变频器的加速时间设置得非常短，相当于电动机全压启动，所以 S₁ 合上前务必注意安全。待电动机稳定运行后，断开 S₁，电动机快速停车，观察电流变化，注意变频器是否有出现故障。试自行设计数据表格，记录最大启动电流和停止电流。

③将参数 FrH 设置为 60 Hz，重复上述启动、制动过程，观察电流变化情况，记录最大启动电流和停止电流。

④减小 SEt－菜单中的参数 ItH 的设定值，重复上述操作，观察变频器的停车过程，注意变频器是否有出现过流或过压故障。

(5)将变频器的正常停车方式设置为自由停车(FUn－StC－Stt＝nSt)，重复步骤(4)中的①～③，观察变频器运行情况。

(6)变频器的直流注入停车:

①将变频器的正常停车模式设置为直流注入停车(FUn-StC-Stt= dCI)。重复步骤(4)中的①~④,制动后用手转动电动机输出轴,感觉电动机输出轴的转矩情况。

②将参数 tdC 设置为 15 s,重复上述制动过程,感觉电动机输出轴的转矩情况。等待一段时间后,再用手转动电动机输出轴,感觉电动机输出轴的转矩变化情况。

③设置变频器为直流注入制动方式,参数设置见表 2-1-27。确定变频器输出频率为 0,合上 S_2,用手转动电动机输出轴,感觉电动机输出轴的转矩情况,试验是否有制动力矩,观察变频器的输出电流情况。

表 2-1-27　　　　　　　　　　直流注入制动参数设置

菜　单	参　数	出厂设定值	任务设定值
rEF-	AIV1	100	0
FUn-StC-	dCI	nO	LI3

(7)完成实训任务后,将变频器恢复出厂设置,关闭电源。

4 思考

(1)在变频器运行过程中,制动电阻有什么作用?
(2)通过逻辑输入端子进行直流注入制动,一般应用在什么场合?
(3)变频器控制电动机制动时,能量转换过程是怎样的?

任务 7　通用型变频器控制永磁同步电动机

目前,在数控机床、工业机器人等小功率应用场合,以采用数字控制的正弦波稀土永磁同步电动机(PMSM)为控制对象的全数字交流调速系统正逐步取代以直流电动机为控制对象的直流伺服系统。该系统控制较为简单,更易于实现高性能的优良控制。

知识点 1　永磁同步电动机

永磁同步电动机是一种较为特殊的电动机,主要由定子、转子、位置传感器等构成,如图 2-1-40 所示。转子上装有特殊形状的永磁体,用来产生恒定磁场。转子永磁材料可以是铁氧体或稀土材料,目前多使用稀土材料,如钕铁硼等。在永磁同步电动机的定子铁芯上绕有三相电枢绕组,接在可控的变频电源上,产生旋转磁场,在图 2-1-41 所示永磁同步电动机的工作原理中用旋转磁极 N、S 表示。当定子旋转磁场以 n_s 逆时针旋转时,根据异名磁极相吸的原理,定子旋转磁场将吸引转子以相同的速度一起旋转。当永磁同步电动机负载转矩增大时,定子与转子轴线之间的夹角 θ 相应增大;反之,θ 减小。只要负载不超过某一极限,转子就始终跟着定子旋转磁场以同步速度转动。

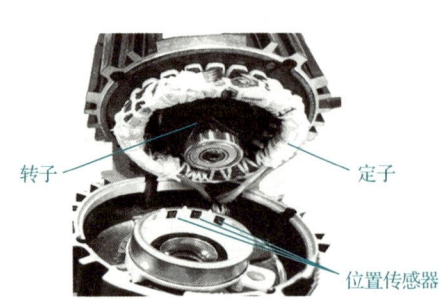
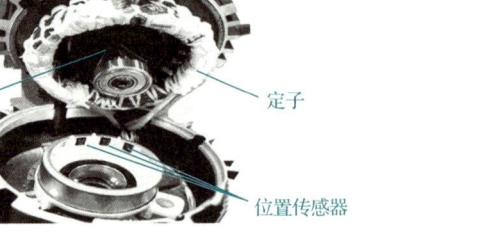

图 2-1-40　永磁同步电动机的结构　　　　图 2-1-41　永磁同步电动机的工作原理

按照转子永磁材料结构分类,可将永磁同步电动机分为表面式永磁同步电动机(SPMSM)和内置式永磁同步电动机(IPMSM)。按照定子绕组感应电动势波形分类,可将永磁同步电动机分为正弦波永磁同步电动机和无刷永磁直流电动机。

永磁同步电动机具有结构简单、体积小、质量轻、损耗小、效率高、功率因数大等优点,主要应用于要求响应速度快、调速范围宽、定位准确的高性能伺服传动系统,同时也可以作为直流电动机的更新替代电动机。

永磁同步电动机的启动比较困难,在接通电源的瞬间,虽然气隙内产生了旋转磁场,但转子还是静止的,在惯性的作用下,有可能跟不上定子旋转磁场的转动。为了使永磁同步电动机能够自行启动,在转子上一般都装有启动绕组,用以进行异步自启动。而在变频调速系统中,通过变频器电源频率的平滑调节,就可使永磁同步电动机转速逐步增大,实现变频软启动,这个启动过程称为永磁同步电动机牵入同步。启动过程中,由于转子转速小于定子的旋转磁场转速,为获得同步转速需要有较大的启动电流,所以在永磁同步电动机启动瞬间,需要给永磁同步电动机施加全压启动。

永磁同步电动机牵入同步运行后,转子转速与旋转磁场的转速完全同步。转速完全取决于控制电源的频率,与供电电源频率具有严格的关系,所以非常适合多台电动机要求转速严格同步运行的生产机械设备。通用型变频器控制永磁同步电动机已经广泛应用于化工、纺织等要求高精度多台电动机同步控制的场合。

永磁同步电动机的变频器控制系统不需要采用闭环控制就可保证永磁同步电动机转速的控制精度为 0.01%～0.1%。如果采用高精度变频器,在开环控制的情况下,转速的控制精度能够达到 0.01%,调速范围可达 100%。

知识点 2　永磁同步电动机与普通异步电动机的差异

永磁同步电动机的启动力矩和过载能力比普通异步电动机高一个功率等级,最大启动力矩与额定力矩之比可达 3.6,而普通异步电动机仅为 1.6。

永磁同步电动机无滑差,功率因数接近于 1,铜损耗、铁损耗和其他损耗均较小,所以它的额定效率比普通异步电动机高 4%～7%,在整个负载变化范围内的平均效率要比普通异步电动机高 12%。800 W 永磁同步电动机 SYGT53-6 与相应功率的普通异步电动机 Y53-6 的比较见表 2-1-28。

表 2-1-28　800 W 永磁同步电动机 SYGT53-6 与相应功率的普通异步电动机 Y53-6 的比较

参　数	SYGT53-6	Y53-6
额定电流 I_N/A	1.35	1.88
额定功率因数 $\cos \varphi$	0.95	0.76
空载电流 I_0/A	0.2	0.88
定子铜损耗 P_{cu1}/W	22.5	43.5
转子铜损耗 P_{cu2}/W	0	18
铁损耗 P_{Fe}/W	22	54
杂散损耗 P_{ad}/W	8	8
机械损耗 P_{mec}/W	20	20
空载损耗 P_0/W	50	88
效率/%	91.5	84.8

知识点 3　使用变频器控制永磁同步电动机的注意事项

（1）永磁同步电动机的额定功率是额定频率（我国一般为 50 Hz）下的输出功率，而永磁同步电动机的调频范围一般要大于额定频率，当永磁同步电动机运行在大于额定频率的区间时，永磁同步电动机的输出功率要大于额定功率，因此选择变频器时，应考虑永磁同步电动机的运行频率范围。

（2）变频器压频比参数应符合永磁同步电动机要求，特别是调频范围比较宽、最终转速比较大的永磁同步电动机。

（3）在启动运行前，应检查转矩提升参数设定值。若转矩提升参数设定值比较大，可能会发生启动电流太大导致变频器故障的情况。在调试过程中应反复调试直至变频器和永磁同步电动机运行在最佳状态。

（4）在条件允许的情况下，尽量增大加/减速时间设定值。

实训任务　通用型变频器控制永磁同步电动机

1　任务目标

（1）了解永磁同步电动机与普通异步电动机的区别。
（2）掌握通用型变频器控制永磁同步电动机的参数设置方法和注意事项。
（3）了解永磁同步电动机启动、停止过程与普通异步电动机的不同之处。
（4）体会永磁同步电动机的无滑差运行。

2　所需设备

ATV312 型变频器、永磁同步电动机、闪光测速仪。
本实训任务中采用的永磁同步电动机的型号规格见表 2-1-29。

表 2-1-29　　实训用永磁同步电动机的型号规格

型　号	FTY180-4
转子材料	永磁铁氧体
电压/频率	220 V/50 Hz
最大频率	85 Hz
额定功率	180 W
额定电流	1.8 A
最大转速	2 550 r/min

3 任务实施步骤

(1)明确实训任务设备。

(2)按图 2-1-42 所示电路接线,确认接线正确、连接可靠,确认 Q 处于断开状态。

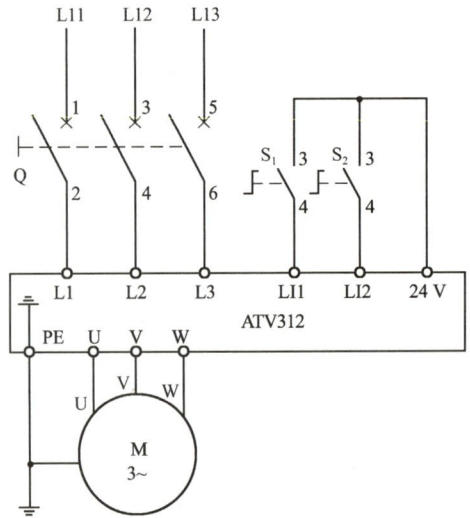

图 2-1-42　ATV312 型变频器控制永磁同步电动机运行电路

(3)合上 Q,变频器上电,确认显示器显示正常后,将变频器恢复出厂设置。

(4)根据表 2-1-30 对变频器进行参数设置。

表 2-1-30　　ATV312 型变频器控制永磁同步电动机运行参数设置

菜　单	参　数	出厂设定值	任务设定值
I-O-	tCC	2C	2C
	tCt	trn	trn
	rrS	LI2	LI2

续表

菜　单	参　数	出厂设定值	任务设定值
CtL—	Fr1	AI1	AIV1
	rFC	Fr1	Fr1
rEF—	AIV1	100	85
FUn—StC—	Stt	rMP	rMP
SEt—	ACC	3 s	30 s
	dEC	3 s	30 s
	LSP	0 Hz	0 Hz
	HSP	50 Hz	100 Hz
drC—	UnS	400 V	220 V
	FrS	50 Hz	50 Hz
	nCr		电动机铭牌电流值
	nSP		电动机铭牌转速值
	COS		电动机铭牌值
	tFr	60 Hz	100 Hz

(5)变频器控制永磁同步电动机正转运行,观察电动机的电流和变频器输出频率。

①将显示器显示切换到 SUP—菜单下的参数 LCr,合上 S_1,注意观察电动机的电流。如果电流一直在增大,就断开 S_1,调整参数 UnS 设定值(减小电压值),增大参数 ACC 和 dEC 的设定值。重复以上操作,直到电动机顺利启动。试自行设计数据表格,记录调试过程中最大启动电流和稳定运行电流。

②将显示器显示切换到 SUP—菜单下的参数 rFr,重复步骤①的操作流程,注意观察变频器的输出频率,待永磁同步电动机运行稳定后用闪光测速仪测定转子转速,体会永磁同步电动机与普通异步电动机的区别。

(6)变频器控制永磁同步电动机反转运行,观察电动机的电流。

断开 S_1,待变频器输出频率降为 0 后,将显示器显示切换到 SUP—菜单下的参数 LCr。合上 S_2,变频器控制永磁同步电动机反转运行。注意观察电动机的电流,自行设计数据表格,记录电动机反转运行启动和停止电流。

(7)改变变频器控制永磁同步电动机运行的加/减速时间,观察电动机的电流。

①适当减小参数 ACC 和 dEC,重复步骤(5)中的①。注意观察电动机的电流,自行设计数据表格,记录不同的加/减速时间状态下的启动、停车电流。

②适当增大参数 ACC 和 dEC,重复步骤(5)中的①。注意观察电动机的电流,自行设计数据表格,记录不同的加/减速时间状态下的启动、停车电流。

(8)将变频器的参数 FrH 分别设置为 75 Hz、70 Hz、60 Hz 和 50 Hz,重复步骤(5)～(7)。注意观察,并将数据填入自行设计的表格中。

(9)完成实训任务后,将变频器的参数恢复到出厂设定值,关闭电源。

4 思考

(1)永磁同步电动机的优点是什么?

(2)为什么永磁同步电动机的启动和停车电流要比稳定运行时的电流大得多?

(3)为什么启动永磁同步电动机时要将加速时间设置得长一点?这种情况主要应用于哪些场合?

项目 2　转矩矢量高性能变频调速系统安装与调试

任务 1　认识转矩矢量高性能变频调速系统

对于一般只需要平滑调速的变压变频调速系统,采用恒压频比控制的通用型变频器-异步电动机调速控制就足够了。但是,如果遇到轧钢机、数控机床、机器人、载客电梯等需要高动态性能的控制系统或伺服系统,仅仅用恒压频比控制是不够的,需采用矢量控制、直接转矩控制等高动态性能的控制系统。

近几年各大变频器制造商均推出了各自的高性能变频器。这些高性能变频器一般具有电动机参数的自整定功能,可以通过扩展脉冲编码器卡实现高性能闭环调速功能。这些变频器内部配置了多种应用宏,针对电动机的不同应用场合,可以实现转矩矢量控制和直接转矩控制等多种功能。

知识点 1　三相异步电动机的动态模型和变换

由三相异步电动机的变压变频调速理论可知,三相异步电动机变压变频调速时需要进行电压(电流)和频率的协调控制,有电压(电流)和频率两种独立的输入变量。在输出变量中,除转速外,为了获得良好的动态性能,还需对磁通进行控制,使其在动态过程中尽量保持恒定,所以磁通也应是独立的输出变量。由此可见,三相异步电动机是一个多变量(多输入、多输出)系统,而电压(电流)、频率、磁通、转速之间又相互影响,所以是强耦合的多变量系统。

假设三相异步电动机的三相绕组对称,即在空间相互成120°,同时忽略空间谐波和齿槽效应,忽略磁路饱和以及铁芯损耗,在不考虑频率变化和温度变化对绕组电阻影响的前提下,可以将三相异步电动机的转子等效呈三相绕线转子并折算到定子侧,折算后的定子和转子绕组匝数相等。这样,电动机绕组就等效为如图 2-2-1 所示三相异步电动机的物理模型。

图中,定子三相绕组轴线 A、B、C 在空间是固定的,转子绕组轴线 a、b、c 随转子旋转,以 A 轴为参考坐标轴,a 轴和 A 轴之间的电角度 θ 为空间角位移变量。根据该物理模型,就可以建立由电压方程、磁链方程、转矩方程和运动方程组成的三相异步电动机的数学模型。这个数学模型中有一个复杂的 6×6 电感矩阵,它体现了影响磁链和受磁链影响的复杂关系。因此,要简化数学模型,必须从简化磁链关系入手。

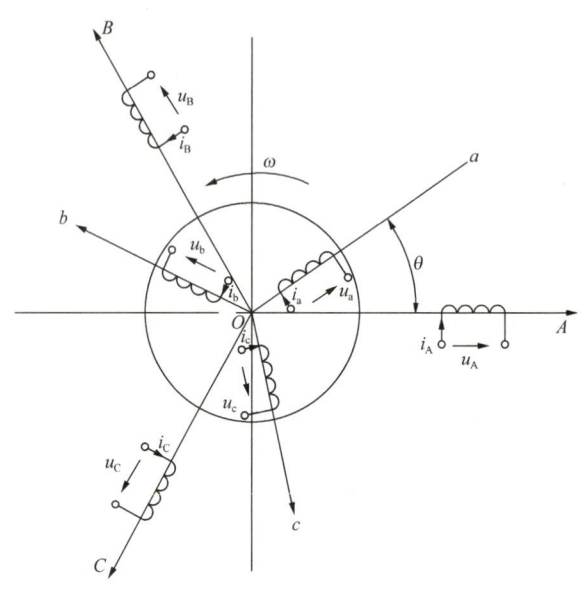

图 2-2-1 三相异步电动机的物理模型

相比较而言,直流电动机的数学模型比较简单,是因为它的磁链关系简单。如图 2-2-2 所示为二极直流电动机的物理模型。由图可见,励磁绕组 F 和补偿绕组 C 都在定子上,只有电枢绕组 A 在转子上。F 的轴线称为直轴或 d 轴,显然主磁通 Φ 的方向就是沿着 d 轴的。A 和 C 的轴线称为交轴或 q 轴。电枢绕组本身虽然是旋转的,但是通过电刷和换向器的作用,其磁动势的轴线始终被限制在 q 轴上,其效果好像是一个在 q 轴上静止的绕组,称为伪静止绕组。电枢绕组的磁动势的作用被补偿绕组的磁动势抵消,而且其作用方向垂直于 d 轴,因而对主磁通影响很小,所以直流电动机的主磁通仅由励磁绕组的励磁电流决定,这是直流电动机的数学模型及其控制系统比较简单的根本原因。

如果能将图 2-2-1 所示三相异步电动机的物理模型等效地变换为近似直流电动机的物理模型,分析和控制将大大简化。变换的基本方法就是坐标变换,变换的原则是不同坐标下所产生的磁动势完全一样。

在三相异步电动机三相对称的静止绕组 A、B、C 中,通以三相平衡的正弦电流 i_A、i_B、i_C,产生的合成磁动势 F 是旋转磁动势,它在空间呈正弦分布,以同步角速度 ω_1(电流的角频率)顺着 A-B-C 的相序旋转,其物理模型如图 2-2-3 所示。

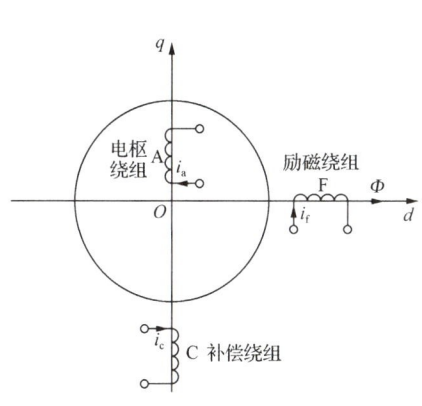
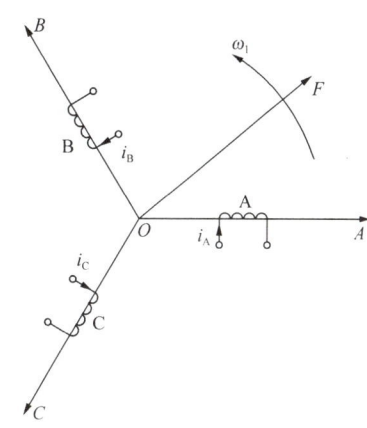

图 2-2-2　二极直流电动机的物理模型　　　　图 2-2-3　三相交流绕组的等效物理模型

然而，并非只有三相绕组才能产生旋转磁动势，二相、三相、四相等任意对称的多相绕组，通入平衡的多相电流，都能够产生旋转磁动势。其中以两相最为简单。图 2-2-4 中给出了两相静止绕组 α 和 β，它们在空间互差 90°，通入时间上互差 90°的两相平衡交流电流，所产生的合成磁动势 F 也是旋转磁动势。当图 2-2-3 和图 2-2-4 的两个旋转磁动势大小和转速都相等时，就可以认为它们是等效的，即三相坐标系上的定子交流电流 i_A、i_B、i_C 通过三相-两相变换（3/2 变换）可以等效为两相静止坐标系上的交流电流 $i_α$ 和 $i_β$。

如图 2-2-5 所示，两个匝数相等且互相垂直的绕组 M 和 T 分别通以直流电流 i_m 和 i_t，产生合成磁动势 F，其位置相对于直流绕组是固定的。如果人为地让包含两个绕组在内的整个铁芯以同步转速旋转，则 F 也会随之旋转而成为旋转磁动势。当这个旋转磁动势的大小和转速与图 2-2-3、图 2-2-4 中的旋转磁动势一致时，这套旋转的直流绕组也就和前面两套固定的交流绕组等效了。当观察者站在铁芯上和绕组一起旋转时，在他看来，M 和 T 是两个通入直流而相互垂直的静止绕组，他眼中只有一台直流电动机。如果控制磁通的位置在 M 轴上，就和直流电动机的物理模型没有本质上的区别了。这时，M 相当于励磁绕组，T 相当于伪静止的电枢绕组，i_m 相当于励磁电流，i_t 相当于与转矩成正比的电枢电流。这样，通过恰当的坐标变换就可以找到与三相绕组等效的直流电动机模型。

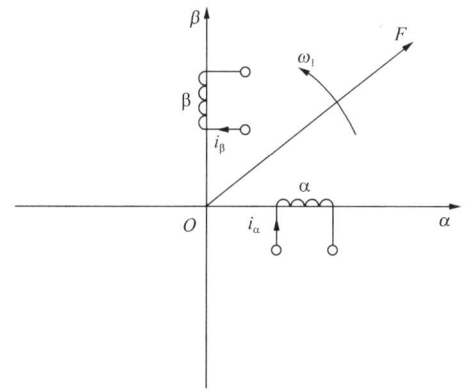
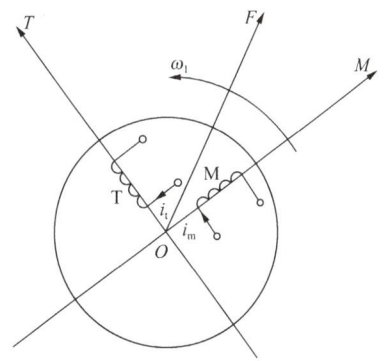

图 2-2-4　两相交流绕组的物理模型　　　　图 2-2-5　旋转的直流绕组的物理模型

把上述等效关系用结构图的形式表示出来，如图 2-2-6 所示。从整体上看，输入为 A、

B、C 三相电压，输出为角速度 ω，这是一台三相异步电动机。从内部看，经过 3/2 变换和 VR 变换（矢量旋转变换），三相异步电动机等效成为一台由电流 i_t 和 i_m 输入、ω 输出的直流电动机。图 2-2-6 中，3/2 变换是指三相静止绕组 A、B、C 和两相静止绕组 α、β 之间的坐标变换；VR 变换是两相静止绕组 α、β 与两相旋转绕组 M、T 之间的坐标变换；φ 是指 M 轴与 α 轴（A 轴）的夹角。

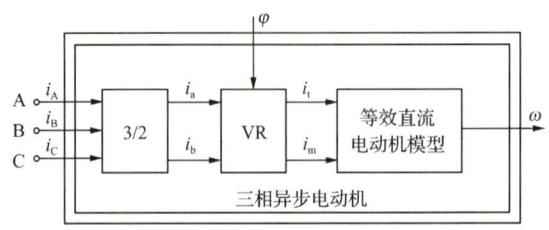

图 2-2-6 三相异步电动机的坐标变换结构

知识点 2　矢量控制基本概念

异步电动机经过坐标变换可以等效为直流电动机，那么，模拟直流电动机的控制策略，得到直流电动机的控制量，经过相应的坐标反变换，就能够控制异步电动机了。由于进行坐标变换的是电流（代表磁动势）的空间矢量，所以这样通过坐标变换实现的控制系统就称为矢量控制系统。

矢量变换控制是德国西门子公司的 F. Blaschke 等人于 1971 年首先提出的，其基本想法就是将异步电动机模拟成直流电动机，使其能够像直流电动机一样容易控制，这也正是异步电动机调速系统所期望达到的目标。矢量变换控制一经提出就受到了普遍的关注与重视，目前仍在继续发展中。

矢量控制系统的原理结构如图 2-2-7 所示。

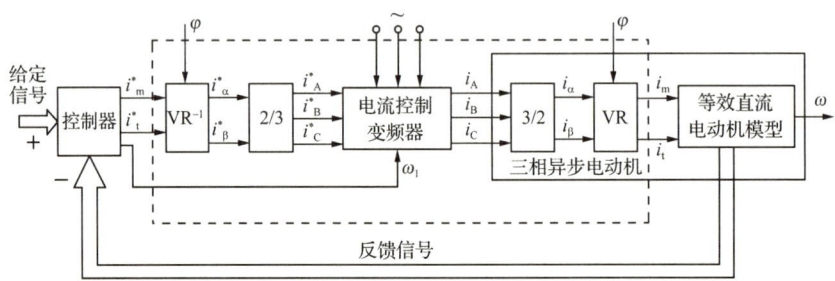

图 2-2-7 矢量控制系统的原理结构

经过矢量变换，对异步电动机的控制可以像控制直流电动机那样，通过对磁通和力矩分别控制，实现强耦合系统的解耦。矢量控制可以直接控制电动机输出转矩的大小，实现所谓的力矩控制，这是 U/f（压频比）控制方式无法实现的。

早期的矢量控制变频器基本上都是采用基于转差频率控制的矢量控制方式，其最大特点是可以消除动态过程中转矩电流的波动，从而提高变频器的动态性能。现代的矢量控制变频器按照是否具有转速反馈环节可分为无速度传感器矢量控制（SVC）和有速度传感器矢量控制（FVC）两种控制方式。无速度传感器矢量控制需要根据变频器输出电压、电流等信号，利用电动机的数学模型进行计算获得电动机控制所需的磁通和转矩分量，再通过解耦控制,获得良好的动态响应。其主要特点是使用方便,机械特性较硬,能够满足大多数生产机械的需要,适用于大多数恒转矩负载。不过,由于调速范围和动态响应能力都比有速度传感器矢量控制稍差,所以对于要求有较大调速范围的负载(如龙门刨床等)、对动态响应能力有较高要求的负载(如精密机床等)以及对运行安全有较高要求的负载(如起重机等),都只能采用有速度传感器矢量控制。虽然有速度传感器矢量控制必须安装转速测量装置,提高了成本,但实现起来比无速度传感器矢量控制更为方便。

在应用矢量控制变频器时需注意以下几方面问题:
(1)只能控制一台电动机,多则无效。
(2)电动机容量和变频器要求的配用电动机容量之间最多只能相差一个档次。
(3)磁极数一般以二、四、六极为宜。
(4)特殊电动机如力矩电动机、双笼型电动机等不能使用矢量控制功能。

矢量控制理论及应用技术经过不断的发展和实践,使变频调速系统具有了直流调速系统的全部优点,转矩矢量高性能变频器在当今的工业生产中得到了越来越广泛的应用,这是交流调速技术的一个发展方向。

知识点 3　认识转矩矢量高性能变频器 ATV71

1　ATV71 型变频器的功能

ATV71 型变频器适用于功率为 0.37～630 kW 的三相异步电动机,如图 2-2-8 所示为常见的 ATV71 型变频器的外形。

 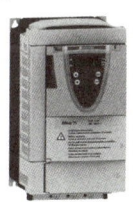  

图 2-2-8　常见的 ATV71 型变频器的外形

ATV71 型变频器的内部控制电路采用了 32 位 CPU。在变频器上安装有光电编码器反馈卡,以实现闭环调速功能。ATV71 型变频器共有 400 多个参数,通过参数设置能够完成的高性能控制功能包括完美的抱闸控制逻辑、制动状态反馈、基于限位开关管理的定位、高速提升和称重、直流母线连接、电动电位器与围绕给定的电动电位器功能等。ATV71 型变频器的特点:可实现完善的 PID 调节;可实现转矩控制、主从控制和负载分配;可实现线路接触器控制和出线接触器控制;可接收接触器状态反馈;具有五种电动机控制模式。

2　ATV71 型变频器的型号规格

ATV71 型变频器的型号规格说明如图 2-2-9 所示,图中各字母和数字的含义如下:

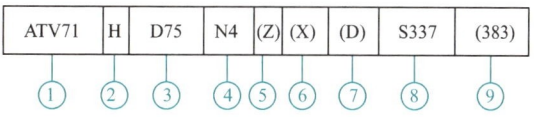

图 2-2-9　ATV71 型变频器的型号规格说明

①产品系列:ATV71 型变频器。

②工艺方面的变化:"H"表示带散热器的标准产品。

③与电动机功率相关联的产品规格:第一位表示功率值中小数点的位置:"0"表示后缀值乘以 0.01;"U"表示后缀值乘以 0.1;"D"表示后缀值乘以 1;"C"表示后缀值乘以 10。后两位为电动机功率整数值。

④进线电压:"M3"表示单相或三相 200～240 V;"N4"表示三相 380～480 V;"Y"表示三相 500～690 V。

⑤编程终端配备:"Z"表示只有 75 kW 以内的产品集成了 7 段式数码管显示器;不注明表示标配有可拆卸的图形显示器。

⑥是否带 EMC 滤波器:"X"表示不带 EMC 滤波器;不注明表示带 EMC 滤波器。

⑦标准供货的电抗器配备:对于 ATV71HD55M3X 型、ATV71HD75M3X 型和 90kW 及以上的 ATV71＊＊N4 系列变频器,出厂时标配直流电抗器。如果不配此电抗器,型号末尾加"D"标识。

⑧是否为适合恶劣环境的特制版本:"S337"表示变频器带加强防护涂层,可以适用恶劣环境。

⑨其他:"383"表示订购了特殊的变频器,该变频器可以用于带有速度反馈的同步电动机。

3 ATV71 型变频器的操作面板

(1)操作面板

小功率 ATV71 型变频器配备一个带有 4 位 7 段式数码管显示器,其操作面板如图 2-2-10 所示。

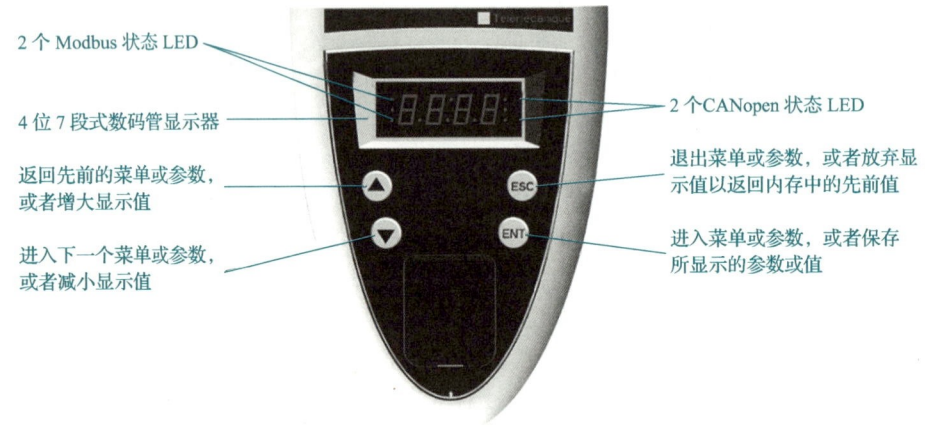

图 2-2-10　ATV71 型变频器的操作面板

(2)远程操作面板

大功率的 ATV71 型变频器在出厂时,一般都会配备一个远程操作面板(型号 VW3A1101),如图 2-2-11 所示。远程操作面板可以与适当的附件组合远程使用,还可以使用多点连接组件连接至多台变频器。这个操作面板为 ATV71 型变频器的使用者提供了非常友好的用户界面,用于显示电动机和输入/输出的当前值,便于控制、调整和配置变频器。标准配置的远程操作面板内置 8 种语言,可以存储 4 个配置文件。15 kW 及以下(200 V/240 V)和

75 kW 以下(380 V/480 V)的 ATV71 型变频器出厂时,远程操作面板为可选配件。

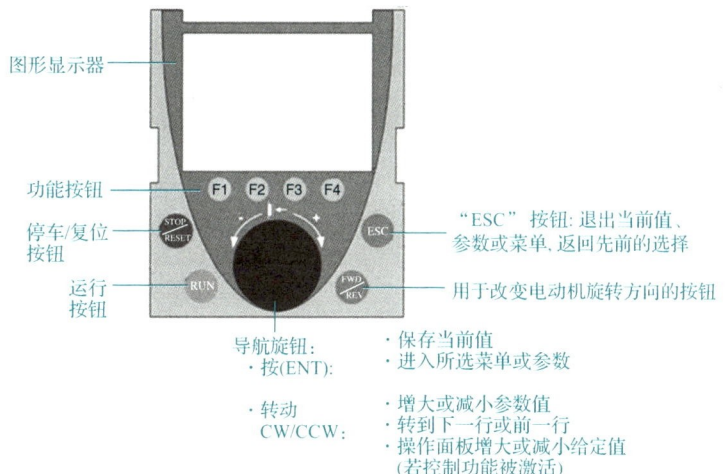

图 2-2-11 远程操作面板

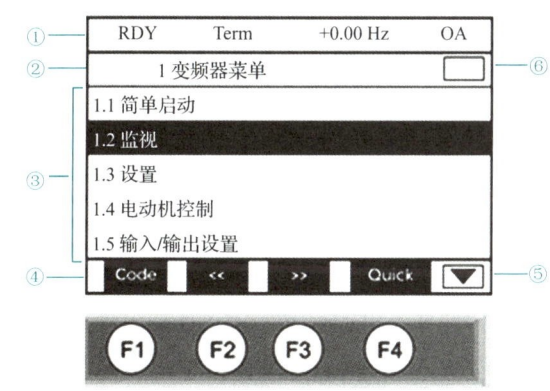

图 2-2-12 远程操作面板的图形显示器

远程操作面板的图形显示器如图 2-2-12 所示,各部分显示功能说明如下:

①显示行,可对其内容进行设置。在出厂设置状态下由左往右分别显示:变频器状态、有效控制通道、频率给定值、电动机内的电流。

变频器状态代码和有效控制通道代码的含义可查阅变频器使用手册。

②菜单行,用于显示当前菜单或子菜单的名称。

③下拉显示窗口,用于显示菜单、子菜单、参数值和柱状图,窗口最多可以显示 5 行,导航旋钮所选的行或值会反白显示。

④显示功能按钮"F1"~"F4"的功能,并与这 4 个按钮上下对应。

⑤显示上限标志,若为空白框,则表示在此显示窗口之下没有其他层;若框内为向下箭头,则表示在此显示窗口之下还有其他层。

⑥显示下限标志,若为空白框,则表示在此显示窗口之上没有其他层;若框内为向上箭头,则表示在此显示窗口之上还有其他层。

对于 ATV312/ATV61/ATV71 型变频器而言,在使用远程操作面板时,除了将远程操作面板与变频器通过硬件接口有效连接外,还要对变频器中相关的参数进行正确的设置才能保证远程操作面板的顺利使用。由于远程操作面板是附加输入设备,其命令通道与给定通道无法共用,所以不能采用[组合通道](SIM)参数。如果要正确使用远程操作面板,参数设置建议满足以下条件:在 CtL-菜单下,Fr1= LCC;CHCF=SEP 或 IO;CCS=Cd1(此条件为默认设置,无须修改);Cd1=LCC。

4 ATV71 型变频器的参数

ATV71 型变频器的参数以菜单形式表示,其菜单及设置流程如图 2-2-13 所示,该菜单按变频器参数功能归类分为一级菜单和二级子菜单,现将主要菜单功能说明如下。

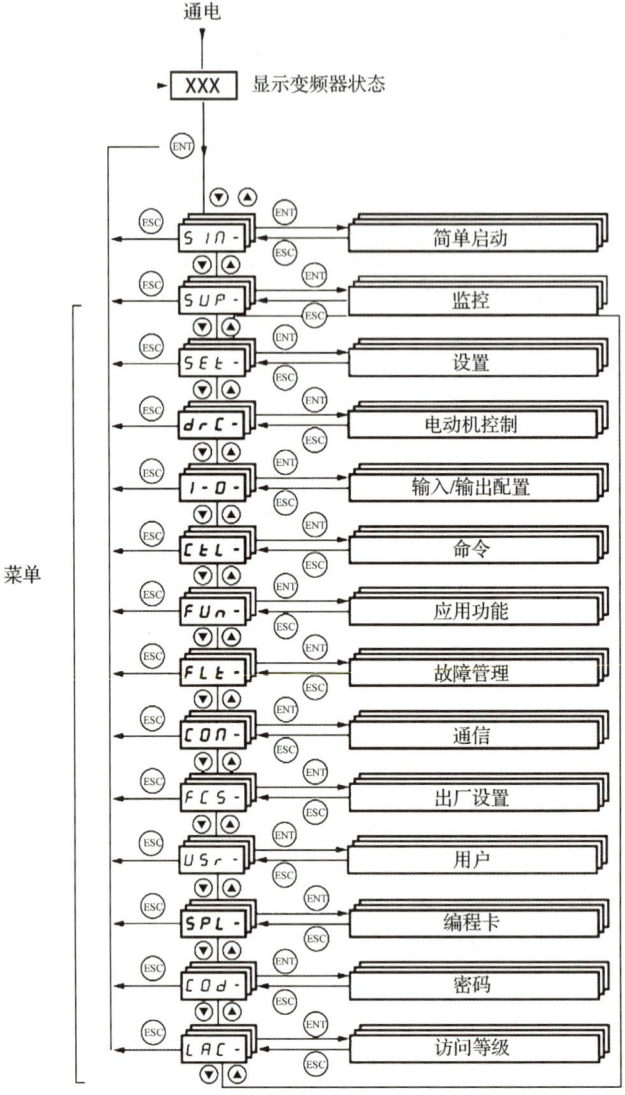

图 2-2-13 ATV71 型变频器的菜单及设置流程

SIM—:[简单启动]菜单,用于快速启动的简化菜单。

SUP—:[监控]菜单,用于显示电流、电动机与输入/输出值。

SEt—:[设置]菜单,用于调整参数,在运行期间可以进行修改。

drC—:[电动机控制]菜单,用于设置电动机参数,如电动机铭牌、自整定、开关频率、控制算法等。

I-O—:[输入/输出配置]菜单。

CtL—:[命令]菜单,用于命令与给定通道的设置,如图形显示终端、端子、总线等。

FUn—:[应用功能]菜单,用于应用功能的设置,如预置速度、PID、制动逻辑控制等。

FLt—:[故障管理]菜单。

COM—:[通信]菜单,用于设定通信参数(现场总线)。

FCS—:[出厂设置]菜单,用于访问设置文件与恢复出厂设置。
USr—:[用户]菜单,用户使用操作面板创建的特定菜单。
SPL—:[编程卡]菜单,用于内置控制器卡的菜单。
COd—:[密码]菜单,用于设置访问时是否需要输入访问密码或口令。
LAC—:[访问等级]菜单。

5 ATV71型变频器恢复出厂设置

将ATV71型变频器全部参数恢复出厂设置可通过FCS—菜单进行操作,参数设置见表2-2-1。要将ATV71型变频器全部参数恢复出厂设置,第一步是将显示器显示切换到FCS—菜单,而后依次将参数FCS1设置为InI,FrY设置为ALL,最后将GFS设置为YES,待运行结束恢复出厂设置后GFS会自动变回nO。

表2-2-1　　　　　　　　　ATV71型变频器FCS—菜单参数设置

菜单	参数	参数值	说明
FCS—	[参数源选择] FCS1		[设置源选择]选择初始位置
		InI	[宏设置]出厂设置,返回所选宏设置
		CFG1	[设置1]
		CFG2	[设置2]
			如果设置了设置切换功能,就不能访问[设置1](CFG1)与[设置2](CFG2)
	[参数组列表] FrY		[参数组列表]选择要被加载的菜单
		ALL	[全部]所有参数
		drM	[变频器]没有[通信]或[编程卡]
		SEt	[设置]没有[IR定子压降补偿]、[转差补偿]以及[电动机热保护电流]
		Mot	[电动机参数]
		COM	[通信]
		PLC	[编程卡]
		MOn	[监视]
		dIS	[显示设置]
			[参数源选择](FCS1)=[宏设置](InI)时,此选项可被访问
			在出厂设置中以及返回出厂设置之后,[参数组列表]会被清空
	[回到出厂设置] GFS	nO	[未设置]
		YES	[Yes]只要运行一结束,参数自动变回未设置
		nO	[不]
			[回到出厂设置]如果先前至少有一组参数被选择,则只能恢复为出厂设置
	[保存设置] SCS1	Str0	[保存设置0]按下"ENT"按钮并保持2 s
		Str1	[保存设置1]按下"ENT"按钮并保持2 s
		Str2	[保存设置2]按下"ENT"按钮并保持2 s
			选择时要被保存的激活设置不会出现。例如:如果激活设置为[Config 0](Str0),只有[Config 1](Str1)与[Config 2](Str2)会出现。只要运行一结束,参数自动变回[未设置](nO)

> **实训任务**　熟悉 ATV71 型变频器

1 任务目标

(1) 了解 ATV71 型变频器的操作面板。
(2) 了解 ATV71 型变频器的参数。
(3) 了解 ATV71 型变频器的参数设置与修改方法。
(4) 学会查阅 ATV71 型变频器的安装手册与编程手册。

2 所需设备

ATV71 型变频器。

3 任务实施步骤

(1) 了解实训设备载体的组成。
(2) 熟悉 ATV71 型变频器,查阅 ATV71 型变频器的安装手册与编程手册。
①观察安装于实训台网孔板上的 ATV71 型变频器,熟悉其外观。通过 ATV71 型变频器的产品目录了解不同型号 ATV71 型变频器的外形。
②观察并确认实训所使用的 ATV71 型变频器的型号,了解 ATV71 型变频器的型号规格的含义。
(3) 合上电源开关,ATV71 型变频器上电,熟悉变频器的参数。
(4) 根据变频调速电动机的铭牌值修改变频器 drC－菜单中相应的参数,自行设计数据表格,将修改情况记录下来。
(5) 掌握 ATV71 型变频器恢复出厂设置的方法。
(6) 完成实训任务后,将 ATV71 型变频器恢复出厂设置,关闭电源。

4 思考

(1) ATV71 型变频器恢复出厂设置的步骤是什么?
(2) 写出实训任务中配备的 ATV71 型变频器的型号规格中各字母及数字的含义。

任务 2　操作转矩矢量高性能变频器

> **知识点**　高性能变频器自整定功能

实现矢量控制的关键在于进行磁场之间的等效变换。确定电动机所有的参数是进行等效变换的前提。变频器进行矢量控制时,首先需将电动机的参数输入变频器,其中主要参数包括:电动机的铭牌数值——容量、电压、电流、频率、转速、磁极数等;电动机定子和转子绕组的相关参数——定子每相绕组的等效电阻、转子每相绕组的等效电阻、漏电抗、空载励磁电流等。一般情况下，电动机生产厂商不会提供这些电动机参数，很多参数也无法由电动机铭牌获知，这给矢量控制技术的应用带来了很大困难。近年来，高性能变频器都配置了自整定功能，能够自动地对异步电动机的参数进行辨识，并根据辨识结果调整控制算法中的有关参数，从而对异步电动机进行有效的矢量控制。

高性能变频器自整定功能的操作方法如下：首先使异步电动机空载，将异步电动机的额定参数（铭牌值）输入变频器；再将变频器自整定功能设定为"请求自整定"；而后按下"RUN"或"ENT"按钮，当变频器显示器提示"dOnE（完成）"时，自整定过程完成。不同的变频器自整定方式有所不同，需查阅变频器使用说明书。

ATV71型变频器的自整定功能是通过操作SIM－菜单下的参数tUn实现的，参数设置见表2-2-2。

表2-2-2　　　　　　　　　ATV71型变频器自整定参数设置

菜单	参数	参数值	说明	出厂设定值
SIM－	[自整定] tUn	nO	[未完成]不执行自整定	[未完成]（nO）
		yES	[请求自整定]尽快地执行自整定，然后参数自动变为[完成]（dOnE）	
		dOnE	[完成]使用上次执行自整定给出的值	
			在开始自整定之前，必须正确设置所有电动机参数：[电动机额定电压]（UnS），[电动机额定频率]（FrS），[电动机额定电流]（nCr），[电动机额定速度]（nSP），[电动机额定功率]（nPr） 如果在自整定执行之后这些参数中至少有一个发生改变，[自整定]（tUn）就会返回[未完成]（nO），必须再进行一次自整定 只有当没有停车命令被激活时，才能执行自整定。如果自由停车或快速停车功能已经被分配给一个逻辑输入，此输入必须设置为1（激活时为0） 自整定比任何运行或预加磁通命令都具有优先权，这些命令排在自整定之后 如果自整定失败，变频器显示器会显示"nO"，并且由[自整定故障设置]（tnL）设置决定，可能会切换到[自整定]（tnF）故障模式 自整定可能会持续1～2 s，不要中断此过程，等待显示变为"dOnE"或"nO" 在自整定期间，电动机以额定电流运行	
	[自整定状态] tUS		[自整定状态]（tUS）仅作为信息显示，不能被修改	[电阻未整定]（tAb）
		tAb	[电阻未整定]默认的定子阻抗值被用于控制电动机	
		PEnd	[整定等待中]已经请求自整定，但还未执行	
		PrOG	[整定进行中]正在执行自整定	
		FAIL	[整定失败]自整定失败	
		dOnE	[电阻已整定]自整定功能测出的定子阻抗被用于控制电动机	

实训任务　转矩矢量高性能变频器的简单启动

1 任务目标

(1)了解 ATV71 型变频器的基本功能。
(2)熟悉高性能变频器的参数设置方法。
(3)掌握高性能变频器的简单启动方法。
(4)掌握高性能变频器的异步电动机参数自整定方法。
(5)了解施耐德远程操作面板的使用方法。

2 所需设备

ATV71 型变频器、变频调速异步电动机、闪光测速仪。

3 任务实施步骤

(1)高性能变频器启动运行。
①按照图 2-2-14 所示电路接线,确认接线正确、连接可靠。

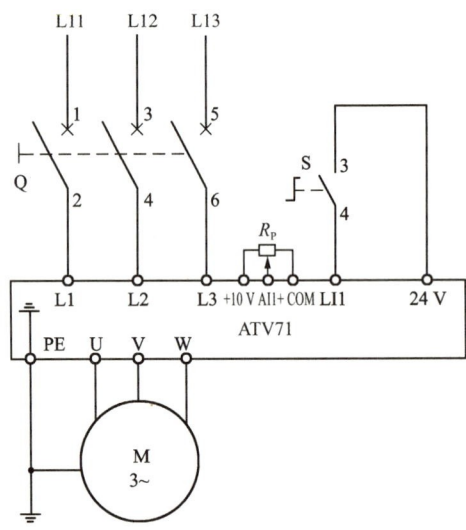

图 2-2-14　ATV71 型变频器接线

ATV71 型变频器的动力引出线和控制线已经引出到实训台的端子上,在接线时不需要打开变频器操作面板,将电动机负载线和控制线直接引到相应的端子上即可。

图 2-2-14 中,转换开关 S 用于变频器的外部端子启动,变频器的运行频率由模拟量给定。

②合上 Q,同时合上变频调速异步电动机的风机开关,ATV71 型变频器及风机上电,确认变频器的显示器显示正常后,将变频器恢复出厂设置。

实训任务配备的变频调速异步电动机自带标准配置 550 W 的风机,风机采用单相 220 V

电源。电动机运行前应先启动风机,确认电动机后罩内风机运行正常(手感到电动机外壳有风),以增强冷却效果。

③设置 ATV71 型变频器简单启动的参数,见表 2-2-3。

表 2-2-3　　　　　　　　ATV71 型变频器简单启动的参数设置

菜　单	参　数	出厂设定值	任务设定值
SIM—	tCC	2C	2C
	CFG	StS	StS
	bFr	50 Hz	50 Hz
	nPr	0.75 kW	0.55 kW
	UnS	—	380 V
	nCr	—	电动机铭牌额定电流
	FrS	50 Hz	50 Hz
	nSP	—	电动机铭牌额定转速
	tFr	60 Hz	100 Hz
	ItH	—	1.5 倍电动机铭牌额定电流
	ACC	3 s	15 s
	dEC	3 s	15 s
	LSP	0 Hz	0 Hz
	HSP	50 Hz	50 Hz
CtL—	Fr1	AI1	AI1

④启动 ATV71 型变频器,控制变频调速异步电动机开始运行。

进入 SUP—菜单下的参数 FrH,旋动 R_P,将频率给定值设置为 30 Hz。切换参数为 rFr,合上 S,启动 ATV71 型变频器,电动机从 0 Hz 开始加速至 30 Hz 稳定运行,改变频率给定值,ATV71 型变频器的输出频率(电动机的运行频率)也将随之改变。自行设计数据表格,用闪光测速仪测量并记录电动机的实际转速。

(2)高性能变频器自整定功能操作。

①断开 S,电动机停止运行。

②将 ATV71 型变频器显示器显示切换为 SIM—菜单下的 tUn 参数,设置 tUn 为 yES (请求自整定),按下变频器操作面板上的"ENT"按钮,变频器进入自整定状态。ATV71 型变频器将根据所连接的电动机进行自整定及修改,直至显示器显示"dOnE"。

注意:在自整定过程中,不允许按下启动按钮!

(3)应用远程操作面板启动 ATV71 型变频器。

①熟悉施耐德远程操作面板各部分的名称及作用。

②查阅手册,熟悉设置远程操作面板的操作运行方式。

③查阅手册,熟悉设置远程操作面板的频率给定方式,并将给定运行频率设置为 50 Hz。

④参数设置完毕,按下远程操作面板上的"RUN"按钮,变频器启动;按下"STOP"按钮,

变频器停止运行;按下"FWD/REV"按钮,可以改变电动机旋转方向。

(4)完成实训任务后,将变频器的参数恢复为出厂设定值,关闭电源。

4 思考

(1)高性能变频器进行自整定操作的目的是什么?
(2)ATV71变频器进行自整定操作的步骤是什么?
(3)使用施耐德远程操作面板控制变频器运行需要设置哪些参数?

任务3 转矩矢量高性能变频器的闭环运行

知识点1 变频器的开环控制与闭环控制

简单来讲,为所使用的电动机装置安装脉冲发生器(PG),将电动机实际转速反馈给控制装置实现高精度速度控制的方式,称为闭环控制方式。如果仅依靠控制装置的转差率自动补偿,不使用PG反馈参与电动机速度控制的方式,称为开环控制方式。

通用型变频器默认采用开环的U/f控制方式,有些型号的变频器利用选配件可进行PG反馈。前面讲述的无速度传感器矢量控制(SVC)是由建立的数学模型根据磁通推算电动机的实际速度,相当于用一个虚拟的速度传感器形成闭环控制。这种虚拟的闭环控制具备以下优点:稳定运行的转速控制精度比U/f控制高;调速范围比U/f控制大,高性能变频器的SVC调速范围为1∶100;动态性能比U/f控制好;额定运行频率为50 Hz的电动机在0.5 Hz时可以输出150%的额定力矩。有速度传感器矢量控制(FVC)则是真正意义上的闭环控制,与U/f控制和SVC相比,FVC具有更高的调速精度和更大的调速范围,高性能变频器的FVC调速范围为1∶1 000;0 Hz时能够输出150%的额定力矩,可以实现转矩控制。由于增加转速测量装置,FVC成本较SVC高;可靠性不如U/f控制和SVC;运行时速度波动比U/f控制大;不能拖动多个电动机,要求电动机与变频器的容量不能相差太大。

高性能变频器能在开环运行情况对电动机进行调速,特别是配合变频调速异步电动机,调速范围为5~100 Hz,但由于异步电动机本身存在转差,调速精度不高,所以在调速要求比较高的场合仍然需要闭环调速运行。高性能变频器的闭环运行可以分为两种情况:一种是由外部控制器如专用控制器、PLC、计算机等控制设备配合变频器实现闭环运行,系统中变频器仅作为执行器件使用,变频器接收控制器信号进行调速,运行优化算法等则由控制器完成,反馈信号也进入控制器,这种运行方式属于自动控制系统的范畴;另一种是由高性能变频器配合电动机测速反馈装置,自身形成闭环控制运行。这里主要讨论第二种情况。

知识点2 测速反馈装置——光电编码器

变频器中最常用的测速反馈装置就是光电编码器,它是一种通过光电转换将输出轴上的机械几何位移量转换成脉冲或数字量的传感装置。

光电编码器按编码方式可分为三种:增量式光电编码器、绝对式光电编码器和混合式光电编码器。在变频调速系统中一般采用增量式光电编码器,高精度伺服控制系统中一般采用绝对式光电编码器。常见光电编码器的外形如图 2-2-15 所示。如图 2-2-15(a)所示光电编码器的输出轴为普通输出轴,与电动机连接时需要购买专用的联轴器和支架;如图 2-2-15(b)所示光电编码器的输出轴为空心轴,可直接与电动机连接。

图 2-2-15 常见光电编码器的外形

1 增量式光电编码器

如图 2-2-16 所示,增量式光电编码器内部发光元件产生的光线通过旋转光栅和固定光栅后由光电元件转换成电信号输出。

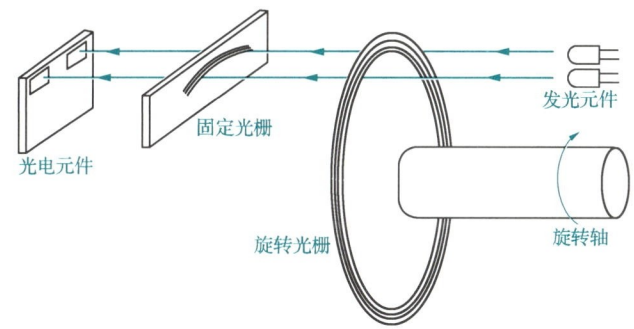

图 2-2-16 增量式光电编码器的工作原理

旋转光栅由玻璃材料制成,其表面镀有不透光的金属铬。旋转光栅的边缘等分分布着 n 个透光槽。旋转光栅在旋转轴的带动下转动时,光电元件将输出连续脉冲序列。常用的增量式光电编码器每转输出脉冲数(线数)为 200～1 024 个。该脉冲序列通过特定的波形处理电路后输出如图 2-2-17 所示的相位相差 90°的 A、B 两相矩形方波和脉冲。图中,Z 相产生的脉冲为零点脉冲,又称基准脉冲。旋转轴旋转一周后产生一个零点脉冲,通过这个脉冲可以获得增量式光电编码器的零位参考点。控制器结合零点脉冲,通过对输出脉冲计数就可计算出当前的旋转角度。

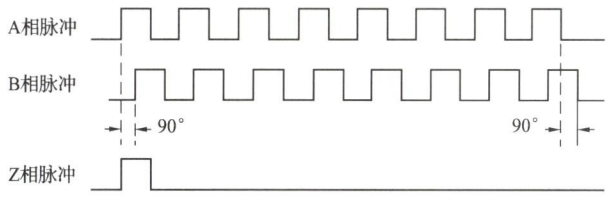

图 2-2-17 增量式光电编码器的脉冲波形

增量式光电编码器的转动方向可根据 A、B 两相矩形方波的相位差判断：A 相超前 B 相 90°时,增量式光电编码器正转;B 相超前 A 相时,增量式光电编码器反转。由于增量式光电编码器安装于电动机后轴侧,所以增量式光电编码器旋转方向与电动机旋转方向是一致的。

增量式光电编码器的测量精度取决于它所能分辨的最小角度,这与旋转光栅上的透光槽数 n 有关。能够分辨的最小角度 α 为

$$\alpha = \frac{360°}{n} \tag{2-2-1}$$

$$分辨率 = \frac{1}{n} \tag{2-2-2}$$

2 绝对式光电编码器

绝对式光电编码器是按照旋转角度直接进行编码的传感器,能够直接将被测旋转角度用数字代码表示,如图 2-2-18 所示。图中码盘上黑色区域为不透光区,用 0 表示;白色区域为透光区,用 1 表示。这样,任意角度的码盘都有对应的二进制编码或格雷码。码盘每一条码道都对应一组光敏元件,从径向上看,由于各码道的透光和不透光区,各光敏元件中受光的输出 1,不受光的输出 0, n 条码道就组成 n 位二进制编码或格雷码。

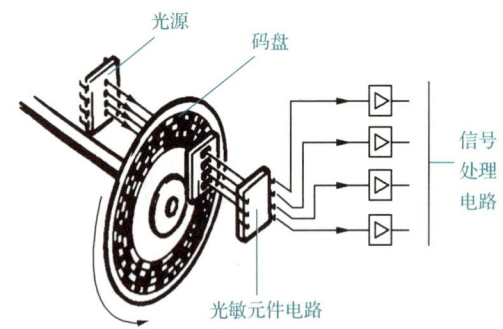

图 2-2-18　绝对式光电编码器

绝对式光电编码器的测量精度与码盘上的码道条数 n 有关。能够分辨的最小角度 α 为

$$\alpha = \frac{360°}{2^n} \tag{2-2-3}$$

$$分辨率 = \frac{1}{2^n} \tag{2-2-4}$$

3 光电编码器的输出形式

光电编码器的输出形式有三种:集电极开路输出型、推挽式输出型和线驱动输出型,如图 2-2-19 所示。集电极开路输出型和推挽式输出型光电编码器的电源电压一般为 DC 12～24 V,线驱动输出型光电编码器的电源电压为 DC 5 V。线驱动输出型光电编码器适用于长距离安装,所以又称为长线驱动型或 RS-422 型光电编码器。这种类型的光电编码器通过比较两根信号线间的电位差确定输出信号,因此具有较强的抗干扰能力。

项目 2 转矩矢量高性能变频调速系统安装与调试　143

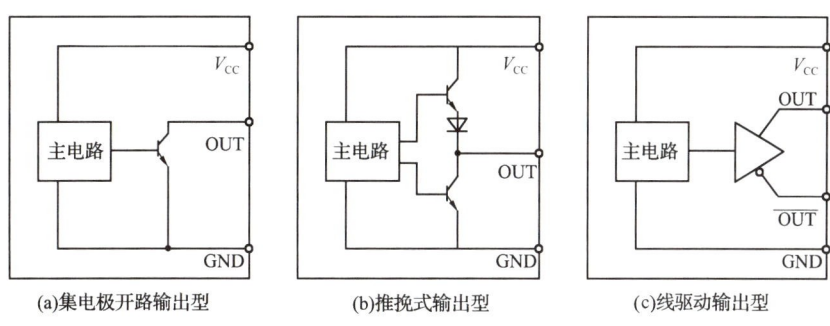

图 2-2-19　光电编码器的三种输出形式

4　光电编码器在变频器闭环运行中的应用

利用光电编码器实现变频器闭环运行时需要为变频器配置光电编码器反馈卡,即 PG 卡。不同输出形式的光电编码器应选择不同型号的 PG 卡。由于 PG 卡有最大输入频率的限制,因此在选择光电编码器线数时应进行必要的计算,即

$$f_{PG}=\frac{n}{60}\times N \tag{2-2-5}$$

式中　f_{PG}——光电编码器输出脉冲频率;

　　　n——变频器最高频率输出时的电动机转速;

　　　N——光电编码器线数。

变频器与光电编码器的连接如图 2-2-20 所示。图中,光电编码器的输出形式为线驱动输出型,其连接线采用屏蔽导线。一般情况下,光电编码器的电源使用 PG 卡提供的直流电源。

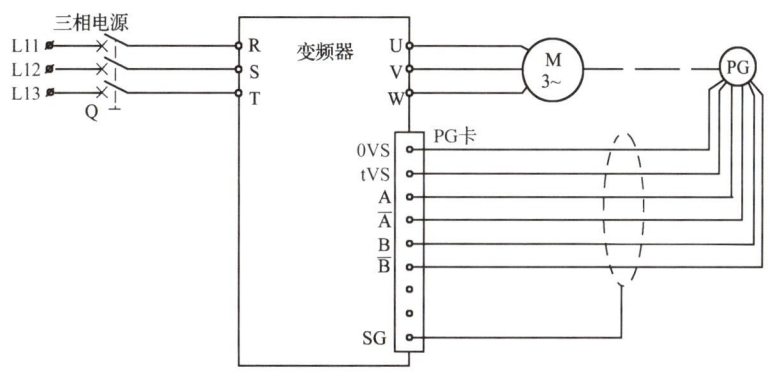

图 2-2-20　变频器与光电编码器的连接

变频器闭环运行前要对连接的光电编码器进行自动检测。在执行自动检测功能前,应设定好光电编码器的规格参数,如 A 相和 B 相信号顺序、每转脉冲数等。

光电编码器不仅能检测电动机转速,还能检测电动机旋转方向,在变频器对光电编码器进行自动检测时,如果光电编码器的旋转方向与电动机旋转方向不一致,变频器要报光电编码器故障。这时可将 A 相两根信号线与 B 相两根信号线互换,或直接将 A 与 $\overline{A}$ 互换。只有线驱动输出型光电编码器才能直接将 A 与 $\overline{A}$ 互换,这是因为变频器内部比较的是两根信

号线的电平，互换 A 与 $\overline{A}$ 相当于使信号变化 $180°$，再与 B 相比较，旋转方向就正确了。

闭环运行时，变频器可以选择的工作模式为 PG U/f 控制模式和 PG 转矩矢量控制模式。在这两种运行模式下，变频器的调速精度很高，一般可达到 ±1 转，电动机运行无滑差，其转矩特性曲线可为一条平直的直线，这在某种程度上已经优于直流电动机的调速性能。

知识点 3 ATV71 型变频器的闭环功能

如前所述，ATV71 型变频器要实现编码器闭环功能，不仅要在变频器上安装 PG 卡，而且要对变频器进行相应的参数设置。

1 安装 PG 卡

如图 2-2-21 所示为变频器内部和 PG 卡。打开变频器前盖，将如图 2-2-21(b)所示的 PG 卡插入变频器后，合上变频器前盖，将光电编码器电源和信号线正确连接到 PG 卡的接线端上。

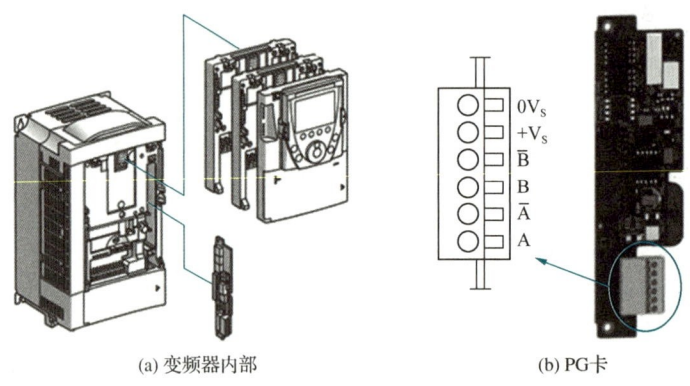

(a) 变频器内部　　　　　　　　(b) PG 卡

图 2-2-21　变频器内部和 PG 卡

2 ATV71 型变频器闭环功能码参数设置

设置光电编码器的信号类型，然后进行光电编码器检查，以确认光电编码器安装和连接正常。

进行光电编码器检查前须完成下列设置：

(1) 将 Ctt 设置为除 FUC 之外的其他控制类型，如 UUC。
(2) 将 EnU 设置为 nO。
(3) 根据安装的光电编码器正确设置 EnS 和 PGI。
(4) 将 EnC 设置为 yES。
(5) 确认电动机可以正常运行。
(6) 启动电动机，在稳定速度（额定速度的 15% 以下）下至少旋转 3 s。如果光电编码器检查正常，则 EnC 自动跳转到 dOnE，否则会锁定在 EnF 状态。

以上设置均在变频器 drC－菜单中完成，参数设置见表 2-2-4。

表 2-2-4　　　　　　　　　　　ATV71 型变频器闭环参数设置

菜　单	参　数	参数值	说　明	出厂设定值
drC—	[电动机控制类型] Ctt	UUC	[SVC V]开环电压磁通矢量控制,可以根据负载自动进行滑差补偿。支持多个型号相同的电动机并联在同一个变频器上	[SVC V] (UUC)
		CUC	[SVC I]开环电流磁通矢量控制。不支持多个电动机并联在同一个变频器上	
		FUC	[FVC]用于带增量式光电编码器的电动机闭环电流磁通矢量控制;如果已插入 PG 卡,只能选择此选项。但是,当使用仅产生信号"A"的光电编码器时,此功能不可用。不支持多个电动机并联在同一个变频器上 注意:在选择[FVC](FUC)之前,必须成功执行编码器检查程序	
	[编码器用途] EnU		如果已插入 PG 卡,此参数可以被访问	[未设置] (nO)
		nO	[未设置]功能未激活	
		SEC	[速度监控]编码器仅为监控提供速度反馈	
		rEG	[调节和监控]编码器为调节和监控提供速度反馈。如果变频器设置为闭环运行,就会自动设为此设置([电动机控制类型](Ctt)＝[FVC](FUC)。如果[电动机控制类型](Ctt)＝[SVC V](UUC),光电编码器在速度反馈模式下运行,并且能够进行静态速度校正。对于其他[电动机控制类型](Ctt)值,此设置不可访问)	
		PGr	[速度给定]编码器提供给定值,带有 PG 卡时可以选择	
	[编码器信号类型] EnS		如果已插入 PG 卡,此参数可以被访问。应设置为与所使用的 PG 卡和光电编码器的类型一致	[AABB] (AAbb)
		AAbb	[AABB]对于信号 A、$\overline{A}$、B、$\overline{B}$	
		Ab	[AB]对于信号 A、B	
		A	[A]对于信号 A。如果[编码器用途](EnU)＝[速度反馈调节](rEG),则不能访问此值	
	PGI		[脉冲数量]编码器每转一周发出的脉冲数。如果已插入 PG 卡,此参数可以被访问。调节范围为 100～5 000	1 024
	[编码器检查] EnC		检查编码器有无反馈。如果已插入 PG 卡,此参数可以被访问	[未完成] (nO)
		nO	[未完成]没有进行检查	
		yES	[Yes]激活监视编码器功能	
		dOnE	[完成]已成功进行检查	
			检查程序需要检查:光电编码器/电动机的旋转方向;有无信号(接线的连续性);每转一周的脉冲数。如果发现故障,变频器就会锁定在[编码器故障](EnF)模式	

如果光电编码器检查无法完成,可能是光电编码器的连接方式与电动机旋转方向不匹配,可以将原来的 A－B－C 相序改为 A－C－B 相序,重新执行上述光电编码器设置(4)～(6)。如果仍然无法完成,则应考虑接线错误或光电编码器故障。

实训任务　ATV71型变频器闭环运行

1 任务目标

(1) 了解 ATV71 型变频器的光电编码器检查功能。
(2) 掌握实现 ATV71 型变频器的无速度传感器矢量控制功能的方法。
(3) 掌握实现 ATV71 型变频器的有速度传感器矢量控制功能的方法。
(4) 了解 ATV71 型变频器的转矩输出功能。

2 所需设备

ATV71 型变频器、变频调速异步电动机、闪光测速仪。

3 任务实施步骤

(1) 按照图 2-2-22 所示电路接线,确认接线正确、连接可靠。

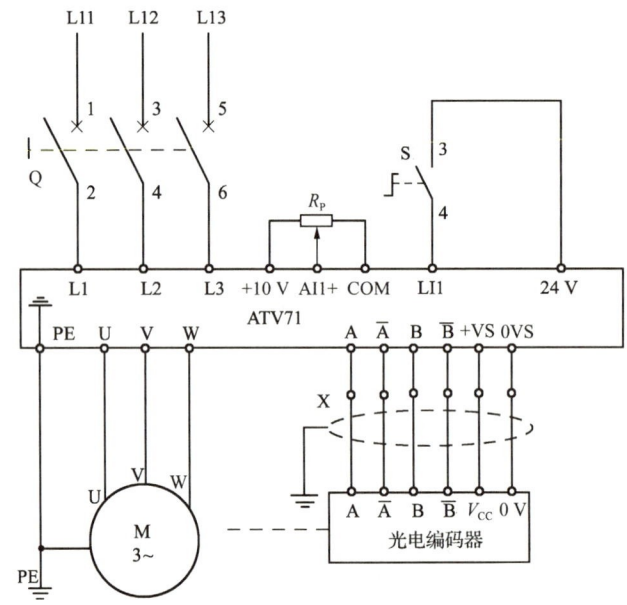

图 2-2-22　ATV71 型变频器闭环运行电路

ATV71 型变频器的动力引出线和控制线已经引出到实训台的端子上,在接线时不需要打开变频器操作面板,将电动机线、负载线和控制线直接引到相应的端子上即可。

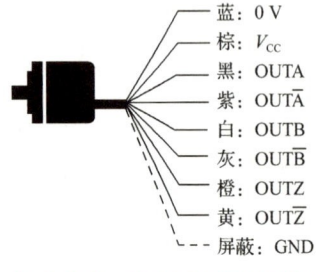

图 2-2-23　光电编码器的引脚

图 2-2-22 中,M 为变频调速异步电动机,转换开关 S 用于变频器的外部端子启动,变频器的运行频率由模拟量给定。电动机运行前应先启动电动机风机,以增强冷却效果。光电编码器安装在变频调速异步电动机的转轴上,其引脚如图 2-2-23 所示。

(2) 合上 Q,同时合上变频调速电动机的风机开关,ATV71 型变频器及风机上电,确认变频器的显示器显示正常后,将变频器恢复出厂设置。

(3)实现 ATV71 型变频器的无速度传感器矢量控制功能。

①设置 ATV71 型变频器无速度传感器矢量控制运行的参数,见表 2-2-5。执行 ATV71 型变频器自整定功能和编码器检查功能。

表 2-2-5　　　　　ATV71 型变频器无速度传感器矢量控制参数设置

菜　单	参　数	出厂设定值	任务设定值
I-O—	tCC	2C	2C
	tCt	trn	trn
	rrS	LI2	LI2
CtL—	Fr1	AI1	AI1
	rFC	Fr1	Fr1
SEt—	ACC	3 s	15 s
	dEC	3 s	15 s
	LSP	0 Hz	0 Hz
	HSP	50 Hz	50 Hz
	ItH	—	电动机铭牌额定电流
	CL1	—	1.2 倍电动机铭牌额定电流
drC—	bFr	50 Hz	50 Hz
	nPr	—	0.55 kW
	UnS	—	380 V
	nCr	—	电动机铭牌额定电流
	FrS	—	50 Hz
	nSP	—	电动机铭牌额定转速
	tFr	60 Hz	60 Hz
	tUn	nO	yES(整定结束应显示 dOnE)
	Ctt	UUC	CUC
	EnS	AAbb	AAbb
	PG1	1 024	600(光电编码器型号 TRD-2TH600V)
	EnC	nO	yES(编码器检查结束,显示 dOnE)
	EnU	nO	SEC

完成以上设置,ATV71 型变频器完成自整定功能和编码器检查功能后,运行在开环电流磁通矢量控制(SVC I)模式下。

②将 ATV71 型变频器显示器显示切换为参数 FrH,设置为 35 Hz,按下 S,变频器控制电动机运行。当前运行模式下,光电编码器可以监控电动机运行速度。将 ATV71 型变频器显示器显示切换为参数 SPd,可以读取变频器给定频率为 35 Hz 时电动机的运行速度。

③使用闪光测速仪测量电动机实际转速,记录 ATV71 型变频器显示器显示值与闪光测速仪实际测量值并进行比较,计算当前运行模式下电动机的转差率。

④改变 ATV71 型变频器频率给定值,重复步骤②和③,记录相应数据。

(4)实现 ATV71 型变频器电动机闭环电流磁通控制功能。

①将参数 Ctt 设为 FUC,整个系统运行在带增量式光电编码器的电动机闭环电流磁通矢量控制(FVC)模式下。注意:在进入该模式前,应完成光电编码器检查。

②将 ATV71 型变频器频率给定值调整为 0 Hz,合上 S,此时电动机不旋转。将显示器显示切换为参数 LCr,观察 ATV71 型变频器的输出电流(这种情况下 ATV71 型变频器应有一定的输出电流,所以在电动机的转轴上会有转矩输出)。在确认电动机转子不旋转的前提下,验证变频器给定频率 0 Hz 时的转矩输出值。

③断开 S,调整 ATV71 型变频器的输出频率给定值(<50 Hz),自行设计数据表格,重新启动电动机,记录不同给定频率情况下电动机的实际转速。

(5)完成实训任务后,将变频器的参数恢复出厂设置,关闭电源。

4 思考

(1)ATV71 型变频器 drC—菜单中,参数 Ctt 默认是什么控制方式?还可以设置为哪些控制方式?这些控制方式各有什么应用特点?

(2)ATV71 型变频器进行光电编码器检查时,显示器显示参数 EnF,出现这种情况的原因是什么?如何解决?

项目 3 交流调速综合控制系统安装与调试

任务 1 比例辅料添加机变频器控制系统安装与调试

知识点 比例辅料添加机变频控制系统构建

在化纤纺丝工程中,布料的最终着色可采用两种方式进行:一种方式是用染色机对预先纺织好的白色丝织成布进行染色;另一种方式是直接在纺丝过程中添加色母粒等辅料。随着环保意识的增强,后一种方式由于在生产过程中产生的污染少而越来越多地被采用。

1 设备控制要求

如图 2-3-1 所示为化纤纺丝原料即主料 PET(聚酯)切片及辅料的添加过程。图中,M_1 为螺杆挤压机的传动电动机,M_2 为比例辅料添加机的传动电动机。工作时,PET 切片经过加温的螺杆套筒后由 M_1 传动的螺杆挤压机的旋转螺杆向外挤压,成为熔体后由螺杆出料口进入熔体管道。在熔体管道的出口端安装 n 台计量泵,计量泵电动机为永磁同步电动机。当计量泵电动机的转速相同时,每台计量的泵熔体输出量完全相同。M_1、M_2 及计量泵电动机 $MJ_1 \sim MJ_n$ 均由变频器传动。根据工艺要求,旋转螺杆的挤出压力必须保持恒定值,当运行的计量泵台数发生变化时,主料 PET 熔体的挤出量和比例辅料添加机的输出量也随之成比例地发生相应的变化,保证计量泵单位时间内的熔体输出量不变。

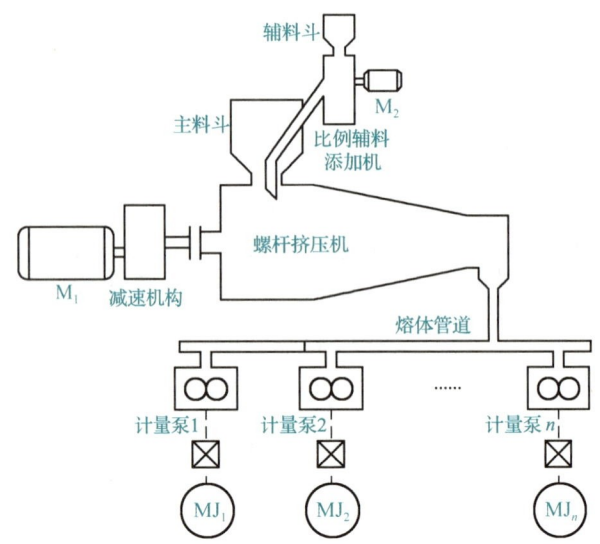

图 2-3-1 主料 PET 切片及辅料的添加过程

2 数字量控制方式的实现

通过以上分析可知,为了更好地控制进料口的主料及辅料的添加速度,M_2 的输出频率应随计量泵的运行台数成比例变化。在每台计量泵的熔体输出量一致的情况下,M_2 的输出频率曲线可由图 2-3-2 表示,N 为实际运行的计量泵台数。由图可见,M_2 的输出频率变化趋势完全符合变频器的多段速度运行功能。

当系统具有 16 个纺丝工位对应 16 台计量泵时,工艺上要求 M_2 的传动变频器能根据计量泵的实际运行台数实现十六段速度运行功能。

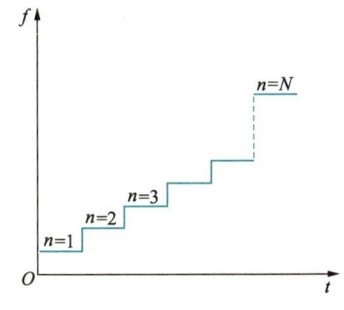

图 2-3-2 M_2 的输出频率曲线

(1)变频器多段速度运行功能及参数设置

通用型变频器均具备多段速度运行功能,一般都能够实现八段速度运行功能,高性能变频器能够实现十六段速度运行功能,这与本设备具有 16 个纺丝工位即 16 台计量泵刚好吻合。

变频器多段速度运行功能的实现需要定义变频器的多功能输入端。采用 ATV312 型变频器实现十六段速度运行功能时,通过参数 PS16、PS8、PS4、PS2 进行逻辑输入端的定义,当逻辑输入端的状态从"0000"变化到"1111"时,速度给定值从 SP1 变化到 SP16,其中 SP1 可通过操作面板上的导航旋钮设置。

此外,还应设置变频器的操作运行方式,一般设置为 2 线控制。由于 M_2 只需要单方向运行,因此只须考虑正向运行的逻辑输入端子。ATV312 型变频器在 2 线控制时默认 LI1 为正转控制端子,无须单独定义。

(2)系统数字量控制

显然,仅利用变频器的内部功能,无法完成前述根据计量泵的运行台数实现变频器十六段速度运行的控制功能。控制功能的实现必须先采用 PLC 来实现当前运行的计量泵台数到十六进制数 00H～0FH 的转换。

Twido 系列 PLC 和 ATV312 型变频器的连接电路如图 2-3-3 所示。图中,S_1～S_{16} 为 16 台计量泵运行信号,PLC 程序完成计量泵实际运行台数到 Q0.2～Q0.6 的十六进制数的转换,逻辑输入端 LI1 定义为电动机运行控制端,LI2～LI5 分别定义为两段速度、四段速度、八段速度和十六段速度。

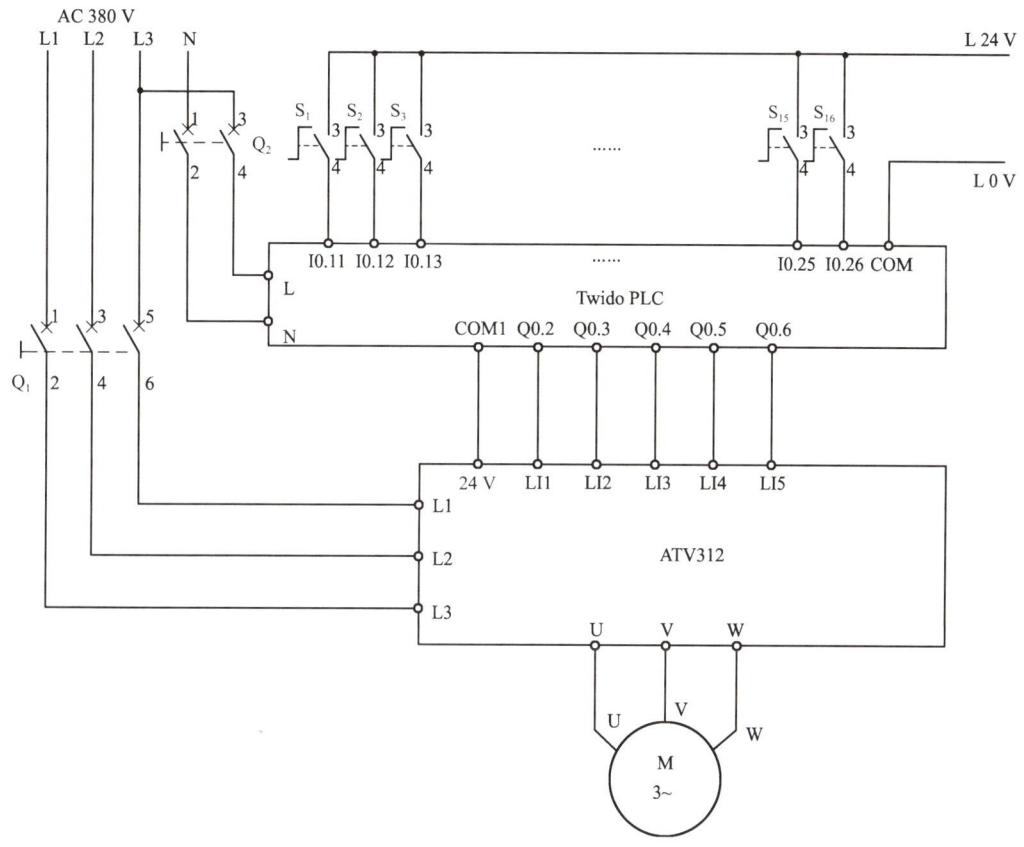

图 2-3-3　Twido 系列 PLC 和 ATV312 型变频器的连接电路

(3)系统调试及标定

在以上控制方式下,每一速度段的运行均需进行相应的运行频率设置,因而在调试时需根据具体的生产工艺情况进行标定,具体可进行如下操作:

①根据纺丝品种来确定主料 PET 切片的单位时间输出量,并根据生产工艺要求的添加剂百分比计算单位时间内所需添加剂的量。

②将比例辅料添加机的传动电动机 M_2 的变频器设置为调试运行,并使之运行在某一固定频率(如 50 Hz),测量在该频率运行时单位时间内的辅料输出量。为提高精度,可进行多次标定后取平均值。

③根据①和②计算生产线完全运行时的频率输出,得出第十六段速度的运行频率 f。

④计算 $f/16$,即求得每台计量泵运行时控制比例辅料添加机传动电动机 M_2 的变频器的频率增大值,进行变频器十六段速度运行的参数设置。

⑤当生产工艺情况发生变化时,需要重新计算设置。

3 模拟量控制方式的实现

在具体应用中,为了使生产线能够适应多品种、小批量的要求,一般将 16 个纺丝工位(16 台计量泵)分成 2 组或 4 组运行,每组纺丝工位适合纺织不同的品种。这时,就要求控制系统能进行品种规格的设置(可以采用触摸屏或文本显示器设置)。显然,仅采用变频器的多段速度运行功能已无法满足要求。这时,可利用变频器的模拟量输入(0~10 V,4~20 mA)进行控制。具体思路:通过 PLC 编程及模拟量设置,在生产线计量泵全部运行时使模拟量输出满量程电压或电流,再根据具体的生产工艺要求设置变频器在满量程模拟量输入时所对应的输出频率。

如图 2-3-4 所示为采用模拟量信号控制的电路。同学们可以根据具体的生产工艺要求自行编写相关程序,进行模拟实现。

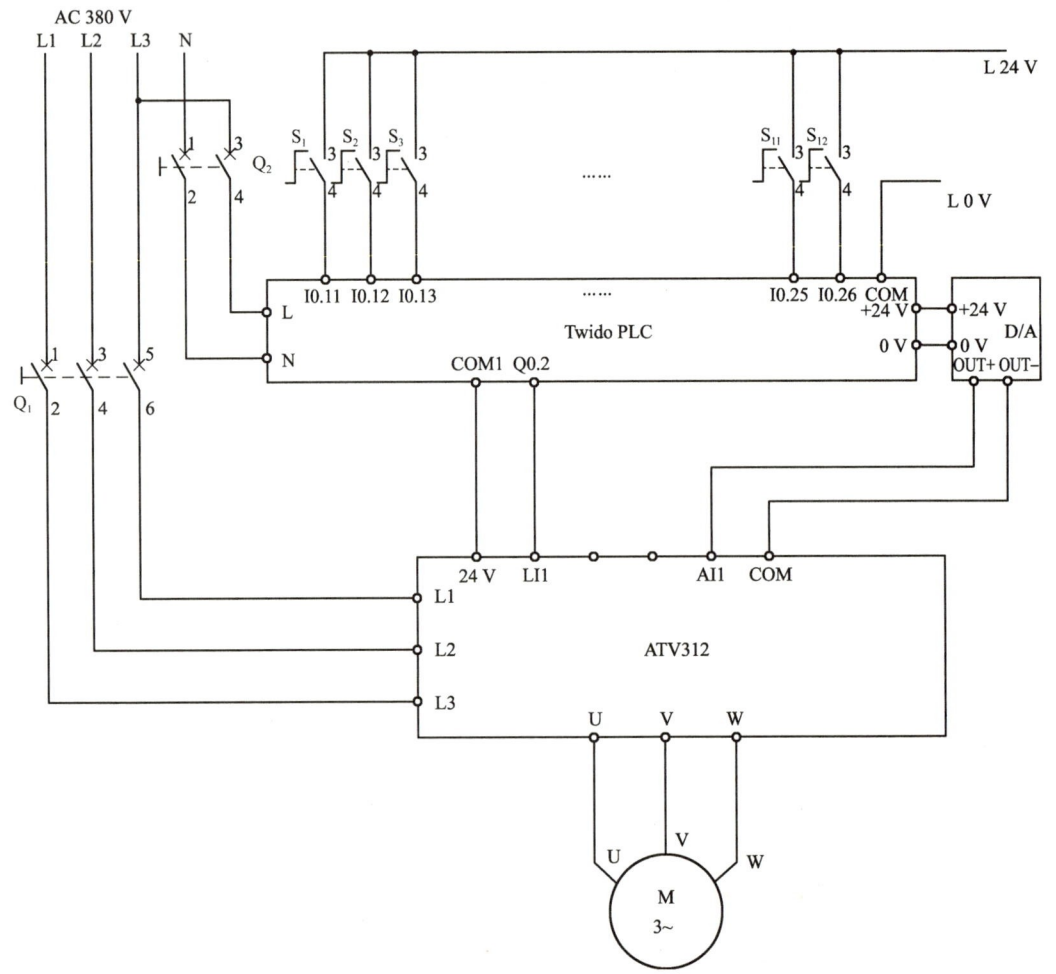

图 2-3-4　采用模拟量信号控制的电路

实训任务　比例辅料添加机变频器控制系统安装与调试

1 任务目标

(1)应用 PLC 控制变频器运行。
(2)能够正确连接 PLC、变频器及异步电动机。
(3)能用数字量控制方式模拟实现比例辅料添加机控制系统功能。
(4)能用模拟量控制方式模拟实现比例辅料添加机控制系统功能。

2 所需设备

Twido 系列 PLC、ATV312 型变频器、三相异步电动机。

3 任务实施步骤

(1)查阅资料,了解比例辅料添加机的设备组成及控制要求。
(2)应用 ATV312 型变频器的多段速度运行功能,模拟实现系统控制要求:设计量泵台数为 12 台,每增加一台计量泵,变频器输出频率增大 5 Hz,最大输出频率为 60 Hz。

①对 PLC 进行 I/O 地址分配。根据系统控制要求,结合具体实训设备,分配 12 台计量泵信号的输入点以及启动端子 LI1 和多段速度逻辑端子 LI6、LI5、LI4、LI3 所对应的输出点。
②按图 2-3-3 所示电路接线(PLC 输入端只须连接 $S_1 \sim S_{12}$),确认接线正确、连接可靠。
③上电后确认变频器的显示器显示正常,将变频器恢复出厂设置。
④设置 ATV312 型变频器多段速度运行的参数,见表 2-3-1。

表 2-3-1　　　　　　　比例辅料添加机变频器数字量控制参数设置

菜　单	参　数	出厂设定值	任务设定值
FUn-PSS-	PS2	LI3	LI3
	PS4	LI4	LI4
	PS8	nO	LI5
	PS16	nO	LI6
	SP2	10 Hz	5 Hz
	SP3	15 Hz	10 Hz
	SP4	20 Hz	15 Hz
	SP5	25 Hz	20 Hz
	SP6	30 Hz	25 Hz
	SP7	40 Hz	30 Hz
	SP8	45 Hz	35 Hz
	SP9	50 Hz	40 Hz
	SP10	55 Hz	45 Hz
	SP11	60 Hz	50 Hz
	SP12	65 Hz	55 Hz
	SP13	70 Hz	60 Hz

续表

菜　单	参　数	出厂设定值	任务设定值
drC—	UnS	400 V	380 V
	FrS	50 Hz	50 Hz
SEt—	HSP	50 Hz	60 Hz
	LSP	0 Hz	0 Hz
I-O—	tCC	2C	2C

⑤编写PLC程序，并将程序写入PLC，启动系统运行。

⑥模拟比例辅料添加机运行功能，调试系统。

(3)应用ATV312型变频器的模拟量速度给定功能模拟实现比例辅料添加机控制系统功能。

①按图2-3-4所示电路接线，确认接线正确、连接可靠。图2-3-4中，$S_1 \sim S_{12}$为模拟计量泵运行信号，PLC程序控制完成计量泵运行台数到模拟量模块输出电压0～10 V的转换，ATV312型变频器采用模拟量速度给定方法，0～10 V输出电压对应输出频率0～60 Hz。

②再次确认接线正确、连接可靠，上电后确认变频器的显示器显示正常，将变频器恢复出厂设置。

③设置ATV312型变频器模拟量速度给定的参数，见表2-3-2。

表2-3-2　　　　　　　比例辅料添加机变频器模拟量控制参数设置

菜　单	参　数	出厂设定值	任务设定值
drC—	UnS	400 V	380 V
	FrS	50 Hz	50 Hz
SEt—	HSP	50 Hz	60 Hz
	LSP	0 Hz	0 Hz
	ACC	3 s	0.1 s
	dEC	3 s	0.1 s
I-O—	tCC	2C	2C
CtL—	Fr1	AI1	AI1
	rFC	Fr1	Fr1

④Twido系列PLC的模拟量配置为0～10 V电压输出，设置10 V电压所对应的最大数字量。

⑤根据控制要求编写PLC程序，并将程序写入PLC，启动系统运行。

⑥模拟比例辅料添加机运行功能，调试系统。

(4)完成实训任务后，将变频器的设定参数恢复到出厂值，关闭电源。

4 思考

(1)实训任务中介绍的控制方式，每一段运行频率都是已知的，但是在比例辅料添加机中需要根据具体的生产工艺情况进行频率给定，那样应该如何处理？

(2)如果将计量泵分成3组，每组运行频率不一致，如何才能实现控制功能？

任务 2　化纤纺丝机变频器摆频运行控制系统安装与调试

知识点　化纤纺丝卷绕设备的变频控制

化纤纺丝机是变频器的典型应用场合之一,在通用型变频器普及以前的 20 世纪 80 年代,为保证调速要求,就已经使用了静止变频器。如今,通用型变频器的普及使其在纺织行业得到更加广泛的应用,一条全自动的高速化纤纺丝机生产线上使用的变频器就有上百台之多。

从工艺流程来看,化纤纺丝机的整个工作过程应包括化学颗粒的螺杆挤压,熔融成具有较高压力的熔体,由永磁同步电动机传动的熔体计量泵喷出熔体经冷却吹风、集束、热辊牵伸和卷绕成形等工序,最终得到一定宽度平行卷绕的丝饼以供后道工序进行织造加工。

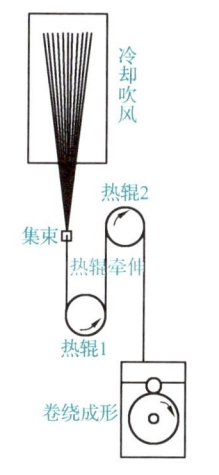

图 2-3-5　高速化纤纺丝机生产线后半部分中的一个工位

整条高速化纤纺丝机生产线一般由 32、24 或 16、8 个工位组成,如图 2-3-5 所示为高速化纤纺丝机生产线后半部分中的一个工位。图中,热辊 1、热辊 2 的传动一般也是由变频器驱动永磁同步电动机完成的,在此不作介绍。本任务主要介绍的是卷绕成形工序的变频器控制过程。

如图 2-3-6 所示为高速化纤卷绕机的外形结构,图中,卷绕丝饼有 4 个,而在实际的生产线中卷绕丝饼最多可达 16 个。M_1 为锭轴传动电动机,其转速随着卷绕丝饼直径的增大而减小,这是因为从热辊出来的丝条的线速度是不变的(为提高单机劳动生产率,一般从热辊 2 出来的丝条线速度可达 5 000 m/min,最高可达 6 500 m/min),因此控制 M_1 的变频器应实现恒线速度控制。M_2 是卷绕丝饼横向往复运动的传动电动机。侧视图中的测速辊为从动辊,它贴合在卷绕丝饼的表面,由摩擦带动转动,用以提供 M_1 的速度反馈信号。

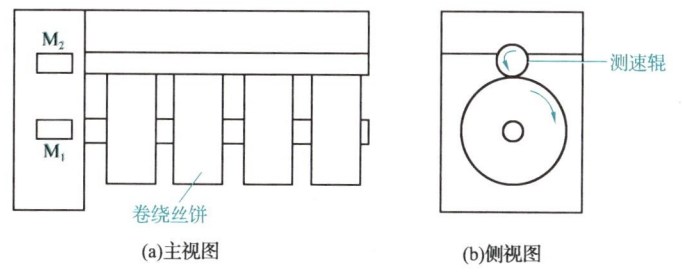

(a)主视图　　(b)侧视图

图 2-3-6　高速化纤卷绕机的外形结构

考虑到本生产线的产品还不是最终产品,为方便产品的包装、运输以及退绕,每根丝条在高速化纤卷绕机上卷绕成形时的形状应如图 2-3-7 所示。为达到这一要求,纸管的运动实际上是两个运动的合成,即除了由 M_1 提供的旋转运动外,还有一个横向的直线往复运动，其速度分解如图 2-3-8 所示。

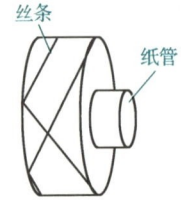

图 2-3-7 丝条卷装

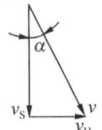

图 2-3-8 纸管运动的速度分解

图 2-3-8 中，v 是与热辊速度成一定关系的丝条运动速度，也是最终的卷绕线速度。v_S 为径向线速度，v_H 为横向运动速度。由图可见，$v_H = v\sin\alpha$，$v_S = v\cos\alpha$，α 为卷绕角。这种卷绕方式称为等升角卷绕，v_H 由图 2-3-6 中的 M_2 传动。

在卷绕工序中，为保证卷绕的平整性，避免丝条出现重叠，要求横向运动的电动机速度按照图 2-3-9 所示规律变化。图中，t_1 为电动机启动时间，转速变化周期 $T = t_2 + t_3$；周期内最大速度 $v_1 = v_{HN} + \Delta v$，最小速度 $v_2 = v_{HN} - \Delta v$，Δv 由具体的生产工艺情况确定。

为了实现这一变速运行功能，很多变频器生产厂家专门开发了具有该特定功能的纺丝专用变频器，如三垦

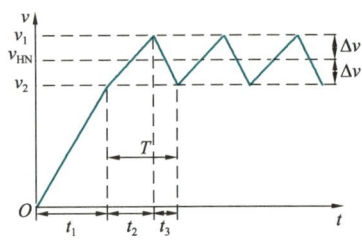

图 2-3-9 横向运动 v－t 关系

IHF 系列、明电舍 VT 系列以及汇川 M420 系列等，此外，富士 G11 系列变频器可通过特定的程序实现该功能，施耐德 ATV312 型变频器则可根据用户的订货要求增加这一功能。安川 T1000V 型纺丝专用变频器标配摆频功能，可以对摆频速度叠加的摆频波形进行微调，可从外部接点切换摆频波形的 ON/OFF，可以将波形的状态(上升/下降)输出到外围控制器，其时序图如图 2-3-10 所示。执行摆频功能前后丝条的卷绕效果如图 2-3-11 所示。

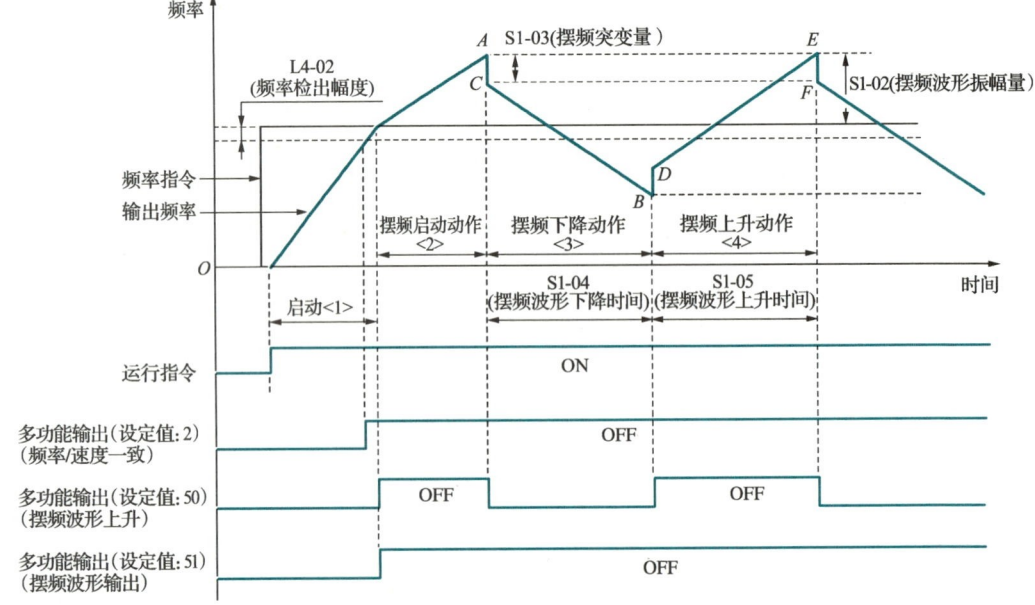

图 2-3-10 安川 T1000V 型纺丝专用变频器标配摆频功能时序图

项目 3 交流调速综合控制系统安装与调试　157

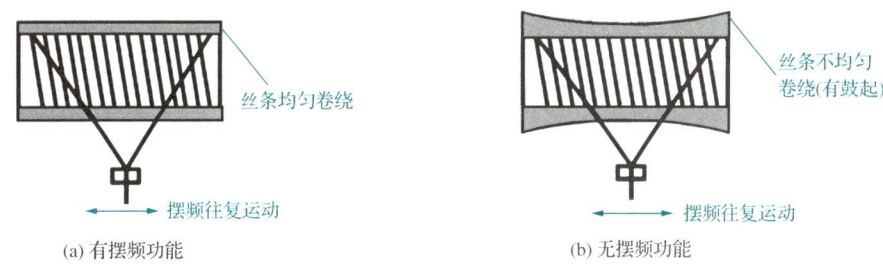

图 2-3-11　执行摆频功能前后丝条的卷绕效果

工程实践中,利用纺丝专用变频器实现这一曲线运行功能时,必须预先设置其内部参数。显然,当工艺参数如卷绕角、工艺速度等发生改变时,需要同时改变变频器的参数设置,并且需改变的参数还比较多。在生产线的纺丝工位较多时,这对提高设备的利用率和提高劳动生产率显然是不利的。随着设备自动化程度的不断提高,特别是触摸屏技术的大量应用,越来越多的用户希望通过触摸屏来设置相关的生产工艺参数,从而完成生产工艺的改变,这就需要综合应用 PLC 技术和通信技术,并且这种应用趋势在生产实践中将越来越明显。

实训任务　变频器摆频运行控制系统安装与调试

1 任务目标

(1)能够应用 PLC 控制变频器实现摆频曲线速度运行。
(2)能够正确连接 PLC、变频器及异步电动机。
(3)能够模拟实现化纤纺丝机变频器摆频运行控制系统功能。

2 所需设备

Twido 系列 PLC、ATV312 型变频器、三相异步电动机。

3 任务实施步骤

(1)查阅资料,明确化纤纺丝机变频器控制系统的设备组成及控制要求。
(2)应用 ATV312 型变频器的多段速度运行功能,模拟实现丝条横向运动时的摆频速度控制要求,控制变频器按照图 2-3-9 所示曲线运行。
①设计系统接线电路并进行接线,确认接线正确、连接可靠,上电后确认变频器显示器显示正常,将变频器恢复出厂设置。
②设置变频器运行的参数。
③编写 PLC 程序,将程序写入 PLC 后,启动系统运行。
④调试系统,模拟实现摆频曲线速度运行功能。

(3)应用 ATV312 型变频器的模拟量速度给定功能,模拟实现丝条横向运动时的摆频速度控制要求。

(4)实现与触摸屏通信,在触摸屏上绘制实时曲线。

(5)完成实训任务后,将变频器恢复出厂设置,关闭电源。

4 思考

(1)在变频调速系统中使用模拟量模块时应注意些什么?

(2)为什么程序运行中会出现频率误差?

项目 4 伺服控制系统安装与调试

任务 1 认识伺服控制系统

伺服控制系统一般由运动控制单元、伺服驱动器及伺服电动机组成。其中,运动控制单元可以是 PLC、运动控制器或计算机等设备。伺服电动机一般均自带光电编码器以形成闭环控制。从伺服电动机的形式看,有做成高精度异步电动机形式的,如伦茨公司的伺服控制系统;有做成交流同步电动机形式的,如三菱公司的伺服控制系统;有做成直流无刷电动机形式的,如施耐德公司的伺服控制系统。注意:伺服控制系统对与其配套使用的减速机的性能及制造工艺要求较高,普通异步电动机通常不能很好地配合其使用。

伺服控制本质上与高性能变频调速无太大区别。伺服驱动器的控制精度比高性能变频器更为复杂及精确,其内部算法比变频器更为先进,因此高精度速度控制、高精度转矩控制等方式是伺服驱动器的标准配置。伺服控制系统作为速度控制方式使用时,可完成如电子齿轮比等高精度控制;作为转矩控制方式使用时,其转矩控制精度可达千分之几,比高性能变频器高一个或几个数量级。目前伺服控制系统已广泛应用于数控机床的高精度位置控制、机器人、印刷、纺织及包装设备中。

知识点 1　认识 BSH 交流伺服电动机

施耐德 BSH 交流伺服电动机是一种高动态交流伺服永磁同步电动机,专为高动态定位任务设计。与其他交流伺服电动机比较,不仅具有低惯性的特性,还可以承受高负载,不但可以保证良好的加速特性,而且可以减小电动机的能量损失。它具有可靠性高、工作特性好、过载能力强、转矩范围大等特点,并具备过载保护功能(通过电动机温度监控)。BSH 交流伺服电动机的外形及接口如图 2-4-1 所示。

(a) 外形　　　　　　　　(b) 接口

图 2-4-1　BSH 交流伺服电动机的外形及接口

由图 2-4-1(b)可知，BSH 交流伺服电动机有两个接口：一个是电源、抱闸接口，另一个是编码器、温度传感器接口，分别采用不同的专用电缆进行连接。采用 55 mm 法兰的 BSH 交流伺服电动机(型号 BSH0551T11A2A)电缆接口的针脚排布如图 2-4-2 所示，其电源、抱闸接口各针脚定义见表 2-4-1，编码器、温度传感器接口各针脚定义见表 2-4-2。

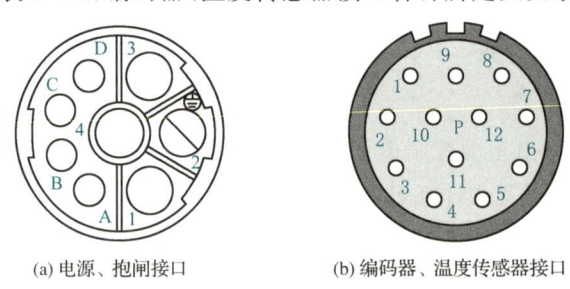

(a) 电源、抱闸接口　　　　　(b) 编码器、温度传感器接口

图 2-4-2　BSH 交流伺服电动机(55 mm 法兰)电缆接口的针脚排布

表 2-4-1　　BSH 交流伺服电动机(55 mm 法兰)电源、抱闸接口各针脚定义

针　脚	名　称	含　义	信号范围
1	U	电源 U 相	三相 AC 0～480 V
2	PE	屏蔽	
3	W	电源 W 相	三相 AC 0～480 V
4	V	电源 V 相	三相 AC 0～480 V
A	brake +	抱闸	DC 24 V
B	brake -	抱闸	DC 0 V
C	—	未定义	
D	—	未定义	

表 2-4-2　BSH 交流伺服电动机(55 mm 法兰)编码器、温度传感器接口各针脚定义

针　脚	名　称	含　义	信号范围
1	Sensor PTC	温度	
2	Sensor PTC	温度	
3	—	未定义	
4	REF SIN	REF 信号	
5	REF COS	REF 信号	
6	Data +	RS-485	
7	Data −	RS-485	
8	SIN +		
9	COS +		
10	U	电源	DC 7～12 V
11	GND	接地	DC 0 V
12	—	未定义	

知识点 2　认识 Lexium 05 伺服驱动器

1　Lexium 05 伺服驱动器的外形

施耐德 Lexium 05 是一种通用型交流伺服驱动装置,通常由一个上位 PLC 控制系统(如 Twido、Premium)来设置、监控给定值,与所选用的伺服电动机(如 BSH 交流伺服电动机)配合使用,即可组成紧凑而又性能强大的驱动系统。Lexium 05 伺服驱动器的外形如图 2-4-3 所示。

Lexium 05 伺服驱动器正面安装带有显示器和按钮的操作面板,可用来进行参数设置,如图 2-4-4 所示。操作面板上各部分功能说明如下:

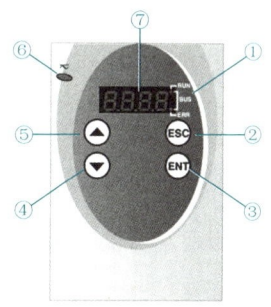

图 2-4-3　Lexium 05 伺服驱动器的外形　　图 2-4-4　Lexium 05 伺服驱动器的操作面板

①LED,用于指示现场总线运行状态的发光二极管。

②"ESC"按钮,用于退出菜单或者退出参数设置状态,也可以从所显示的值返回到上一次保存的值。

③"ENT"按钮,用于调用菜单或者参数,也可以将所显示的值保存在 EEPROM 之中。

④下按钮,用于切换到下一菜单或者参数,也可以用于减小所显示的值。

⑤上按钮,用于切换到上一菜单或者参数,也可以用于增大所显示的值。

⑥红色 LED,发光时表示直流母线欠压。

⑦4 位 7 段式数码管显示器,用于状态显示。

2 Lexium 05 伺服驱动器的接口

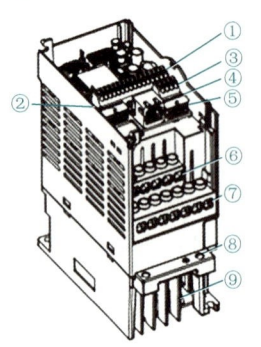

图 2-4-5 Lexium 05 伺服驱动器的内置接口

Lexium 05 伺服驱动器的功率为 0.4~6.0 kW,它内置了 EMC 滤波器,具备掉电安全功能,支持 CANopen 和 Modbus 通信方式。Lexium 05 驱动器内置多种接口,可实现多种操作控制模式,其内置接口如图 2-4-5 所示,各部分功能说明如下:

①输入/输出信号接线端子 CN1(压簧端子),可用在转速控制和电流控制(转矩控制)运行模式中,有两个±10 V 模拟给定值输入端;也可用作 8 个数字输入/输出端(配置取决于所选择的运行模式);还可用于现场总线控制方式所需的 CANopen 接线。

②12 极插座 CN2,用于电动机编码器(SinCos-Hiperface 传感器)。

③接线端子 CN3,用于连接 24 V 电源。

④RJ45 插座 CN4,可用于 Modbus 或 CANopen 现场总线通信时连接,也可用于连接安装有 PowerSuite 软件的 PC,还可用于连接移动操作终端。

⑤10 极插座 CN5,用于在转速控制和电流控制运行模式中,通过 A/B 编码器信号将电动机实际位置反馈给某个上位控制器(如配有运动控制卡的 PLC),也可用于在电子齿轮比运行模式中反馈脉冲/方向信号或者 A/B 编码器信号。

⑥连接电源用的接线螺钉。

⑦连接电动机和外接制动电阻的接线螺钉。

⑧EMC 安装板用的角钢。

⑨散热板。

3 Lexium 05 伺服驱动器的参数

Lexium 05 伺服驱动器的参数在操作面板上以菜单导航方式表示,菜单结构如图 2-4-6 所示。

用户第一次使用 Lexium 05 伺服驱动器时,必须将其切换到 FSU 状态。这就需要执行一次 First Setup 操作,对驱动器进行配置以适应用户使用的要求(注意:如果选择现场总线控制方式,需要配置地址和通信速率,尽管这些设置没有包含在 First Setup 中)。可以利用 PowerSuite 软件或操作面板完成初始设置,PowerSuite 软件的使用请自行查阅相关手册。

项目 4 伺服控制系统安装与调试　　163

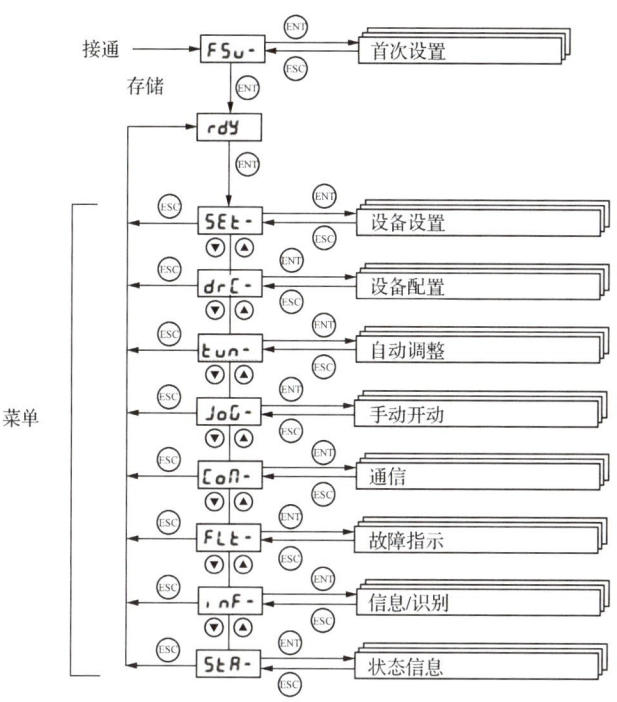

图 2-4-6　菜单结构

知识点 3　Lexium 05 伺服驱动器控制方式

1 伺服控制器与伺服电动机配合的两种控制方式

Lexium 05 伺服驱动器和 BSH 交流伺服电动机相配合，有两种控制方式：本地控制方式和现场总线（通信）控制方式。

本地控制方式下，伺服驱动器的参数可以通过操作面板、远程或 PowerSuite 软件进行定义，其电路接线如图 2-4-7 所示。采用这种控制方式时，可以使用模拟信号（±10 V）或者 RS-422 信号（脉冲/方向或者 A/B）进行设置。在这种控制方式下，行程开关和原点传感器输入不由伺服驱动器管理。本地控制方式下可以实现手动、电流控制、转速控制和电子齿轮比这四种运行模式。

现场总线控制方式下，整台伺服驱动器启动参数和与操作模式有关的参数可以通过通信访问，也可以通过操作面板或 PowerSuite 软件定义，其电路接线如图 2-4-8 所示。采用这种控制方式时，可以使用模拟信号（±10 V）、RS-422 信号（脉冲/方向或者 A/B）或者通过现场总线指令进行设置。现场总线控制方式下可以实现手动、电流控制、转速控制、电子齿轮比、点到点、速度特征曲线和找零定位七种运行模式。

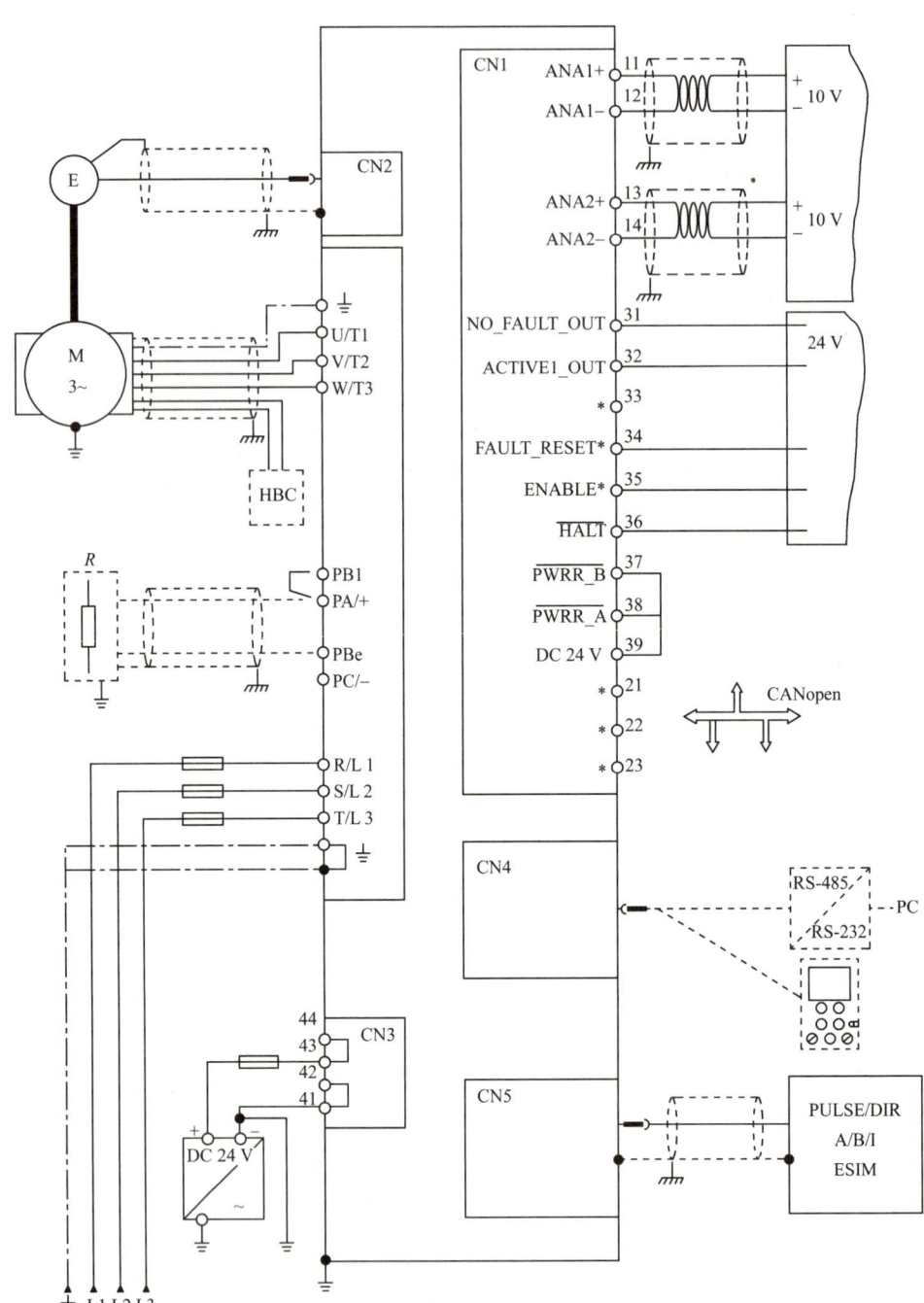

图 2-4-7 本地控制方式的电路接线

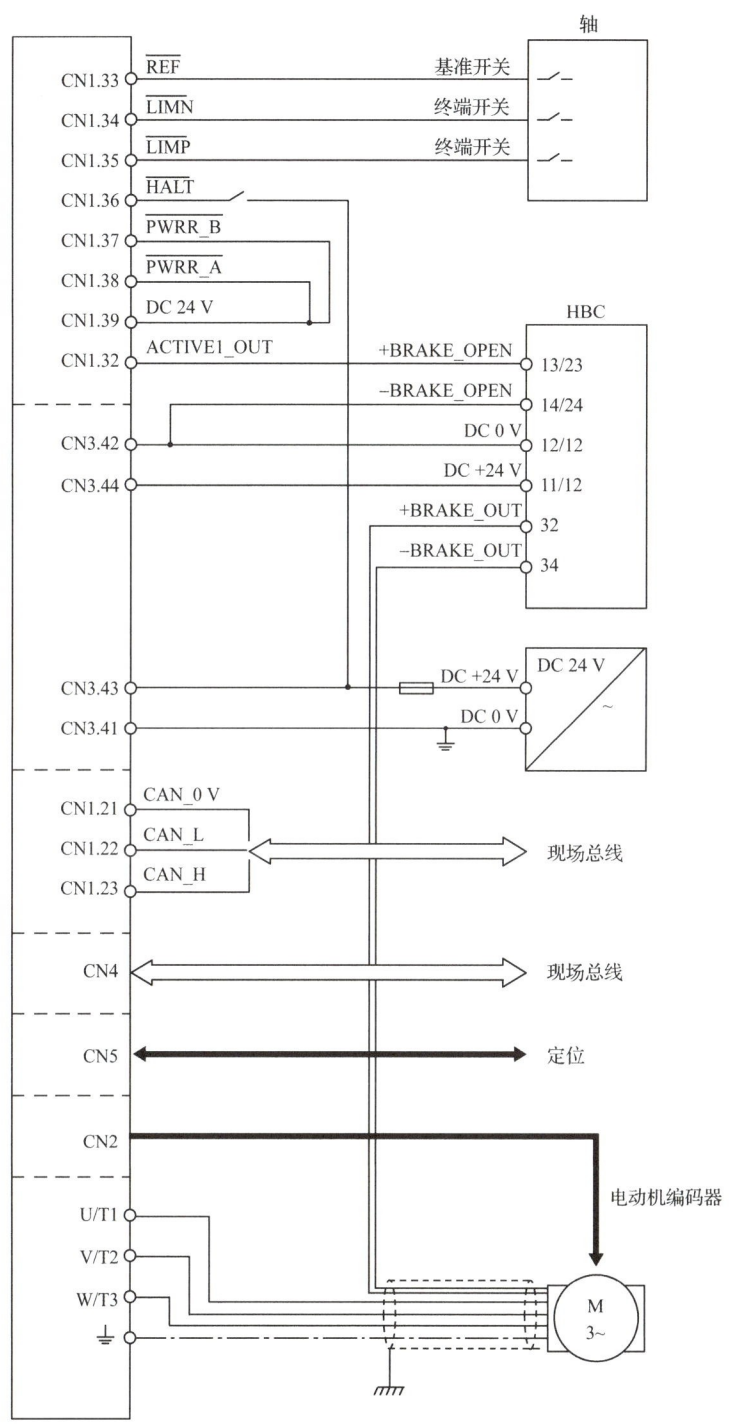

图 2-4-8 现场总线控制方式的电路接线

2 控制方式的参数

通过设置参数 DEVcmdinterf(dEUC)可以确定如何对设备进行控制,见表2-4-3。

表 2-4-3　　　　　　　　　　参数 DEVcmdinterf 的设置

参数名称 代码 菜单,代码	说　明	单位 最小值 默认值 最大值	数据类型 读/写 可持久保存 仅供专家设置	通过现场总线指定参数地址
DEVcmdinterf DEVC NONE dEUC	确定设备控制器: 0/none:未定义(默认) 1/IODevice/IO:本地控制 2/CANopenDevice/CanO:CANopen 通信控制 3/ModbusDevice/Modb:Modbus 通信控制 注意:只有在下次接通时,才会激活所更改的设置(例外情况:当执行"首次设置"时更改数值0)	— 0 0 4	UINT16 读/写 可持久保存 —	CANopen 3005:1h Modbus 1282

由表 2-4-3 可知,当参数 DEVcmdinterf ＝ IODevice(dEUC＝ⁱo)时,Lexium 05 伺服驱动器选择本地控制方式。

通过参数 IOdefaultMode(ⁱo-П),可以设置在每次接通后设备应以何种默认运行模式工作,见表2-4-4。

表 2-4-4　　　　　　　　　　参数 IOdefaultMode 的设置

参数名称 代码 菜单,代码	说　明	单位 最小值 默认值 最大值	数据类型 读/写 可持久保存 仅供专家设置	通过现场总线指定参数地址
IOdefaultMode IO—M drC- ⁱo-П	确定设备控制器: 0/none/none:无(默认) 1/CurrentControl/Curr:电流控制 (ANA1 的给定值) 2/SpeedControl/Sped:转速控制 (ANA1 的给定值) 3/GearMode/Gear:电子齿轮比 注意:只要驱动装置转入 Operation-Enable(操作使能)状态且 IODevice/IO 已设置在 DEVcmdinterf 之中,就会自动激活该运行模式	— 0 0 3	UINT16 读/写 可持久保存 —	CANopen 3005:3h Modbus 1286

项目 4 伺服控制系统安装与调试

实训任务 熟悉 Lexium 05 伺服驱动器功能

1 任务目标

(1)学会使用 Lexium 05 伺服驱动器的操作面板。
(2)掌握 Lexium 05 伺服驱动器的导航菜单与参数设置。
(3)掌握 Lexium 05 伺服驱动器与 BSH 交流伺服电动机的硬件连接。
(4)掌握利用操作面板实现伺服控制系统本地控制方式。
(5)学会查阅 Lexium 05 伺服驱动器用户手册。

2 所需设备

Lexium 05 伺服驱动器、BSH 交流伺服电动机(型号 BSH0551T11A2A)。

3 任务实施步骤

(1)了解由 Lexium 05 伺服驱动器和 BSH 交流伺服电动机组成的伺服控制系统。
(2)熟悉 Lexium 05 伺服驱动器和 BSH 交流伺服电动机,查阅两个设备的用户手册。
①观察安装于实训网孔板上的 Lexium 05 伺服驱动器和 BSH 交流伺服电动机,熟悉其外形。
②观察并确认实训所使用的 Lexium 05 伺服驱动器和 BSH 交流伺服电动机,了解其型号规格的含义。
(3)实现伺服控制系统本地(手动)控制方式运行。
①按照图 2-4-7 所示连接电路,Lexium 05 伺服驱动器上电后,可以从操作面板上看到 rdy (如果出现以 FLt- 开始的错误报警,按"ENT"按钮解除),然后,将伺服驱动器恢复出厂设置,具体操作步骤如图 2-4-9 所示。

图 2-4-9 伺服驱动器恢复出厂设置操作步骤

②设置 I/O 方式为本地控制方式。本实训任务默认设置为转速控制运行模式,具体操作步骤如图 2-4-10 所示。

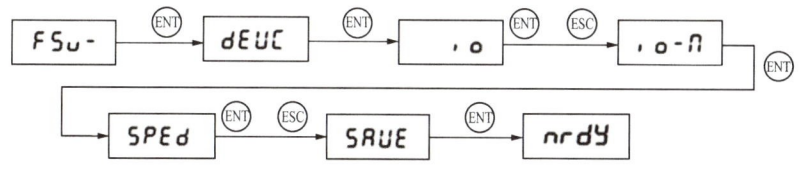

图 2-4-10 伺服驱动器本地控制方式设置操作步骤

③将 Lexium 05 伺服驱动器上电重启。

④设置 BSH 交流伺服电动机的额定转速换算比。伺服电动机转速由 ANA1＋的电压来设置，ANA1＋的最高电压允许值为 10 V。如图 2-4-11 所示操作步骤是将额定转速设置为 4 000 r/min，对应模拟输入电压为 10 V。若电动机的运行转速为 1 500 r/min，则对应输入电压为 3.75 V。

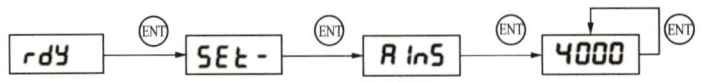

图 2-4-11 伺服电动机额定转速设置操作步骤

⑤将对应于 ANA1＋的旋钮旋至最小值，并将 Lexium 05 伺服驱动器的 FAULT、RESET、ENABLE 和 $\overline{\text{HALT}}$ 端子接低电平(0 V)。

⑥启动 BSH 交流伺服电动机，将 Lexium 05 伺服驱动器的 $\overline{\text{HALT}}$ 端子接高电平(DC 24 V)，再把 ENABLE 端子接高电平(DC 24 V)。

⑦顺时针转动对应于 ANA1＋的旋钮，观察 BSH 交流伺服电动机的实际转速，操作步骤如图 2-4-12 所示。

图 2-4-12 观察伺服电动机实际转速操作步骤

⑧BSH 交流伺服电动机停止运行，将 Lexium 05 伺服驱动器的 ENABLE 端子接低电平(0 V)。

(4)完成实训任务后，将变频器恢复出厂设置，关闭电源。

4 思考

(1)Lexium 05 伺服驱动器和 BSH 交流伺服电动机组成的伺服控制系统如何实现本地控制方式下电流控制和电子齿轮比控制运行模式？

(2)伺服控制系统现场总线控制方式如何实现？

任务 2　伺服控制系统安装与调试

知识点 1　伺服控制系统的三种控制方式

一般伺服控制系统有三种控制方式：速度控制方式、转矩控制方式和位置控制方式。速度控制和转矩控制都是通过模拟量实现的，而位置控制是通过发脉冲的方式来实现的。

(1) 主电路

如图2-4-13所示为三菱MR-J3-A型伺服放大器的主电路。图中，CNP1、CNP2、CNP3为主电路接插件；L1、L2、L3为三相220 V电源进线；U、V、W为伺服电动机接线；L11、L21为伺服驱动器内部提供控制电源；P1、P2连接改善功率因数的直流电抗器，由于直流电抗器是可选件，当系统配置无该电抗器时，P1、P2短接；P、C连接制动电阻，由于伺服驱动器标准配置中已在C、D间内置制动电阻，因此只有当负载需要快速停车等特殊要求时，才需要选择外部制动电阻这一可选件；CN1中ALM在无故障报警正常运行时为"ON"，在内部故障报警时为"OFF"，这样，通过主电路控制电路可使伺服驱动器在发生内部故障报警时立即脱离电源，从而起到保护作用。

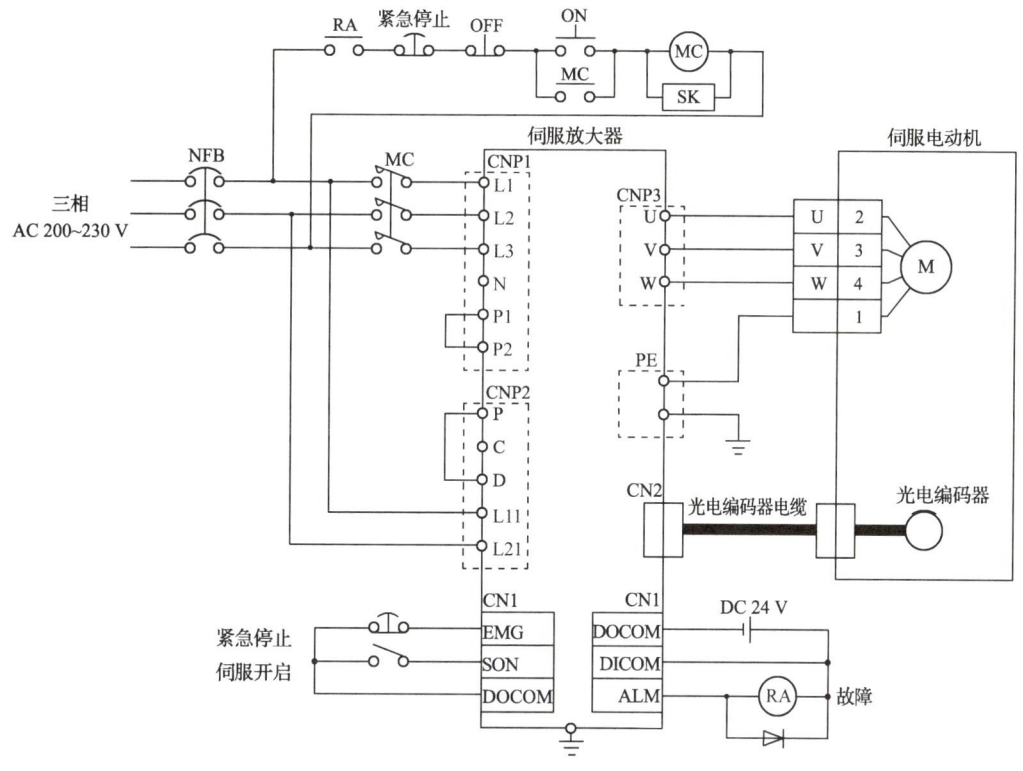

图 2-4-13　三菱 MR-J3-A 型伺服驱动器的主电路

(2) 控制电路

图2-4-14～图2-4-16所示三菱MR-J3-A型伺服驱动器控制系统的三种控制方式电路中，CN1、CN5、CN6为控制回路接插件。一般，由于伺服电动机已配置光电编码器，所以伺服驱动器与伺服电动机应配对使用。

1　速度和转矩控制方式

如图2-4-14、图2-4-15所示分别为伺服控制系统的速度和转矩控制方式电路。由图可见，这两种方式下的电路接线基本是一致的，其速度和转矩的给定信号均来自于外部模拟量

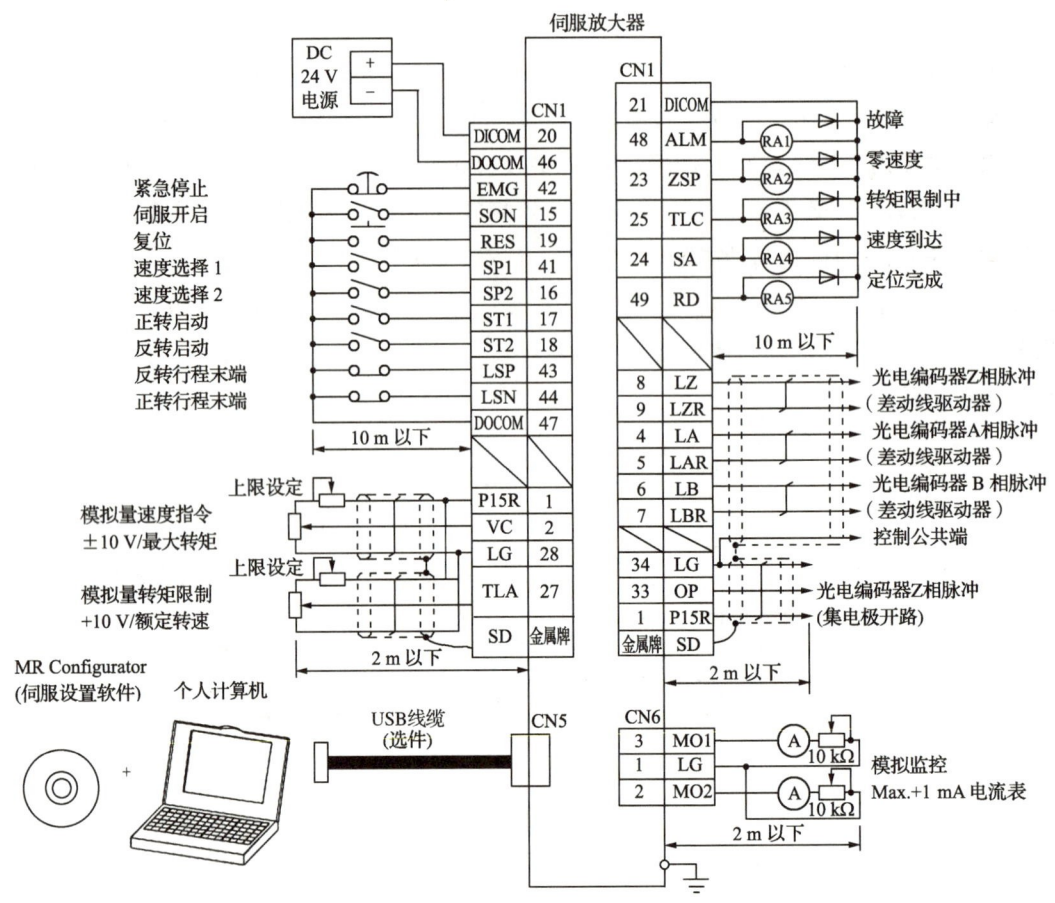

图 2-4-14 伺服系统的速度控制方式电路

给定,旋转方向、速度控制等均由逻辑输入控制。由于伺服控制系统本身是由高精度光电编码器组成的闭环控制,因此无论速度或转矩运行均能达到很高的控制精度。

在速度控制方式下,通过外部模拟量速度指令(DC 0～±10 V)或参数设置的内部速度指令(最大七速),可对伺服电动机的速度和方向进行高精度平稳控制。另外,还具有用于速度指令的加/减速时间常数设置功能、停止时的伺服锁定功能和用于外部模拟量速度指令的偏置自动调整功能。

在转矩控制方式下,通过外部模拟量转矩输入指令(DC 0～±8 V)或参数设置的内部转矩指令可以控制伺服电动机的输出转矩。具有速度限制功能(外部或内部设定),可以防止无负载时电动机速度过大,可用于张力控制等场合。

2 位置控制方式

如图 2-4-16 所示为伺服控制系统的位置控制方式电路。位置控制方式的位置给定一般由脉冲给定,图中,PP、PG 和 NP、NG 两组端子即内脉冲给定端子。在高精度位置系统中,控制脉冲一般由专用的运动控制器提供,图 2-4-16 中是由运动控制器 QD75D 提供控制

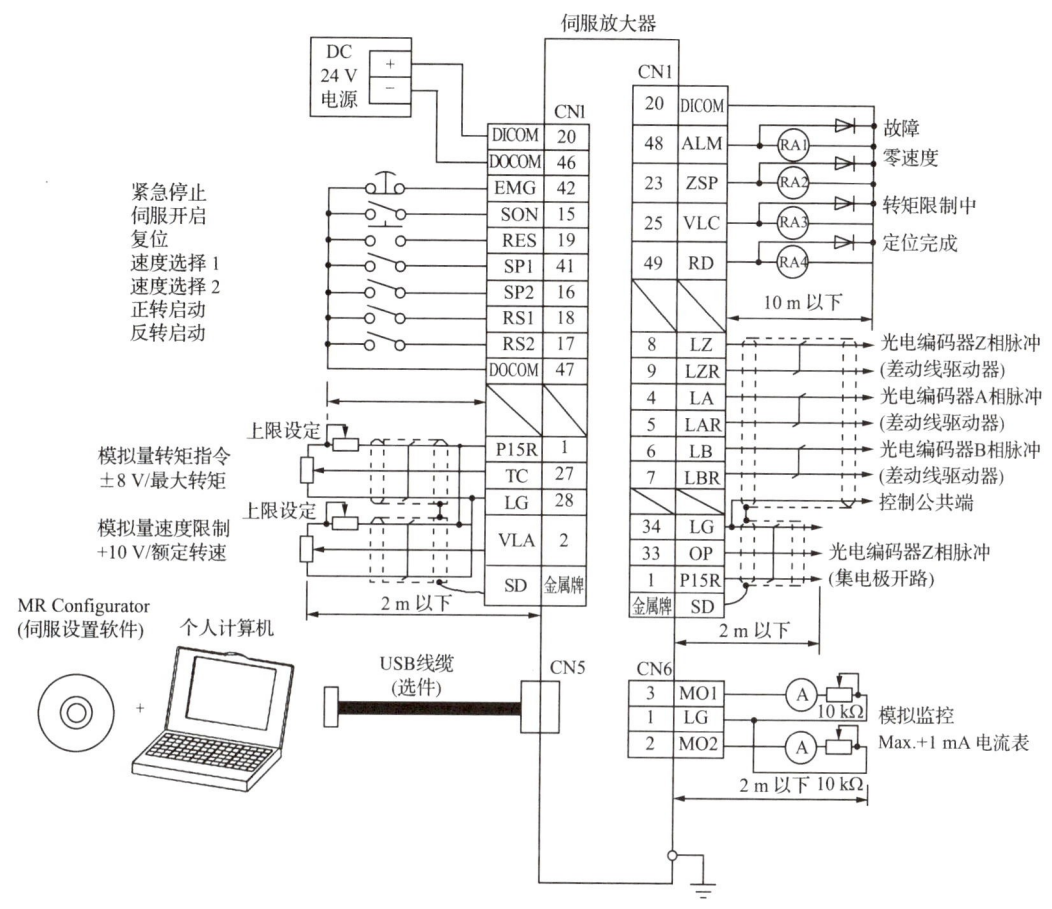

图 2-4-15 伺服控制系统的转矩控制方式电路

脉冲。大中型 PLC 一般都具有运动控制器,小型 PLC 也具有高速脉冲(20 kHz 左右)输出功能,都可作为伺服控制器的信号源。位置控制方式中的伺服电动机旋转方向由内部参数及外部脉冲给定形式确定,控制方式如图 2-4-17 所示。如图 2-4-17(a)所示,两路脉冲分别控制伺服电动机正/反转,其中 PP－PG 为正转脉冲,NP－NG 为反转脉冲,当两路均无脉冲输入时,伺服电动机停止运转,这种方式需要两路高速脉冲信号。如图 2-4-17(b)所示,NP－NG 为方向信号,PP－PG 为脉冲信号,这时仅需一路高速脉冲信号。

其他控制信号的含义如下:

伺服开启:该信号闭合,伺服控制器工作,若此时伺服控制器未加其他信号,伺服电动机表现为励磁回路工作,输出轴已有转矩输出。

比例控制:相当于电子齿轮比运行模式,伺服控制器内部另有参数可以定义电子齿轮的比例。输入脉冲相当于机械齿轮的输入轮,输出脉冲相当于机械齿轮的输出轮。

正/反转位置极限:这是位置运行的极限位置,该信号有效,伺服电动机停止运行。

光电编码器输出信号:伺服控制器一般均具有脉冲输出功能,在电子齿轮比控制时为下一传动单元提供输入脉冲。

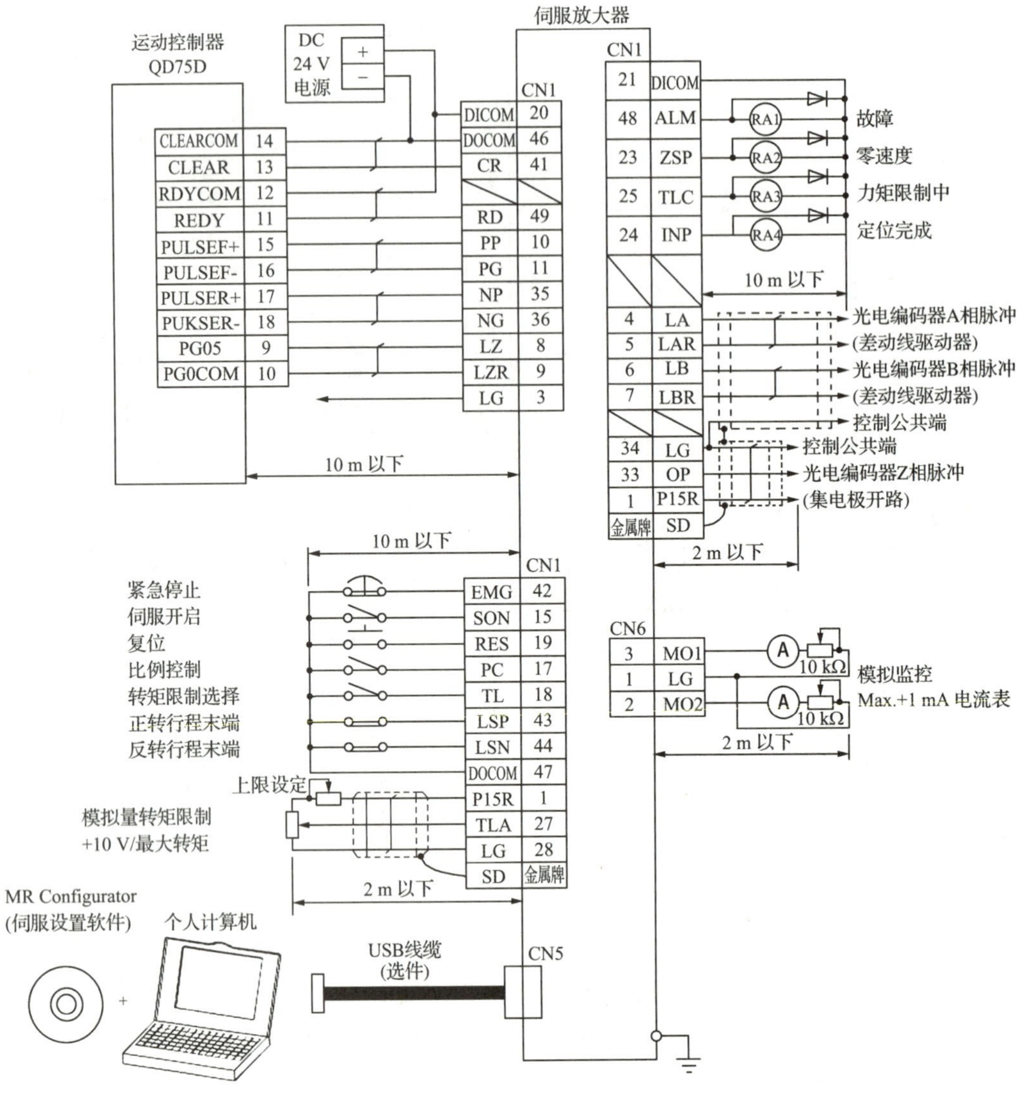

图 2-4-16 伺服控制系统的位置控制方式电路

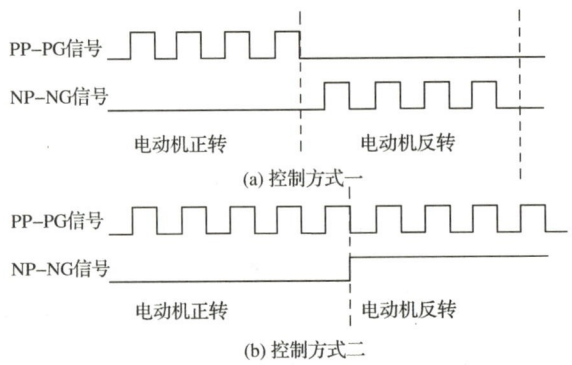

图 2-4-17 运动控制器提供的控制脉冲

知识点 2 电子齿轮比控制系统

如图 2-4-18 所示为电子齿轮比控制系统的组成。图中,异步电动机的后出轴处安装了光电编码器,光电编码器的输出信号直接作为伺服驱动器的给定信号。将伺服驱动器的输入信号设置为外部脉冲并设置电子齿轮比参数,这时伺服控制系统就工作在电子齿轮比运行模式,其输出速度严格按照所设置的电子齿轮比运行。若从机械传动的角度分析,这时异步电动机相当于主动轮,而伺服电动机就相当于从动轮。若将异步电动机更换为伺服电动机,就组成了位置随动系统。

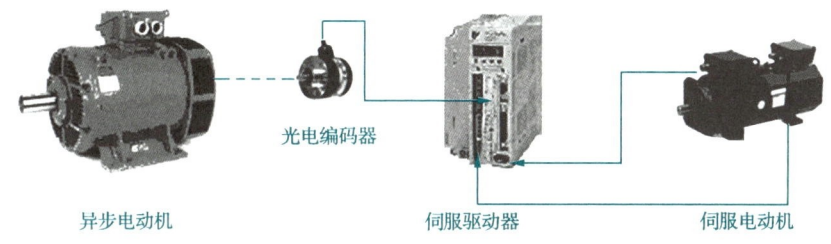

图 2-4-18 电子齿轮比控制系统的组成

如图 2-4-19 所示为由 ATV71 型变频器、Lexium 05 伺服驱动器组成的电子齿轮比控制系统电路。由于本系统涉及的知识点比较多,属于自动化综合控制应用,在此仅提出系统的解决思路。

图 2-4-19 中,控制 PLC 是 Twido 系列 PLC。在 PLC 的基本单元中扩展了一个 Modbus 通信口,还扩展了一个模拟量输出模块。ATV71 型变频器和 Lexium 05 伺服驱动器是本系统的执行单元,异步电动机的光电编码器信号直接进入伺服驱动器的 CN5 端子。从系统组成来看,PLC 模拟量信号输出至变频器,使变频器按照设置的曲线运行,通过设置伺服驱动器的电子齿轮比参数,两台电动机可按照所设置的电子齿轮比参数运行。

在本系统中,Modbus 通信口的功能是实时读取变频器及伺服驱动器的运行参数,如变频器输出频率、异步电动机输出转速、变频器进线电压、异步电动机电流等参数,同时读取伺服电动机转速,将这些参数同时在触摸屏上显示出来,实时观察电子齿轮比控制系统的运行情况。由于伺服电动机的响应速度很快,所以控制精度较高,可应用于精确牵伸、位置随动等工业现场控制。

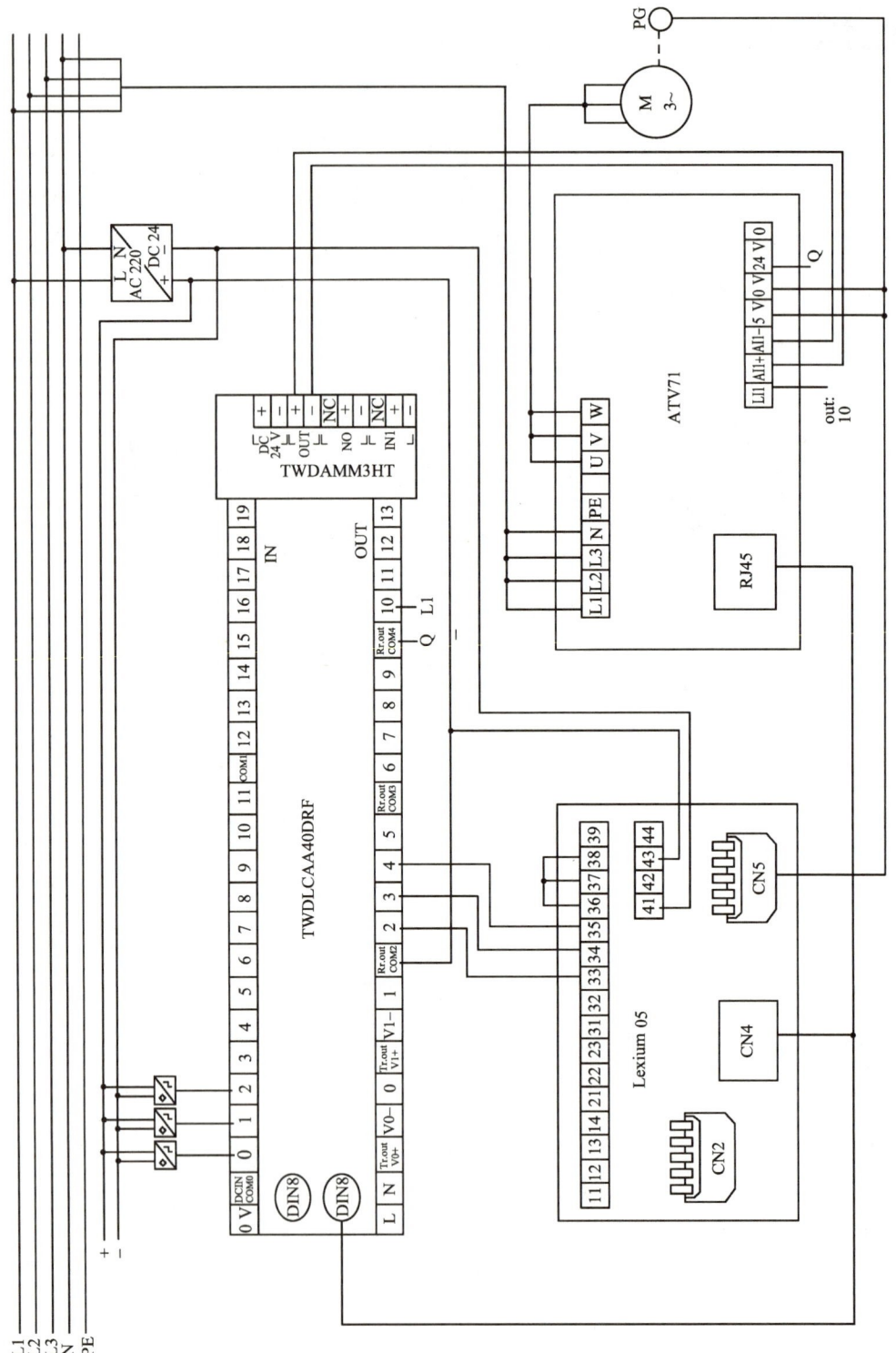

图 2-4-19 由 ATV71 型变频器、Lexium 05 伺服驱动器组成的电子齿轮比控制系统电路

实训任务 伺服控制系统单轴位置控制方式实现

1 任务目标

(1) 了解丝杠的主要特性参数,掌握丝杠轴向直线运动与伺服电动机旋转运动的换算关系。
(2) 正确、规范绘制小型伺服控制系统的主电路与控制电路。
(3) 掌握传感器及周边电气元件与 Twido 系列 PLC 的连接方法。
(4) 掌握 Twido 系列 PLC 与 Lexium 05 伺服驱动器的硬件连接方法。
(5) 编制程序实现伺服控制系统单轴位置控制方式。
(6) 掌握伺服控制系统的调试方法。

2 所需设备

具备高速脉冲输出功能的 PLC、伺服驱动器、伺服电动机、单轴丝杆位置控制载体、限位开关、实训台。

3 控制要求

如图 2-4-20 所示为两种纱线的卷装方式。由图可见,卷装动程机构在卷绕过程中呈单边或双边减小。在传统纺织机械设备中,卷装动程机构一般采用凸轮控制方式。随着纱线的直径越来越小,工艺上对设备的速度要求越来越高,凸轮控制方式已不足以满足以上要求,而小惯量伺服电动机具有惯量小、动态响应速度快的特点,因而得到了普遍的应用,应用于卷装动程机构的伺服控制就是典型的伺服控制系统单轴位置控制。

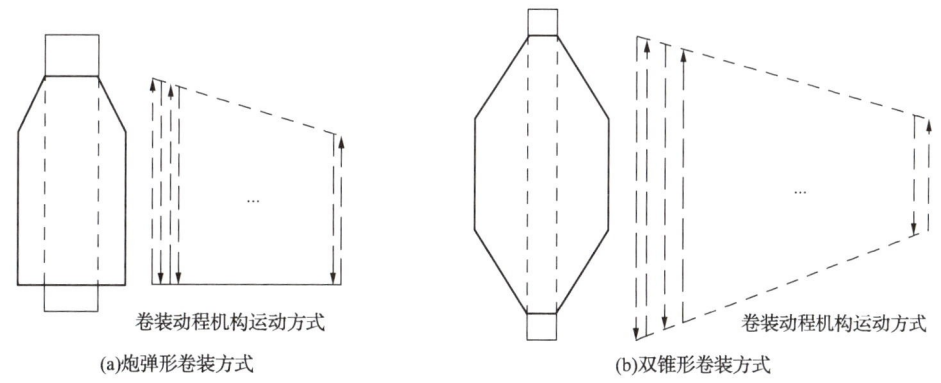

(a) 炮弹形卷装方式　　　　　(b) 双锥形卷装方式

图 2-4-20　两种纱线的卷装方式

4 任务实施

(1) 根据现有实训设备,查阅相关手册,设计控制伺服控制系统单轴位置控制电路并进行接线。

(2)对 Lexium 05 伺服驱动器进行必要的参数设置。

(3)根据纱线卷装的位置控制要求编制 PLC 程序,并将程序下载到 PLC 中。

(4)调试并运行。

本系统的主要难度在于 PLC 的程序编制。例如每次位移距离到达后,需马上进入下一动作过程,脉冲数要在方向改变前进行定义,而且 Twido 系列 PLC 的高速脉冲输出指令在整个程序中只允许出现一次,因此要求有比较高的编程技巧。有兴趣的同学可以进行程序编制,在此就不作进一步的描述。

应用篇

直流电动机和交流电动机自19世纪诞生以来,由于技术上的原因,在很长一段时期内,需要进行调速控制的拖动系统中大多采用直流电动机调速,而交流异步电动机主要应用于不需要调速的拖动系统中。

但是,由于结构上的原因,直流电动机存在以下缺点:

(1)需要定期更换电刷和换向器,维护保养困难,寿命较短。

(2)存在换向火花,难以应用于存在易燃易爆气体的恶劣环境。

(3)结构复杂,难以制造大容量、高转速和高电压的直流电动机。

而与直流电动机相比,交流电动机则具有以下优点:

(1)结构坚固,工作可靠,易于维护保养。

(2)不存在换向火花,可以应用于存在易燃易爆气体的恶劣环境。

(3)容易制造大容量、高转速和高电压的交流电动机。

因此,人们希望能够用可调速的交流电动机来代替直流电动机,并在交流电动机的调速控制方面进行了大量的研究和开发。近年来,随着电力电子技术、微电子技术、计算机技术、自动控制技术的迅速发展,交流变频调速以其优异的调速和启动、制动性能,高效率、高功率因数和节电效果,被国内外公认为最有发展前途的调速方式,成为当今节电、改善工艺流程以及提高产品质量和改善环境、推动技术进步的手段,在社会生产的各领域得到了广泛的应用。

工程实践中,应用变频调速的目的主要有三个:

(1)速度控制:根据系统需求实现最佳运行速度和加/减速控制。不仅如此,随着控制技术的发展,变频调速还具有多种算术运算和智能控制功能,输出精度高达0.01%~0.1%。它还设置有完善的检测、保护环节,因此在印刷、电梯、纺织、机床、生产流水线等自动化系统中得到了广泛的应用。

(2)节能运行:风机、泵类负载采用变频调速后,节电率可达到20%~60%,这是因为风机、泵类负载的实际消耗功率基本与转速的三次方成比例。目前,应用较成功的有恒压供水、各类风机、中央空调和液压泵的变频调速等。

(3)提高工艺水平和产品质量:变频调速还广泛地应用于传送、起重、挤压和机床等各种机械设备的控制领域,它可以提高工艺水平和产品质量,减小噪声,延长设备使用寿命。采用变频调速后,可以使机械设备简化,操作和控制更具人性化,有的甚至可以改变原有的工艺规范,从而提高整个设备的功能。

应用 1 变频器的调速应用

1.1 炼铁高炉上料小车的调速控制

炼铁高炉是钢铁企业的主要设备之一，3 000 m³ 以下的炼铁高炉所需的原料如铁矿石、焦炭、球团矿及其他添加剂等需通过上料小车成一定配比地输送到炉顶。上料小车是由卷扬机来传动的，其运行系统如图 3-1-1 所示。卷扬机的电动机一般采用变频器控制，这是一个典型的交流变频速度控制系统。

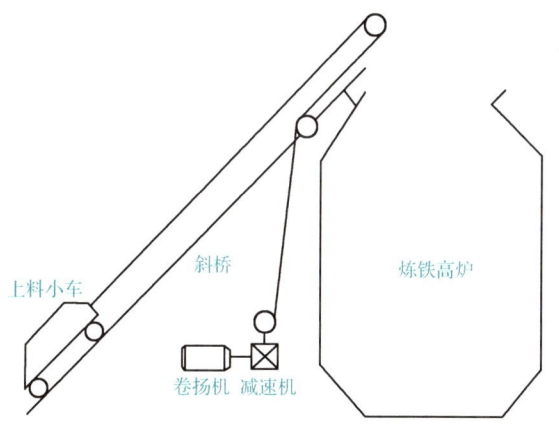

图 3-1-1 上料小车运行系统

1 控制要求

上料小车的变频调速系统需考虑以下几个方面的问题：
（1）对斜桥下端的上料小车装料位置和斜桥上端的上料小车卸料位置有严格的要求。

在斜桥上通常安装有行程开关,在上料小车运动到相应的位置后应通过变频器制动使上料小车快速准确停车。

(2)由于卷扬机通过钢缆牵引上料小车,为防止钢缆松滑,上料小车应以较小的加速度启动,并且电动机要具有足够大的启动转矩以确保重载启动。

(3)如图3-1-1所示为单上料小车运行系统,在上料小车下降过程中,电动机处于再生制动状态。为避免再生发电问题,在实际应用中一般采用双上料小车运行系统,如图3-1-2所示。双上料小车运行状态下,电动机正转时,左上料小车(满车)上升,右上料小车下降;电动机反转时,右上料小车(满车)上升,左上料小车下降。可见,无论电动机是正转还是反转,电动机总是处于电动状态,很好地解决了电动机再生发电问题,且空上料小车还可以起到平衡配重块的作用,节约了电能。

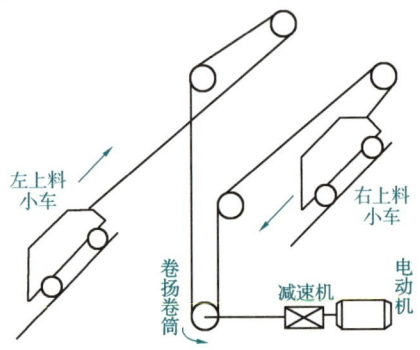

图 3-1-2　双上料小车运行系统

2 控制方法

根据以上控制要求,上料小车运行速度曲线如图3-1-3所示。图中,t_1时间内空上料小车自卸料位置下行,重上料小车自装料位置上行,这是上料小车的启动时间,其加速度较小;t_2时间内小车加速,经过t_3时间的快速运行后,重上料小车进入卸料区第一次减速,减速时间为t_4,在卸料区慢速运行时间t_5后,重上料小车在t_6时间内第二次减速并快速停车。由图3-1-3可见,在上料小车的整个运动过程中,有两个加速时间和两个减速时间,因此可将变频器的两个逻辑输入端定义为加速、减速时间选择功能,其运行状态的转换信号来自行程开关。

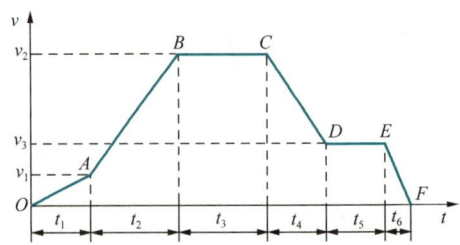

图 3-1-3　上料小车运行速度曲线

为实现上料小车的速度控制要求,系统中电动机的运行速度及加/减速时间由变频器设定,而变频器各工作阶段的切换则由PLC根据行程开关状态及定时的时间段进行控制,是一个小型的综合控制系统,变频器的参数设置及PLC程序的编写根据图3-1-3所示曲线进行即可,在此不再赘述。

注意,为保证上料小车的准确停车,应正确选择制动单元及制动电阻,其规格及匹配需参照有关变频器的使用说明书进行。此外,上料小车卷扬系统是钢铁生产中的重要环节,应保证绝对安全可靠,加上生产现场环境较为恶劣,因此系统还应具有必要的故障检测和诊断功能。

3 调速效果

实践表明,采用 PLC 变频调速控制系统提高了系统运行的稳定性、工作的可靠性,操作和维护也很方便,同时节约了大量电能。当系统采用无速度反馈的矢量控制方式对电动机的速度进行控制时,还可以获得大的转矩,瞬态响应特性得到进一步改善,系统运行速度稳定,在低频时具有较大的启动转矩,满足低频重载启动要求。

1.2 纺织印染后整理设备多电动机同步系统

纺织印染行业中,白坯布需要经过印染后整理设备的整理、染色等工序后,才能成为服装面料。常用的印染后整理设备有显色皂洗机、退煮漂联合机、热风烘燥机、丝光联合机等。这些设备的传动电动机较多,如显色皂洗机一般有二十多个传动单元,退煮漂联合机一般有四十多个传动单元。工作时,布卷从设备进口进入,经过多个电动机传动后,在出口处再次形成布卷。为防止布匹在加工过程中跑偏、起皱并保证一定的张力,要求多个电动机保持同步运行。

1.2.1 传动单元及同步检测

如图 3-1-4 所示为轧车及水洗槽。图中,轧车的主动辊由三相异步电动机传动,其速度由变频器给定。水洗槽中,除了一个浮动辊外,其余全部为固定辊。系统同步运行(轧车 2 与轧车 1 线速度一致)时,浮动辊处于中间位置。当轧车 2 的线速度大于轧车 1 时,织物承受的张力增大,浮动辊向上运动;反之,织物承受的张力降低,浮动辊向下运动。浮动辊的两端装有气缸,气缸活塞带动电位器的滑动触点运动,可对当前浮动辊的位置进行检测,也就是对轧车进行同步检测。习惯上,将浮动辊及其同步检测装置统称为张力架。整机中,除了主令电动机 M_1 外,其余电动机均安装有张力架。

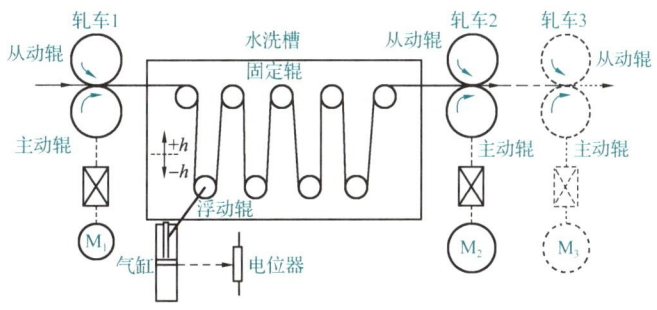

图 3-1-4 轧车及水洗槽

1.2.2 变频器同步控制

如图 3-1-5 所示为三单元同步控制系统。图中,INV₁ 为主令电动机变频器,INV₂、INV₃ 分别为轧车 2 以及轧车 3 的传动电动机变频器。INV₁ 的运行速度信号来自主控单元的主令给定,当主令信号确定后,整机的运行速度就确定了。

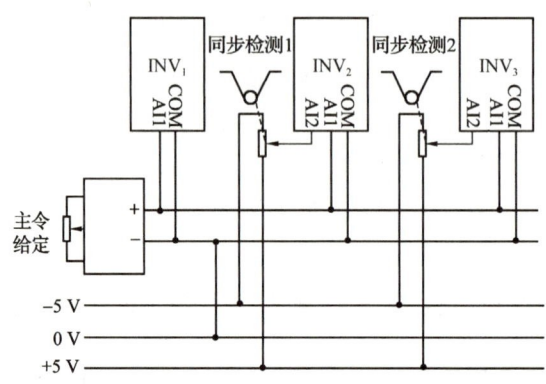

图 3-1-5　三单元同步控制系统

本系统中,为保证轧车 2、轧车 3 与轧车 1 的同步运行,变频器 INV₂、INV₃ 的速度由主令信号和同步检测装置共同给定。由图 3-1-5 可知,电位器接 ±5 V 直流电源,当电位器处于中间位置时,给定信号为 0 V。同步检测信号输入至变频器辅助模拟量输入端 AI2 后,可通过变频器内部参数设定得到如下速度控制信号:

$$V_F = k_1 V_{AI1} + k_2 V_{AI2} \tag{3-1-1}$$

式中,k_1、k_2 为 0~1。

由图 3-1-4 可知,当轧车 2 速度增大时,织物张力增大,浮动辊上移,变频器辅助模拟量输入端 AI2 的信号为负,速度控制信号 V_F 变小,使轧车 2 速度减小,浮动辊下移,最终张力架稳定在中间位置。

1.2.3 变频器参数设定及调试注意事项

在此类设备中,电动机除了传动轧车外还要传动蒸汽烘筒等多种形式的部件,这些部件的传动辊直径一般是不同的。为保证速度设定值变化后整机速度能平稳变化,张力架始终处于中间位置,在对变频器的参数进行设定及设备调试时需注意以下几个方面的问题。

1 最大模拟量输入时的最高运行频率

最大模拟量输入时的最高运行频率与传动辊直径成反比。一般地,轧车传动辊的直径为 φ300 mm,蒸汽烘筒直径为 φ500 mm。因此,当轧车变频器的最高运行频率设定为 50 Hz 时,蒸汽烘筒变频器的最高运行频率应设定为 30 Hz。

2 加/减速时间

与最高频率的设定相同,变频器的加/减速时间设定值也应与传动辊的直径成反比。

3 电位器电源极性

设备中,电位器电源极性取决于同步检测信号所控制的电动机位置。图 3-1-4 中,轧车 2 位于轧车 1 之后,同步检测信号送入变频器 INV$_2$ 以控制电动机 M$_2$,使轧车 2 与轧车 1 保持同步,此时电位器连接±5 V 电源的情况如图 3-1-5 所示。若 M$_3$ 为主令电动机,同步检测信号送入变频器 INV$_2$ 以控制电动机 M$_2$,使轧车 2 与轧车 3 保持同步时,需将电位器两端连接的±5 V 电源极性进行调换,其原因:一旦 M$_2$ 速度增大,位于轧车 2 和轧车 3 之间的张力架电位器滑动触头必然下移,为使 M$_2$ 速度减小,此时变频器辅助模拟量输入端 AI2 应为负电压,即电位器下端应接−5 V 电源。

4 主令信号、±5 V 电源容量

当整机传动电动机数量比较多时,须注意主令信号给定装置以及±5 V 电源的容量问题。由图 3-1-5 可知,主令信号给定装置的负载阻抗为全部变频器输入阻抗的并联;±5 V 电源的负载阻抗为全部张力架电位器阻抗的并联。一般地,变频器模拟输入通道的输入电阻可达 15~20 kΩ,张力架电位器的阻值是 5 kΩ,因此更应注意±5 V 电源的带负载能力。

5 张力值的控制

从系统的示意图及控制性能分析可以看出,变频器对轧车速度的调整是在一定张力下实现的轧车同步运行,织物张力的大小则主要取决于气缸的气压大小。显然,在气缸活塞的整个行程范围内,张力是变化的,这也是造成系统动态性能变差的主要原因。不过,随着直接张力检测、气动伺服阀等技术出现,系统的动态性能已得到明显改善,并在薄型高档织物的加工过程中得到广泛应用。

6 张力架高、低限位及应用

系统中,浮动辊的移动范围受到高、低限位开关的限制,当任一高、低限位开关动作时,整机应自动停车。停车时,由于织物没有运动,张力架处于松弛状态,因此系统启动过程中应屏蔽所有高、低限位开关并慢车启动,待所有张力架基本处于中间位置后,方允许设备以正常速度运行。

在以上系统实施方案中,要求变频器具有两路电压模拟量输入通道,这对某些简易变频器而言是难以做到的,这时,可采用如图 3-1-6 所示的简易控制方法。由图可见,简易控制方法中取消了±5 V 电源,设 INV$_1$ 为主令变频器,则 INV$_2$、INV$_3$ 在正常运行中取得的信号为主令信号的 50% 左右。运行时,通过合理设定变频器最大模拟量输入时的最高运行频率就可以实现轧车同步运行。这种控制方式下,系统的动态性能、可调节的裕度均比上一种控制方式差,一般适用于同步单元不多、最高线速度不超过 60 m/min 的场合。

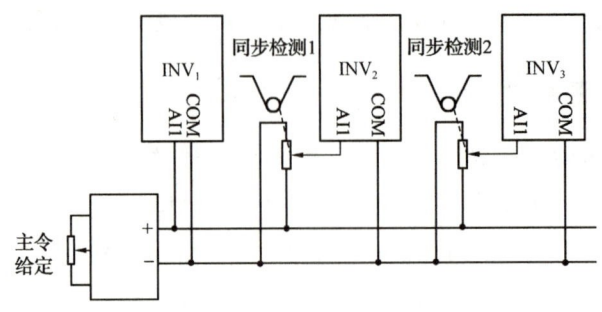

图 3-1-6 三单元简易同步控制系统

除以上同步实现方式外,目前还发展出由全数字通信控制的实现方式,将在后文中予以介绍。

应用 2　变频器的节能应用

变频器主要用于交流电动机（异步电动机或同步电动机）转速的调节，是公认的交流电动机最理想的调速方案。除了卓越的调速性能以外，变频器还有显著的节能作用，是企业技术改造和产品更新换代的理想装置。应用变频调速可以大大提高电动机转速的控制精度，使电动机在最节能的转速下运行。以风机、泵类二次方律负载为例，由于其机械功率与转速的三次方成正比，因此节电效果非常可观。此外，许多变动负载电动机一般按照最大需求来确定电动机的容量，设计裕量往往偏大，而实际运行中轻载运行的时间所占比例却非常高，采用变频调速后可大大提高轻载运行的效率，其节能潜力也是非常巨大的。

当然，并不是任何交流异步电动机负载使用变频器调速后均能实现节能。例如，电动机负载为向下运行的重力型负载时，重物向下运动将使电动机处于再生制动状态，如果直接采用工频电源供电，电能可以从电动机回馈至电网；但在采用通用型变频器拖动时，由于通用型变频器的整流单元为三相二极管整流桥，从电动机回馈的电能通过逆变单元的反并联二极管时，会使变频器的直流电压增大（泵升电压），从而恶化变频器的使用状态，因此一般均需采用制动单元及制动电阻使变频器直流母线电压减小。从这一点上来说，使用变频器不但没有节能效果，反而比用使用工频电源更加耗电。

2.1　变频器节能概述

2.1.1　工频下的变频器运行与节能

在负载、工况相同的情况下，交流电动机接运行频率为 50 Hz 的变频器与直接使用工频电源供电相比较，前者可以达到一定的节能效果但并不明显。这一结果主要由以下两个方面的因素造成：

一方面,使用变频器后,特别是接入交流电抗器和直流电抗器后,电源负载的功率因数可增大到 92%～95%,电能的利用率增大。这是由于变频器的工作原理是先将交流整流成直流后再逆变输出,其整流单元为单向导电的二极管整流模块,只有当电源线电压的瞬时值大于直流母线电压时,整流桥中才有充电电流。也就是说,变频器的进线电流是非正弦的,具有很大的高次谐波成分。高次谐波是影响变频器功率因数的主要因素,通过在变频器电源侧接交流电抗器以及在直流母线接直流电抗器抑制高次谐波可使变频器的功率因数增大到 0.9 甚至 0.95,减小了线路损耗,提高了电能利用率。而一般交流电动机的功率因数为 0.8 左右,因此在同样输出负载功率的情况下,使用 50 Hz 工频运行的变频器后从电源侧消耗的电能减小,节约了电能的使用。

另一方面,使用变频器后,电动机的发热要比工频运行大,温升要比工频运行高。这是因为变频器的输出是经过 SPWM 调制的高频脉冲序列,其中含有丰富的谐波分量。当具有高次谐波的电流流过电动机绕组时,将使运行电动机的铜损耗增大并引起附加损耗,从而引起绕组发热。此外,变频器本身也具有一定的电能消耗,如 IGBT 等功率元件的开关消耗、冷却风机、控制电源的电能消耗等。

恒转矩负载情况下,不同容量的变频器 50 Hz 工频运行时节电的实测值见表 3-2-1。

表 3-2-1　　　恒转矩负载下不同容量的变频器 50 Hz 工频运行时节电的实测值

电动机功率/kW	节电量/kW	节电率/(%)
7.5	1	13
13	1.8	13.8
17	2.4	14
22	3	14
30	4.2	14
45	5.6	13
55	7.7	14

根据表 3-2-1 及以上分析可以看出,变频调速系统在 50 Hz 工频运行条件下有一定的节能效果,并且电动机功率越大,节电量越多。但当电动机长期处于额定频率运行状态时,其节能效果并不明显,因此讨论变频器的节能运行,一般是指电动机运行在额定频率(50 Hz)以下时,通过变频调速实现的节能运行。

2.1.2　不同负载形式下的变频器运行与节能

由基础篇 1.5 节可知,电动机负载一般有三种形式:恒转矩负载、恒功率负载和二次方律负载。负载形式不同,采用变频器调速后,节能效果也不一样。

对于恒转矩负载,其消耗功率与转速成正比关系,因此在额定频率以下运行时功率消耗会随着转速的减小而减小,也就是说,恒转矩负载采用变频器控制在额定频率以下运行时具有节能效果。由于采用机械手段或其他非电气手段进行调速时也具有节能效果,所以从这一点来看,采用变频调速并没有特别的优势。实际上,恒转矩负载在采用变频器进行调速时,其主要目的并非节能,而是改善设备工艺特性和提高产品质量。

对于恒功率负载,由于负载功率为常数,因此采用变频器调速运行的目的绝不是节能。

在对卷绕机械这一典型的恒功率负载进行调速控制时,通常采用的是具有转矩控制的高性能变频器,它可以直接将变频器的给定值设定为转矩。在转矩控制方式下,电动机的转速大小取决于给定转矩与负载转矩相比较的结果,由该结果决定拖动系统是加速运行还是减速运行。当负载转矩较小时加速运行,而当负载转矩较大时减速运行,在此过程中变频器的输出频率是不能调节的。要使系统能稳定运行在某一线速度下,需要由设备的主令电动机完成线速度的闭环控制,使卷绕电动机跟着主令电动机稳定运行且保持恒张力控制要求。

对于风机、泵类二次方律负载,由于负载的功率消耗与电动机转速的三次方成正比,当负载的转速小于电动机额定转速时,其节能潜力十分明显。无论是恒压供水系统还是风机的变频调速系统,在实际工程应用中,变频调速应用目的一般都是节能。

2.2 风机、泵类二次方律负载的变频器运行与节能

风机、泵类二次方律负载的变频调速节能运行一般可以分成两种情况来讨论,即启动运行节能(特别是对于大容量电动机来说)和降速运行节能。

2.2.1 二次方律负载的启动运行节能

从二次方律负载的机械特性可知,当速度很低时,二次方律负载对转矩、功率的需求都很小,如果使用具有调压调速功能的软启动器,极易出现负载在低速运行时的"大马拉小车"现象。当采用变频器调速时,由于变频器所特有的调频调压功能,电动机的启动转矩特性可通过变频器的转矩补偿功能进行设定,从而避免上述现象的出现,在电动机启动时实现节能。如图 3-2-1 所示为二次方律负载启动阶段减小 U/f 的节能原理。

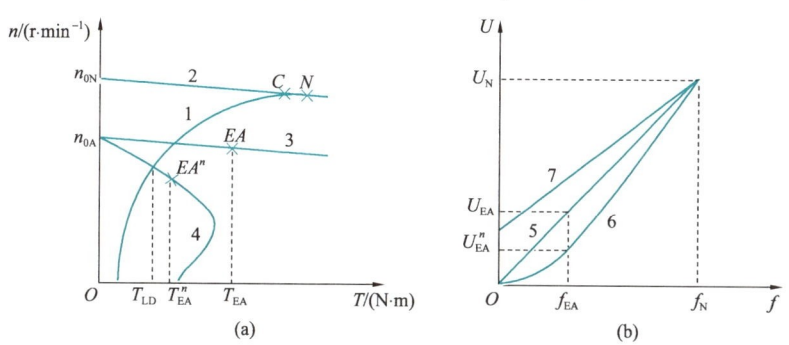

图 3-2-1　二次方律负载启动阶段减小 U/f 的节能原理

图 3-2-1(a)中,曲线 1 是二次方律负载的机械特性曲线,曲线 2 是电动机固有的机械特性曲线,两者的交点 C 是电动机的稳定运行点。曲线 2 上点 N 是电动机的额定转矩点,由图可见两者转矩相差不大,证明电动机的容量选择是合理的。图 3-2-1(b)中,曲线 5 是变频器的基本 U/f 曲线,当变频器运行频率为 f_{EA} 时,电动机的机械特性对应图 3-2-1(a)中曲线 3。由图 3-2-1(a)可见,在频率为 f_{EA} 时,电动机的有效转矩为 T_{EA},与此时的负载转矩差距较大,表明当负载在低速运行时,电动机会出现"大马拉小车"的现象,显然不利于节能。为改善这一状态,将变频器的 U/f 曲线设定成图 3-2-1(b)中曲线 6 的负转矩补偿状态,低频

时减小电压输出,对应的电动机机械特性为图 3-2-1(a)中曲线 4,其有效转矩为 T''_{EA},T''_{EA} 与负载转矩 T_{LD} 相差不大,可以有效避免电动机的"大马拉小车"的现象,从而达到节能效果。特别是对于大型鼓风机、大容量水泵,其节能效果还是比较明显的。

2.2.2 二次方律负载的降速运行节能

对于风机、泵类二次方律负载而言,由于其转矩、功率特性所具有的特殊性,使变频调速在这一领域的应用非常广泛,各大变频器生产厂家专门为用户提供有适合风机、泵类二次方律负载的变频器系列产品。例如,安川 616F5 型、616F7 型变频器,施耐德 ATV61 型变频器等。

1 风机特性与变频调速节能分析

离心式风机和轴流式风机是典型的二次方律转矩负载,在忽略风道变化因素后,其风量与转速成正比、风压与转速二次方成正比、机械轴功率与转速三次方成正比。

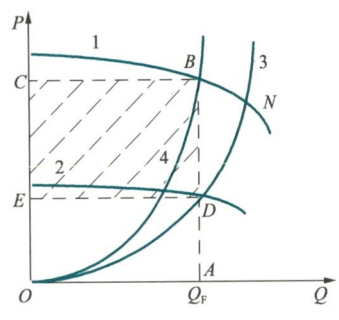

图 3-2-2 风机调速的节能原理

如图 3-2-2 所示为风机调速的节能原理。图中,横坐标 Q 表示风量,纵坐标 P 表示风压。曲线 1 是风机额定运行时的风量曲线;曲线 2 是转速减小后的风量曲线;曲线 3 是风道畅通时的风道阻力曲线;曲线 4 是调节风门后的风道阻力曲线。曲线 1 与曲线 3 的交点 N 为该风机的额定工作点。设工程实际需要的风量为 Q_F,可以通过以下两种方法进行调节:

(1)调节风门开度

当风门开度减小时,风道阻力曲线由曲线 3 变为曲线 4,由于风机的转速未发生变化,风量曲线仍是曲线 1,两者的交点为 B,这是系统在风门开度减小后的稳定工作点。由于风机功率与风量和风压的乘积成正比,因此此时风机消耗的功率应与四边形 $OABC$ 的面积成正比。

(2)通过变频器调节风机转速

由于风门开度不变,因此此时风道阻力曲线仍是曲线 3,而当风机转速减小时,风量曲线则由曲线 1 变为曲线 2。曲线 3 和曲线 2 的交点 D 是其稳定工作点,风机消耗的功率与四边形 $OADE$ 的面积成正比。

两种调节方法相比较,显然变频调速具有节约电能的优点,其节能量与图中虚线四边形 $EDBC$ 的面积成正比。通过进一步的分析还可以从图 3-2-2 中看出,在一定范围内,实际需要的风量与额定工作点的风量差距越大,节能效果越明显。

2 供水系统中水泵的特性与变频调速节能分析

与风机类负载比较,泵类负载的节能效果不够典型。例如供水系统中,水泵管路通常有垂直提升扬程,垂直压差是固定的,水被泵到高处获得的位能功率与流量成正比,而不与转速的三次方成正比。所以,水泵的节能效果不如风机明显,通常只有供水系统在扬程、流量都有裕量时才会有明显的节能效果。这一点在对原有供水系统进行改造测算时显得尤为重要,在计算投资回报率时一定要对原系统进行全面的评估。

(1) 水泵的特性

如图 3-2-3 所示为水泵的特性曲线,曲线 1 表示在供水管路阀门开度不变时,水泵在一定转速下的扬程 H 与流量 Q 的关系,称为扬程特性曲线;曲线 2 表示在水泵转速不变时,阀门在一定开度下的扬程 H 与流量 Q 的关系,称为管阻特性曲线。曲线 1 与纵坐标轴的交点 H_0 称为空载扬程,其物理意义是当流体的流量趋于零时,水泵所能达到的最大扬程。因为阀门开度和水泵转速都不变的情况下,流量的大小主要取决于用户的

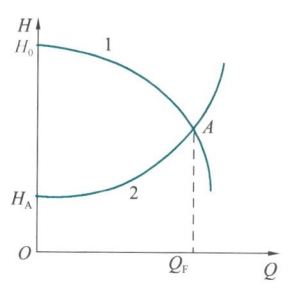

图 3-2-3 水泵的特性曲线

用水情况,所以扬程特性反映的是扬程 H 与流量 Q 之间的关系,流量越大,扬程越小。曲线 2 与纵坐标轴的交点 H_A 称为静扬程,表示供水系统的最大落差距离。管阻特性反映的是水泵的能量用来克服系统的水位和压力差以及液体在管道中流动阻力的变化规律。在同一阀门开度下,扬程 H 越大,流量 Q 也越大。曲线 1 和曲线 2 的交点 A 是供水系统的工作点,在这一点,用户的用水流量和供水流量处于平衡状态,供水系统既满足了扬程特性,也符合了管阻特性,系统稳定运行。

(2) 供水系统的节能分析

在供水系统中,最根本的控制对象是流体的流量。讨论节能问题,就必须讨论流量的调节问题。与风机系统一样,调节流量也有两种方法:调节阀门的开度和调节水泵的转速。

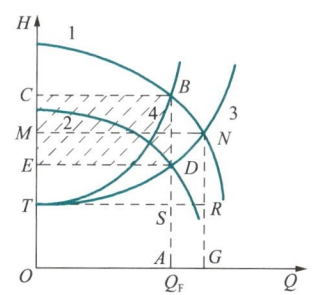

图 3-2-4 供水系统的节能原理

如图 3-2-4 所示为供水系统的节能原理。曲线 1 是额定转速的扬程特性曲线,曲线 3 是阀门全开情况下的管阻特性曲线,两曲线的交点 N 是系统的额定工作点。水泵的额定消耗功率与四边形 $OGNM$ 的面积成正比,四边形 $OGRT$ 则是克服静扬程所消耗的功率。曲线 2 是转速减小后的扬程特性曲线,曲线 4 是阀门关小后的管阻特性曲线。当系统中需要流量为 Q_F 时,调节阀门开度,工作点在 B 点,所需消耗的功率可由四边形 $OABC$ 表示;而采用减小转速方法调节流量,工作点在 D 点,所需消耗的功率可由四边形 $OADE$ 表示。图中,四边形 $EDBC$ 是两者消耗的能量差,也就是节能的效果。

(3) 工艺情况与节能效果

① 节能效果与流量的关系:如图 3-2-5 所示为节能效果与流量的关系,比较图中表示节能效果的阴影面积可以看出,一定静扬程下,并非流量越小,节能效果就越好。

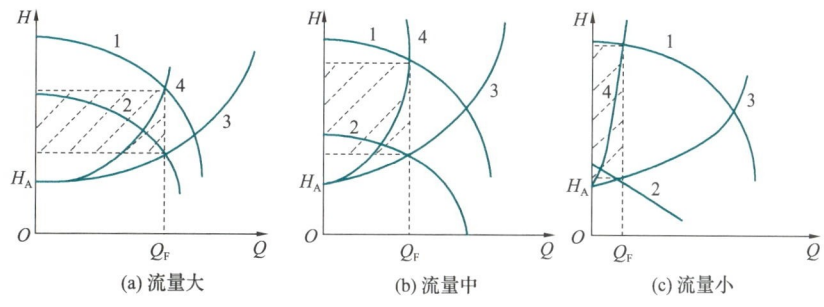

(a) 流量大　　　　(b) 流量中　　　　(c) 流量小

图 3-2-5 节能效果与流量的关系

②节能效果与静扬程的关系:如图 3-2-6 所示为节能效果与静扬程的关系。显然,静扬程越大,供水时的基本功耗也越大,调节流量时的可变功耗就越小,节约的功率也越小。因此,对于高楼供水来说,由于其静扬程较大,流量变化时转速的调节范围比较小,因而采用变频调速后节能的空间有限。但对于车间供水这类情况而言,由于车间的最高建筑层高不会太高,静扬程较小,与高楼供水相比较,转速的调节范围较大,因此采用变频调速后的节能效果就比较明显。例如,某聚酯切片生产企业的反应釜采用高温热媒的加热方式,需由 132 kW 电动机带动高温屏蔽泵加压,由于该厂采用半连续的生产工艺,因此在原料反应过程中其加热媒体的流量变化很大(聚酯反应分吸热、平衡、放热、出料等过程),加上车间各加热点的落差比较小,在采用变频器改造高温屏蔽泵电动机后,运行十个月所节约的电能就可将改造费用收回,具有很高的性能价格比。

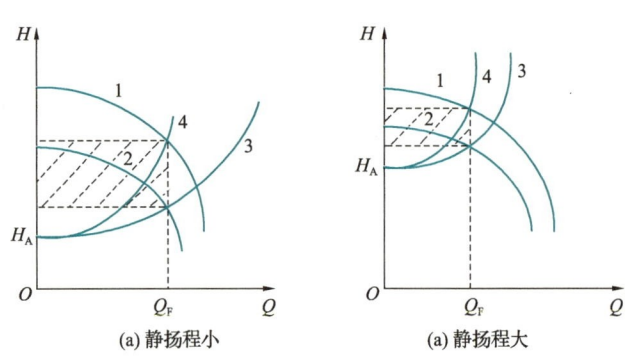

图 3-2-6　节能效果与静扬程的关系

2.2.3　案例　132 kW 热油输送高温屏蔽泵变频传动系统的改造

某聚酯切片生产企业以半连续法生产聚酯切片,其反应釜的工作过程分为加料、溶解、反应、缩聚、出料等步骤。其中,溶解、反应是吸热过程,而缩聚是放热过程。反应釜的釜壁上绕有盘管,盘管内流动着高温导热油,通过控制高温热油的流量可以对反应釜的温度进

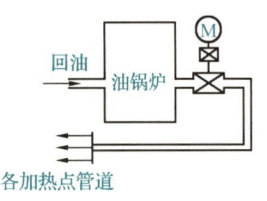

图 3-2-7　热油回路

行控制。高温导热油在油锅炉内加热,经 132 kW 热油输送至高温屏蔽泵加压(0~0.8 MPa)后,输送到各加热点,冷却后循环至油锅炉继续加热,其回路如图 3-2-7 所示。该系统中,高温屏蔽泵采用降压变压器降压启动,并保持全压运行。

经过对该企业的评估发现,由于采用半连续法生产,因此导热油的流量变化很大,而且其加热点多数集中在车间二楼。

从原导热油的循环过程来看,很大一部分时间内热油经旁通管路直接回到油锅炉,能量损失较大。因此,如果将高温屏蔽泵改造成变频传动,将会产生较好的节能效果。

1　改造思路及实现

本系统的改造思路是将电动机的传动方式改成变频器传动,以形成恒压供油系统。实现方法是在高温屏蔽泵出油管路处安装压力传感器和变送器,变送器将压力传感器检测到的 0~0.8 MPa 油压转换成 4~20 mA 的标准信号送入变频器 A2-AC 端,利用变频器内部

包含的 PID 功能实现恒压控制,具体实现电路如图 3-2-8 所示。可选用安川 616F7 型变频器,传感器、变送器需要另加开关电源提供所需的 DC 24 V 电源电压。

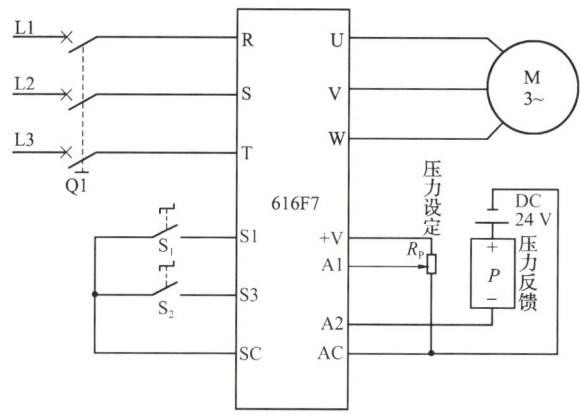

图 3-2-8　高温屏蔽泵改造电路

2 变频器内部功能参数的定义

将变频器模拟量输入通道 A2 定义为反馈信号输入通道,压力设定信号由模拟量通道 A1 给定。参数 d1-01 设定为 1,若希望数字显示器直接显示压力值,需要设定参数 o1-03,本系统显示范围为 0.0~80.0,数字 1.0 表示 0.1 MPa 压力;b5-01 参数设定为 1,表示 PID 控制有效且偏差由 I 控制,因为一般的压力控制系统均采用 PI 控制。由于导热油的温度一般可达 300 ℃,油管线路也比较长,为减小电动机速度的大幅度波动,压力设定值需手动慢速增大,因此将输入端子 S3 设定为取消 PID 控制。在启动过程中,利用端子 S3 屏蔽 PID 功能,待系统基本稳定运行后,再切入 PID 控制。P、I 参数的设定需在系统进入 PID 闭环控制功能后进行,设定方法可参见有关资料。

3 节能效果评价

根据生产要求,该高温屏蔽泵需每天 24 h 不间断运行,在改造前,实测每小时电能消耗约为 100 kW·h,采用以上方法改造后,实测每小时电能消耗约为 65 kW·h,每月节电约 2.5×10^4 kW·h,节能效果显著。

2.3　直流共母线变频调速系统节能应用

如前所述,当变频器驱动电动机做四象限运行时,在发电机状态下会产生再生电能。这部分电能通过逆变电路回馈到直流母线侧后,将对滤波电容充电,导致直流母线电压增大,对变频器造成危害。

对于一些单台以变频方式运行的设备,常对其变频器配备制动单元和制动电阻,当有再生电能时,变频器的控制系统通过短时间接通电阻的方式消耗再生电能。这种处理再生电能的方式下,只要充分考虑制动时最大的电流容量、负载周期和消耗到制动电阻上的额定功率,就可以设计出合适的制动单元,并以连续的方式消耗电能,最终能够保持母线电压平衡。这种通过制动单元消耗再生电能的方式实际上是一种浪费电能的方式。

对于一些成组运行的生产设备,如离心机、化纤设备、造纸机、油田磕头机等的电动机传动中,产生再生电能的现象十分频繁且常发生在不同的时刻。对这样的系统设备,如果通过制动单元消耗再生电能,电能的浪费将十分可观。对此,使用直流共母线变频调速系统方案则可以很好地解决再生电能频繁发生的现象且具有显著的节电效果。

2.3.1 直流共母线变频调速系统的类型

顾名思义,直流共母线变频调速系统是将多个通用型变频器的直流母线相连,使一个或多个电动机在不同时刻产生的再生电能可以被其他电动机以电动的方式消耗、吸收并加以利用。这是一种十分有效的成组设备节能运行的工作方式,一般有以下两种方案可供选择。

1 专用型直流共母线变频调速系统

专用型直流共母线变频调速系统如图 3-2-9 所示。这种直流共母线系统采用一台大容量的整流器为整个变频系统提供电流,由各逆变器驱动各自的设备。由图 3-2-9 可以看出,整流器一旦发生故障,整个系统都要停止工作。因此,在实际应用这种直流共母线系统时,要充分考虑生产设备的工艺、工序等问题,选用合适的、可靠性高的系统。

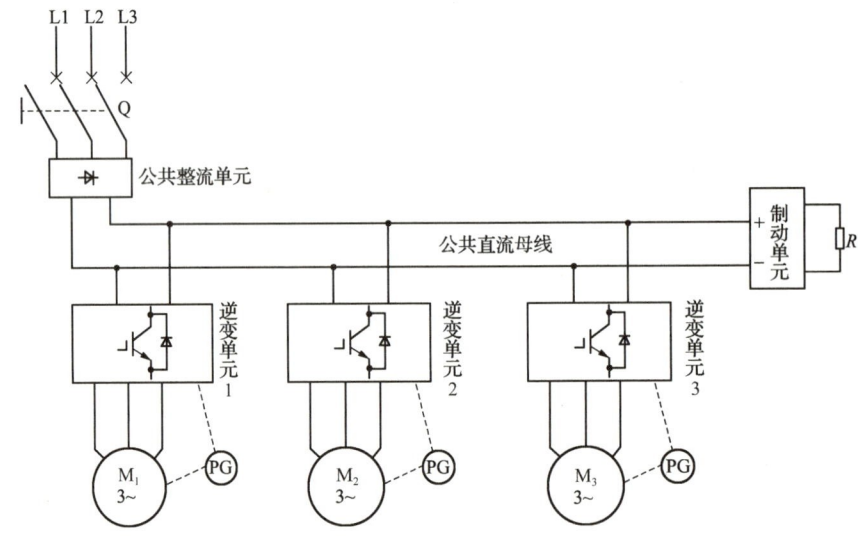

图 3-2-9 专用型直流共母线变频调速系统

2 通用型变频器组成直流共母线变频调速系统

如图 3-2-10 所示是三台通用型变频器组成的直流共母线系统。由图可见,这种直流共母线系统是将通用型变频器的直流侧连接在一起,以实现对再生电能的调配。该系统无须分离整流桥、整流滤波单元以及逆变单元;每一个变频器都可以单独从直流母线中分离出来,而不影响其他的变频器;公共制动单元的配置使系统结构简单合理,经济可靠。

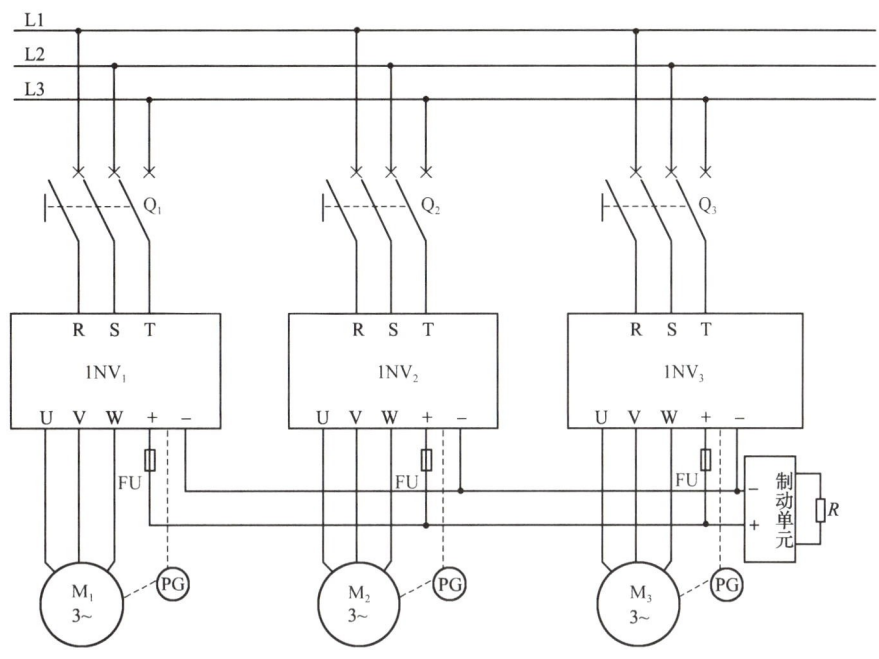

图 3-2-10 三台通用型变频器组成的直流共母线系统

2.3.2 案例 短纤牵伸机直流共母线变频调速系统

在涤纶短纤生产线中,聚酯熔体经过增压泵分配管送至各纺丝工位计量泵,计量泵计量输出的熔体经上油、冷却、预牵伸后就成为未定型的预牵伸丝。预牵伸丝要经过短纤牵伸机的牵伸、定型后再进行切断,才能成为广泛用于棉衣、被子等纺织品中的中空纤维填充料。

短纤牵伸是短纤生产线的后道工序,短纤牵伸机的作用是牵伸、定型,其中定型采用在牵伸过程中蒸汽加热的方法。一台短纤牵伸机通常由 5、6、7 或 9 个牵伸辊组成一组,它们的直径相同、转速相同,但与另一台短纤牵伸机的牵伸辊速度不同,靠这个速度差,短纤牵伸机完成拉伸。如图 3-2-11 所示为七辊短纤牵伸机的结构。

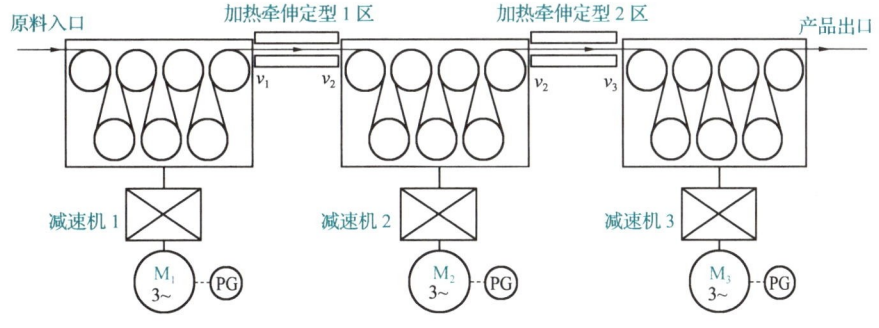

图 3-2-11 七辊短纤牵伸机的结构

1 控制要求

牵伸的主要目的是提高分子链的取向度,使之具有一定的强度和伸长。牵伸在两台牵伸机之间产生,前、后两台牵伸机的牵伸辊表面速度之比称为牵伸倍数。如图3-2-11所示,牵伸辊由变频器驱动的交流电动机(M_1、M_2、M_3)拖动,每个电动机均配备光电编码器,与各自的变频器形成速度闭环以获得工艺要求的牵伸倍数。图中,v_2/v_1为牵伸倍数1,v_3/v_2为牵伸倍数2。当这两个牵伸倍数和加工纤维的旦尼尔(粗细)确定后,在加热牵伸定型1、2区的张力就确定了。

2 控制方法

首先分析一下这三台电动机的运行情况。为保证张力,电动机M_3应处于电动运行状态,而电动机M_1、M_2则一直处于再生发电状态。显然,M_1和M_2的再生电能将造成其直流母线电压的增大,若通过变频器接制动单元和制动电阻的方式将再生电能消耗在电阻的发热上,长期运行是非常不经济的。进一步分析三台变频器的工作状况会发现,系统中M_3是消耗电能的。因此,若将三台变频器的直流母线并联起来,M_1、M_2的制动力矩产生的电能将传递到直流母线上,并由M_3消耗掉,不仅总直流母线电压不会增大,而且整机的电能使用效率将大大提高。对于年产1×10^5 t的生产线来说,这三台电动机均具有几百千瓦的装机容量,其节能效果是显而易见的。

在工程实践中,本机可采用图3-2-9、图3-2-10所示的两种实现方法。

如图3-2-9所示电路中,三台变频器共用整流单元,电动机仅由逆变单元传动,在直流母线上配置有总制动单元和制动电阻。在这种方式下,制动单元和制动电阻需综合三台电动机的容量进行配置,因此具有比较完善的控制性能。

如图3-2-9所示电路中,三台变频器的直流母线并联连接,M_3配备制动单元和制动电阻以适应停机需要。本电路中,由于所配的制动单元、制动电阻与电动机M_3的传动变频器配套,因此会出现总制动力矩在故障等紧急快速停车情况下不够的现象。

3 节能效果分析

在未采用变频调速以前,该系统一般仅采用一台直流电动机传动,三个单元的牵伸依靠长边轴的传动来进行。在这种情况下,首先是整机的装机容量受到了限制,一般仅能年产8 000 t左右;其次,直流电动机在潮湿、含腐蚀性气体的环境中使用时,故障率很高,长边轴的传动链也增加了维修工作量;此外,在调整工艺参数时,为获得需要的传动比需要更换齿轮,工序比较烦琐。采用变频器传动以后,不仅克服了上述缺陷,而且生产效率提高,节约了电能。据测算,生产效率可提高10%左右,节约电能10%以上。

目前,这种公共直流母线变频调速系统已经在工业领域的很多设备上得到应用,如炼钢企业的输送辊道传动系统以及造纸机、离心机等。实践表明,应用该系统后不仅整机故障率低,而且能最大限度地节能,大大减少对电网的污染。

应用 3 恒压供水专用变频器及其应用

3.1 供水系统中的变频器

由应用篇 2.2.2 节的分析可知,静扬程的存在使变频器恒压供水系统的节能效果受到较大影响。但实际情况是,变频器仍然在这一领域得到广泛应用,其主要原因如下:

(1) 彻底消除了供水管网的水锤效应,减少了供水管网的维护工作量,延长了供水管网的使用寿命。在供水管网中,采取全压启动的异步电动机从静止状态加速到额定转速所需的加速时间只有 0.25 s。这就意味着,在极短的时间内水的流量就从零猛增到额定值。由于流体具有动量和一定程度上的可压缩性,因此在极短时间内流量的巨大变化将引起对管道的剧烈冲击,并产生"空化"现象。增压波和减压波交替进行的压力冲击使管壁受力而产生噪声,犹如锤子敲击管子一样,称为水锤效应。同理,切断水泵电源使之自由停机时,供水系统的水头将克服电动机的惯性而使水泵急剧停止,这也会引起压力冲击和水锤效应。

水锤效应具有极大的破坏力:压强过大,将引起管子的破裂;反之,压强过小,又会导致管子的瘪塌。此外,水锤效应还可能损毁阀门和固定件。

通过分析可知,产生水锤效应的根本原因是电动机瞬间启动、制动过程中的动态转矩变化过大。在采用变频调速后,可以通过延长变频器内部的加/减速时间来延长电动机的启动、停机过程,从而降低其动态转矩的变化率,彻底消除供水管网的水锤效应,大大延长水泵及管道的使用寿命。因此,恒压供水系统的广泛应用有其综合经济效益的因素。

(2) 实现全流量供水。实践表明,供水系统最终用户端的用水流量变化是非常大的,特别是居民小区的供水系统。采用变频器恒压供水系统可以根据用水流量的变化灵活控制水泵的运行情况,当用户用水量集中的情况出现时,可以多台大容量水泵共母管同时供水;而当夜间用水量非常少时,所有大容量水泵停止工作(在供水系统中称为休眠),利用管内余压或开启一台小水泵(称为休眠水泵)维持水压,真正实现全流量供水。

（3）实现无负压供水。无负压供水系统是在传统恒压供水基础上发展起来的一种新型供水系统，其主要特征是取消了水泵前的水池或水箱，由水泵直接从市政供水管网中吸水，通过先进的自动控制技术对水泵前、后压力进行控制调节。由于取消了水泵前的水箱或水池，实现了全程封闭供水，因此从根本上杜绝了自来水在水箱或水池中滞留时与空气接触而产生的水质二次污染。不仅如此，通过直接利用市政管网余压，实现叠压供水，不但节约大量的运行成本，而且可以减小水泵的装机容量。此外，在提高控制系统的防护等级后，可实现供水系统的户外安装，从而取消了水泵房，使建筑物的有效使用面积得以增大。

3.2　恒压供水系统的变频控制

恒压供水多水泵共母管管网如图3-3-1所示。其工作原理：来自市政管网水源或地下水源进入贮水池后，由变频器控制的水泵将水直接加压送入供水管网直至各个用水点。当供水管网的流量、压力发生变化时，压力检测装置（压力传感器）输出信号至PLC，PLC经过PID运算后发出水泵加速或减速指令至变频器，通过改变变频器的输出频率，调节水泵电动机的转速，使之满足供水压力要求，达到恒压供水的目的。图中，每一台水泵管路上都安装有止回阀和截止阀。其中，止回阀可有效防止供水管内水的倒流。

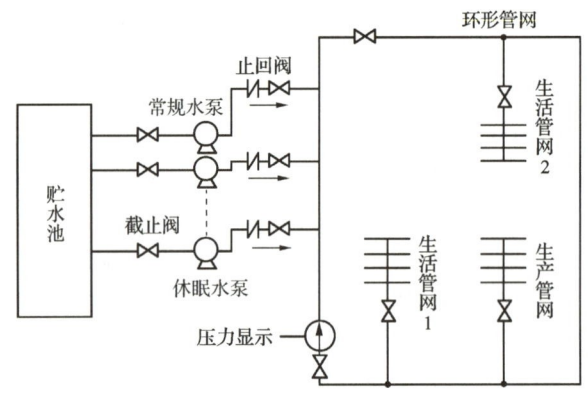

图3-3-1　恒压供水多水泵共母管管网

3.2.1　变频器恒压供水控制方式

当采用变频器恒压供水时，有两种控制方式：一是多台常规水泵同步调速方式；二是变频水泵-工频水泵并联运行调速方式，即对其中一台常规水泵采取变频器调速控制（变频水泵），其他水泵工频定速运行（工频水泵）。两种控制方式的流量、压力关系是不一样的，相应的节能效果也有差别。在第一种方式下，对多台水泵进行同步调速就等效于对一台大功率水泵进行变频调速，控制简单但成本高。在第二种方式下，由于只对其中一台水泵进行变频调速，变频器的装机功率就小得多。这种方式下系统的流量富余量并没有改变，仍能实现全流量供水，因而具有较高的性价比。因此，为节省投资，采用变频水泵-工频水泵并联运行的调速方式是比较普遍的做法。

如图 3-3-2 所示为多水泵切换控制电路。如图 3-3-2(a)所示为变频水泵固定控制方式。七台水泵中,由接触器 KM_1 控制的水泵 P_1 采用变频调速控制;由接触器 $KM_2 \sim KM_6$ 控制的水泵 $P_2 \sim P_6$ 直接接工频电源;P_7 为休眠水泵,用于在夜间供水时维持压力,实现全流量供水。在这种控制方式中,$P_2 \sim P_7$ 的流量可以与 P_1 的流量不同,休眠水泵的流量一般也小于其他水泵的流量。如图 3-3-2(b)所示为循环水泵控制方式。其中,KM_1 与 KM_2 为一组接触器,KM_3 与 KM_4、KM_5 与 KM_6 分别为另外两组接触器,三组接触器分别控制三台流量一致的循环水泵(主水泵)实现恒压供水。在这种控制方式下,可方便进行变频水泵和工频水泵的切换。$P_1 \sim P_3$ 进行定时轮换控制,使各水泵工作时间均衡,还可以防止水泵的锈死,提高了设备利用率,降低了维护费用。同时,各循环水泵可互为备用,故障状态下可由另一台水泵自动投入使用,保障恒压供水系统的连续运行。

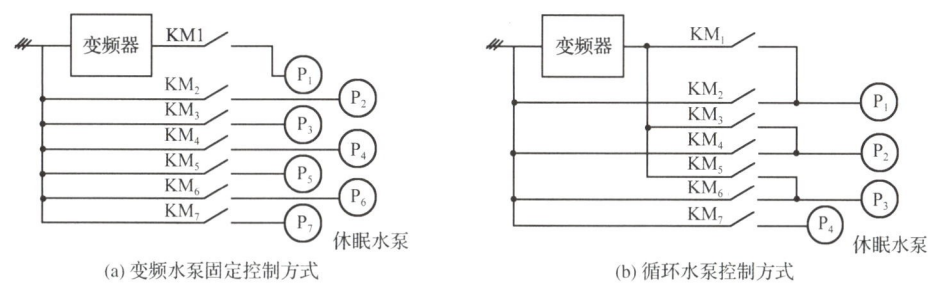

(a) 变频水泵固定控制方式　　　　　　　　(b) 循环水泵控制方式

图 3-3-2　多水泵切换控制电路

3.2.2　变频器恒压供水系统的运行控制

系统的运行控制包括 PLC 程序控制和变频器的功能参数设定等。PLC 程序包括手动和自动控制程序,手动部分是通过按钮控制电动机在工频下运行和停止,主要用于系统的调试或检修。自动运行时,由 PLC 和变频器联合控制各水泵电动机的投入或切除、工频或变频运行。

如图 3-3-2(b)所示工作方式下,供水设备开始工作时,首先启动变频水泵 P_1。一旦管网供水压力达到设定值,变频器输出频率就稳定在某一数值上。当用水量增加时,供水压力降低,压力变送器输出 $4 \sim 20$ mA 标准电流信号送入 PLC,由 PLC 进行 PID 运算后,得出调节参数送给变频器,使变频器输出频率增大,水泵加速,供水压力随之升高。如果用水量增加很多,变频器的工作频率达到工频 50 Hz,而供水压力仍达不到要求,由 PLC 将 P_1 切换到工频电源供电。同时,将变频器切换到 P_2 上,由 P_2 进行补充供水,直到满足供水压力。当用水量逐渐减少时,变频水泵频率减小。当频率减小到最小值,而供水压力仍然偏大时,则关闭工频水泵,同时增大变频水泵的频率,实现恒压控制。

3.2.3　变频水泵、工频水泵的切换控制

如图 3-3-3 所示变频水泵、工频水泵切换电路中,由切换接触器进行工频水泵、变频水泵的切换,接触器的动作信号来自于 PLC。为防止在切换瞬间将工频电源接入变频器的动力输出端,这两个接触器建议使用带机械联锁机构的产品。

如果用水量恰巧在一台水泵全速运行值上下波动,将会出现变频水泵、工频水泵频繁切

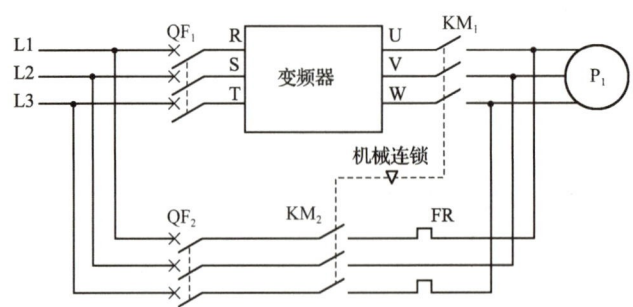

图 3-3-3　变频水泵、工频水泵切换电路

换的状态，这对变频器、控制元件及电动机都是不利的。在多水泵控制系统中，为避免频繁地开关工频水泵，通常需要使所需系统压力保持在一定的带宽范围内，而不是保持为一个常量。例如，若所需压力为 0.30 MPa，则可设定切换带宽为 0.30～0.35 MPa。控制方式是当 P_1 的工作频率增大到 50 Hz 时，如压力小于 0.30 MPa，则进行切换，P_1 全速运行，P_2 进行补充。当用水量减少时，P_2 已经停止运行，但压力仍然超过 0.30 MPa 时，暂不切换，直到用水量继续减少使压力达到 0.35 MPa 时，再将 P_1 切换为变频运行。

在达到切换压力时，变频水泵、工频水泵并非立刻切换，而是需要经过一定的延时时间（一般为 10 s）。这是由于在切入工频水泵以满足系统需求时，变频水泵通常处于最大速度运行状态，工频水泵的切入会立即引起瞬间超压，直至变频水泵自动减速为止。在大多数情况下，这种现象是不希望出现的。因此在切入工频水泵以前，应减小变频水泵的频率，然后启动工频水泵。同理，在切除工频水泵时，变频水泵通常处于最低速度运行状态，因此在切除前需将变频水泵加速。如图 3-3-4 所示为工频水泵切入、切除点。图 3-3-4(a) 中，系统虽然在 A 点检测到应切入工频水泵，但变频器降速至 B 点后才实现切入；图 3-3-4(b) 中，系统检测到 C 点应切除工频水泵，但变频器加速到 D 点才实现切除。

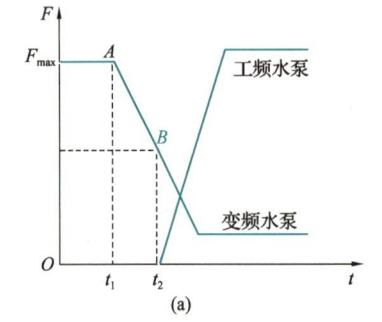 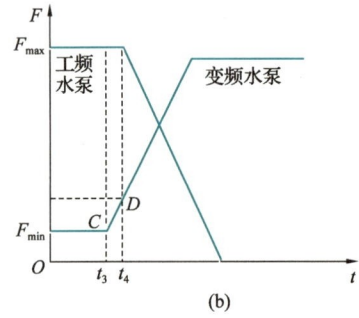

图 3-3-4　工频水泵切入、切除点

图 3-3-5　切入工频水泵时系统压力的波动曲线

如图 3-3-5 所示为切入工频水泵时系统压力的波动曲线。其中，曲线 1 是变频水泵未降速处理时的压力变化曲线，曲线 2 是变频水泵降速处理后再切入工频水泵时的压力变化曲线。由图可见，变频水泵降速处理后系统的压力波动明显减小。

3.2.4 无负压供水

无负压供水系统变频控制电路如图 3-3-6 所示。由图可见，在供水水泵前后分别安装有压力变送器 1 和压力变送器 2，前者用以检测生活管网供水压力，后者则用以检测市政管网供水压力。显然，生活管网的供水压力是市政管网供水压力和水泵压力两者的叠加。因此，在同样的供水压力要求下可以减小水泵的容量。需要注意的是，为保证市政管网的供水安全，当水泵前压力小于某安全供水压力时，变频器输出频率应减小；当该压力小于某极限压力时，应停止变频器的运行。

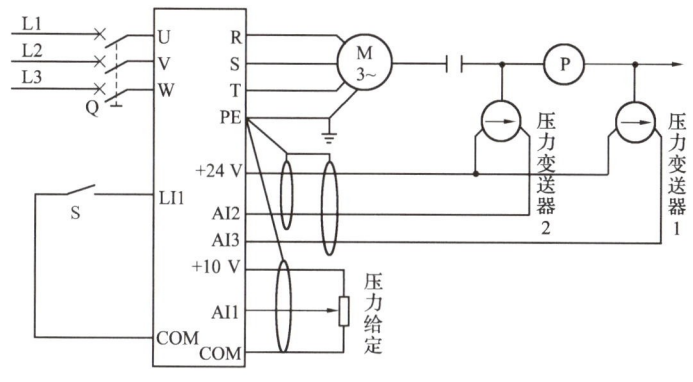

图 3-3-6 无负压供水系统变频控制电路

无负压供水系统可根据用户需要来设定用户供水的压力，当自来水管网供水压力大于设定压力时，水泵机组就会处于停机状态，达到极好的节能效果。此时，自来水可通过连通管路直接对用户供水。当自来水管网供水压力小于设定压力时，设备会自动进入接力升压工作状态，通过压力传感器，水泵及无负压变频控制柜组成闭环控制系统，随着用水量的变动，不断调整水泵转速及投入工作的水泵台数，以实现供水压力稳定。

3.3 恒压供水专用变频器

目前，有很多变频器厂家专门生产适合于恒压供水的专用变频器，如 ABB 的 ACS600 系列、DANFOSS 的 VLT 700 系列、华为（爱默生）的 TD2100 系列等。该类变频器的内部集成有恒压供水的专用宏功能，除了具有 PID 调节功能外，还集成了诸如水泵切换、无负压控制、水池水位检测等功能，其输出端子专门安排有用于控制接触器工作的继电器输出端口。如图 3-3-7 所示为 TD2100 系列恒压供水专用变频器的固定水泵运行方式电路，如图 3-3-8 所示为三台循环水泵运行工作方式电路。TD2100 系列供水专用变频器具备一般的供水控制系统中的通用型变频器和 PLC 两者的功能，用更加经济和简单的方式实现整个系统包括常规水泵、休眠水泵、消防泵和排污泵等多台水泵的智能化管理。由于其内部系统程序已集成好，因此只要参照使用说明书进行相关参数的设定，就能利用一台专用变频器实现恒压供水典型应用的所有功能，包括消防泵、污水泵的控制，使用非常方便。

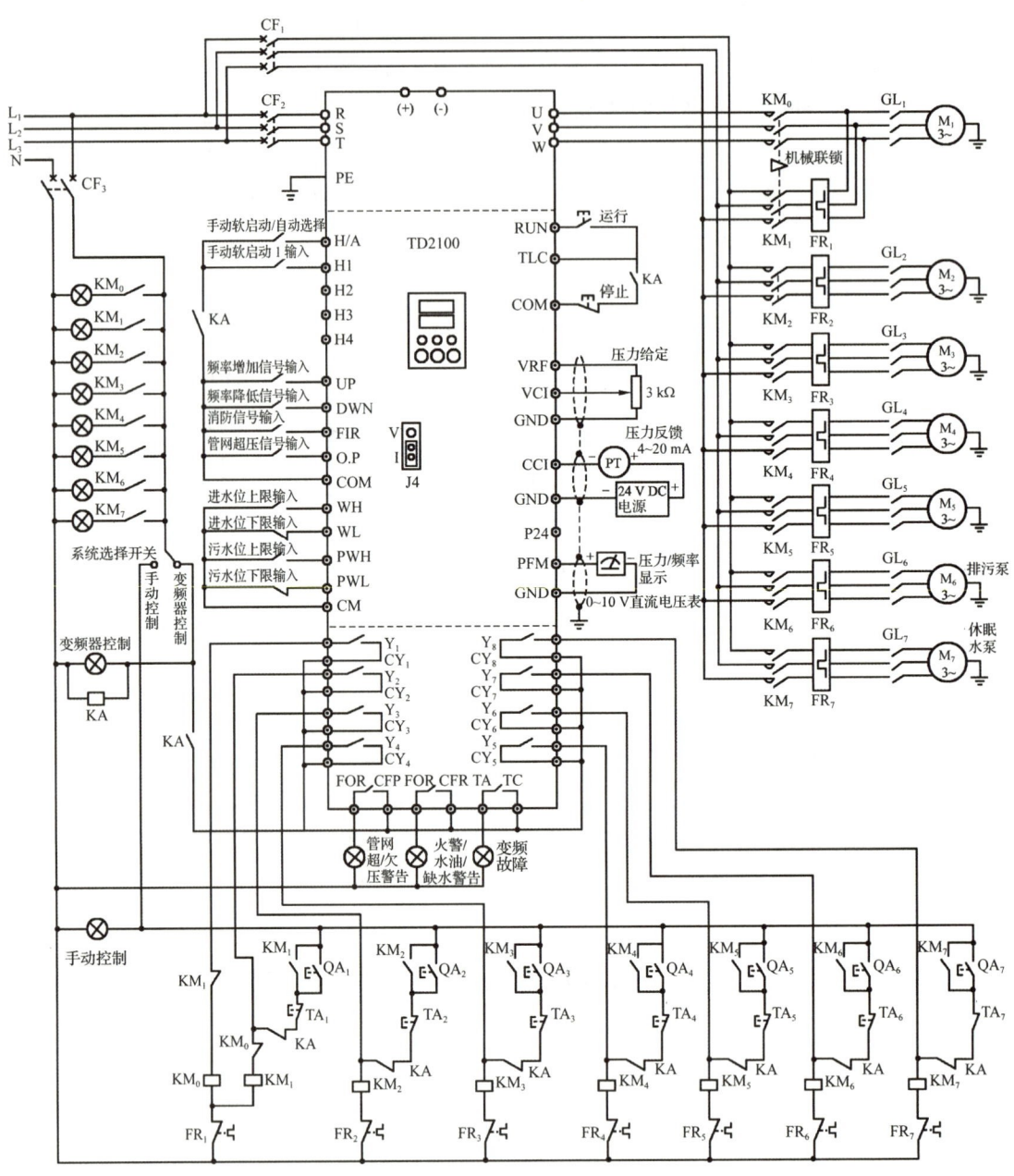

图 3-3-7　TD2100 系列恒压供水专用变频器的固定水泵运行方式电路

应用 3（恒压供水专用变频器及其应用） 201

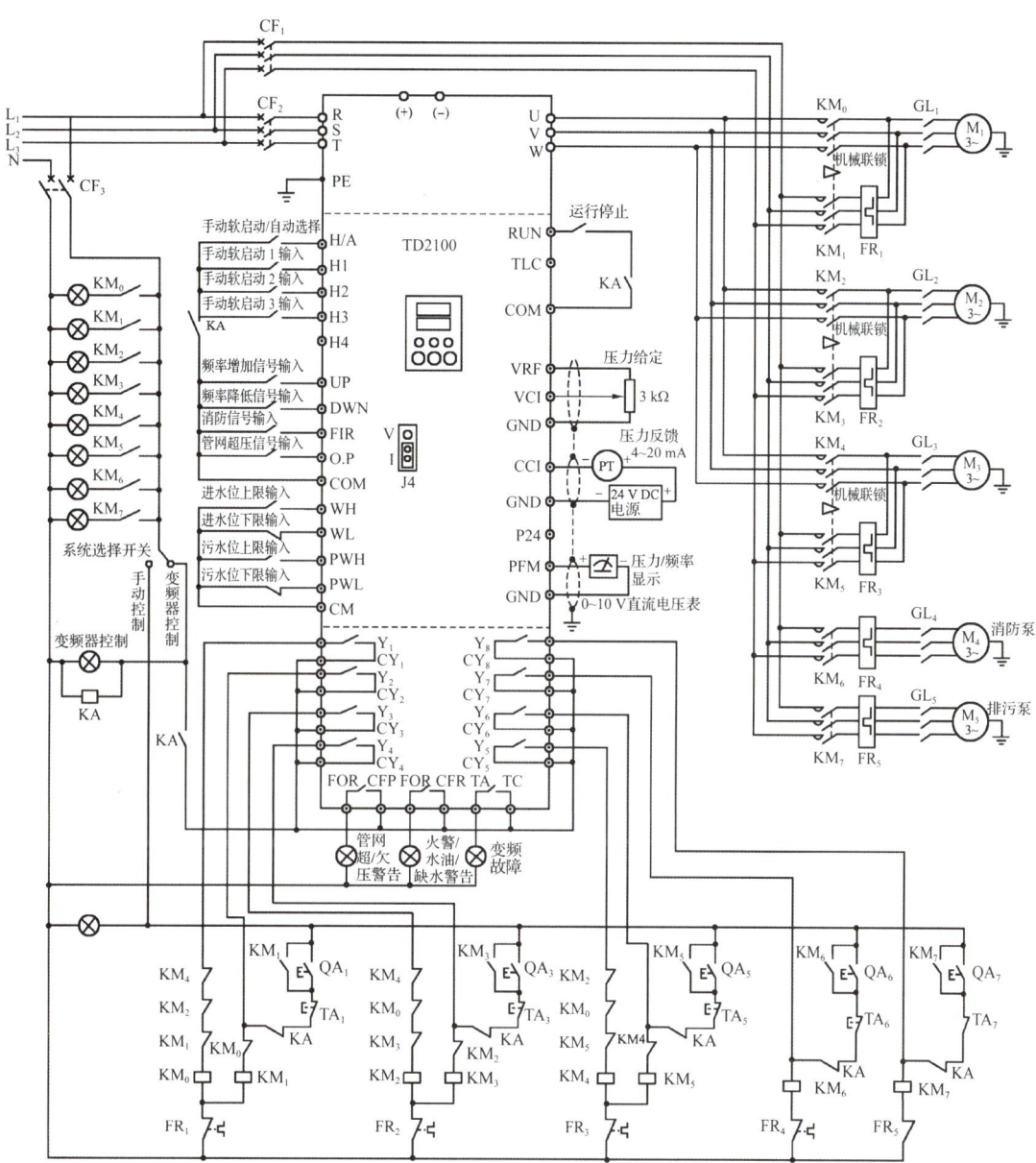

图 3-3-8 三台循环水泵运行工作方式电路

应用 4 变频器的 PID 控制应用

PID 控制是闭环控制中的一种常见形式。应用篇 3.2 节所述恒压供水系统中,压力变送器输出 4~20 mA 标准电流信号送入 PLC,由 PLC 进行 PID 运算后,得出调节参数送给变频器,改变变频器的运行频率从而调节供水压力。应用篇 1.2 节所述纺织印染后整理设备多电动机同步系统案例中,为维持织物的恒线速度运行,也需要通过 PID 控制。

4.1 PID 控制概述

PID 控制就是比例(P)、积分(I)、微分(D)控制,是使控制系统的被控量在各种情况下都能够迅速而准确地无限接近控制目标的一种手段。具体地说,在 PID 控制系统中,传感器测得的实际信号即反馈信号随时与被控量的目标信号进行比较,以判断是否已经达到预定的控制目标。如尚未达到,则根据两者的差值进行调整,直至达到预定的控制目标为止。

闭环 PID 控制系统如图 3-4-1 所示,图中,$r(t)$ 为系统给定值,$y(t)$ 为系统的实际输出,$e(t)$ 为系统偏差,显然

$$e(t) = r(t) - y(t) \tag{3-4-1}$$

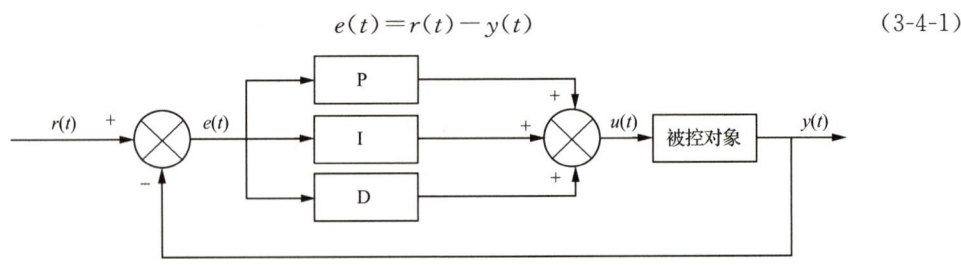

图 3-4-1 闭环 PID 控制系统

$u(t)$ 是 PID 控制器的输出,也是被控对象的输入,其时域表达式为

$$u(t) = k_P \left[e(t) + \frac{1}{T_I} \int e(t) \mathrm{d}t + T_D \frac{\mathrm{d}e(t)}{\mathrm{d}t} \right] \tag{3-4-2}$$

式中 k_P——比例系数;

T_I——积分时间常数；

T_D——微分时间常数。

为实现数字化PID功能，将时域表达式(3-4-1)和(3-4-2)进行离散化，有

$$e(k) = r(k) - y(k) \quad (3\text{-}4\text{-}3)$$

$$u(k) = k_P \left\{ e(k) + \frac{T}{T_I} \sum_{i=0}^{k} e(i) + \frac{T_D}{T} [e(k) - e(k-1)] \right\} \quad (3\text{-}4\text{-}4)$$

式中，T 为采样周期。

令 $k_I = k_P \dfrac{T}{T_I}$，称为积分系数；$k_D = k_P \dfrac{T_D}{T}$，称为微分系数。有

$$u(k) = k_P e(k) + k_I \sum_{i=0}^{k} e(i) + k_D [e(k) - e(k-1)] \quad (3\text{-}4\text{-}5)$$

即

$$u(k) = k_P e(k) + k_I \sum_{i=0}^{k-1} e(i) + k_I e(k) + k_D [e(k) - e(k-1)] \quad (3\text{-}4\text{-}6)$$

式中，$k_I \sum_{i=0}^{k-1} e(i)$ 为积分前项；$e(k)$ 为本次积分项。

为方便编程，将式(3-4-3)代入式(3-4-6)，有

$$u(k) = k_P e(k) + k_I \sum_{i=0}^{k-1} e(i) + k_I e(k) + k_D [y(k-1) - y(k)] \quad (3\text{-}4\text{-}7)$$

数字PID控制通常可以分为位置PID和增量PID两种类型，式(3-4-4)表示的是位置PID控制，常用于温度控制、阀门开度控制、水泵控制等场合。在步进电动机、伺服电动机等设备的控制中则通常使用增量PID控制，其输出是两次PID运算的差值，相应的离散化数学表达式为

$$\Delta u(k) = u(k) - u(k-1) \quad (3\text{-}4\text{-}8)$$

根据式(3-4-5)，有

$$\Delta u(k) = k_P [e(k) - e(k-1)] + k_I e(k) + k_D [e(k) - 2e(k-1) + e(k-2)] \quad (3\text{-}4\text{-}9)$$

在进行PID控制时需要注意，系统启动时应将PID控制器屏蔽，以防止突加给定对输出的影响。在启动时，通常先通过积分控制使输出逼近给定值后再进入PID控制。

实际应用中，通过变频器实现PID控制有两种情况，一是通过外部的PID控制器将给定量与反馈量比较并运算后输出给变频器，加到控制端子作为控制信号；二是利用变频器内置的PID功能，给定信号通过变频器的端子输入，反馈信号也反馈给变频器的控制端，在变频器内部进行PID运算后改变输出频率。现在，大多数变频器都已经配置了PID控制功能。

4.2 变频器恒线速度控制系统

在纺织、印染、造纸等工业现场中，工艺上要求纸张、布匹等卷绕成筒状的产品在运行过程中能够保持线速度恒定。对于这类控制要求，现在已有多种方案可以实现，如卷染机中的双直流电动机控制、变频器控制、伺服控制等。在采用变频控制时，仅利用变频器本身是无法实现恒线速度控制的，必须结合控制器通过闭环PID控制的方式才能达到控制要求。本案例介绍结合PLC实现数字调节的控制方式。

4.2.1 变频器恒线速度系统组成

如图 3-4-2 所示为恒线速度控制系统的组成。从图中可以看出,传动辊的线速度通过速度检测装置进行检测,系统的 PID 控制功能由 PLC 完成,变频器在该系统中是执行单元。

1 速度检测

速度检测可由光电编码器或接近开关完成。例如,采用接近开关检测速度如图 3-4-3 所示。装置中,金属材料的检测盘与传动辊同速旋转,在检测盘边沿开孔(也可以用方齿轮的形式)以便于检测,所开孔数(齿数)根据控制精度确定,孔数(齿数)越多则控制精度越高。接近开关根据所选 PLC 的输入通道形式采用 PNP 或 NPN 型,由于输出信号为高频脉冲,因此需要考虑接近开关的频率响应特性。

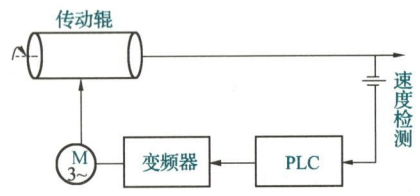
图 3-4-2 恒线速度控制系统的组成

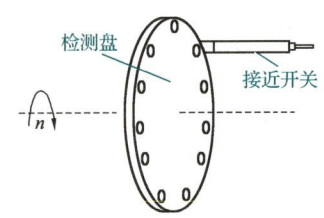
图 3-4-3 采用接近开关检测速度

2 线速度转换

接近开关输出的脉冲信号输入至 PLC 的高速输入通道后需进行线速度转换处理。设传动辊直径为 D,检测盘开孔数为 N,输入 PLC 的脉冲频率为 f,则传动辊的转速 n(单位:r/min)为

$$n = 60 \frac{f}{N} \tag{3-4-10}$$

相应的线速度 v(单位:m/s)为

$$v = \pi D n = 60 \pi D \frac{f}{N} = kf \tag{3-4-11}$$

式中

$$k = \frac{60 \pi D}{N}$$

如图 3-4-4 所示为采用施耐德 Twido 系列 PLC 实现线速度转换的程序。设传动辊直径 $D=80$ mm,检测盘开孔数 $N=16$,则 $k=0.94245$。

程序中,VFC0 是 PLC 内部的超高速计数器,这里作为频率计使用;%VFC0.T 为频率计的采样时间,采样时间设定为 1 s;%VFC0.V 为频率计当前采样值。整数采样值转换成浮点数后,根据式(3-4-11)转换为线速度后存放于浮点数寄存器%MF302。

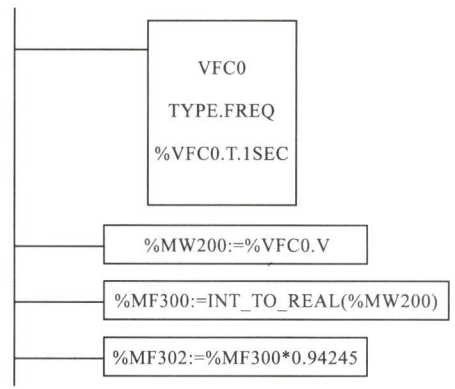

图 3-4-4　线速度转换程序

4.2.2　系统硬件电路

系统硬件电路如图 3-4-5 所示。图中，I0.0 是三线制接近开关输出的高速脉冲输入端；I0.1 为启动信号输入端；I0.2 为停止信号输入端；Q0.3 为变频器运行控制信号输出端。PLC 配备有模拟量输出模块，其模拟量输出为变频器的频率给定信号，用于控制变频器的运行转速。

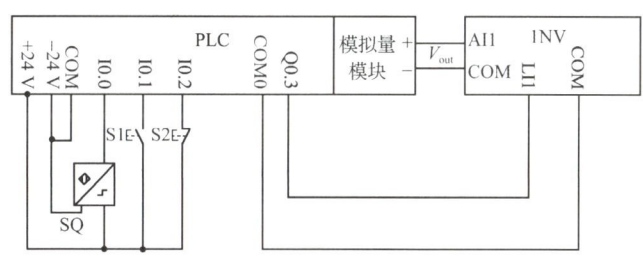

图 3-4-5　系统硬件电路

4.2.3　软件编程

软件编程时，应充分考虑机械设备对启动和停止过程的特殊要求。由图 3-4-1 可知，在启动或停止的瞬间，$r(k)$ 从 0 突变为设定值或从设定值跳变为 0 时，系统偏差 $e(k)$ 的值随之跳变，这将导致 PLC 的输出模拟量 $y(k)$ 也产生跳变。为保证系统的动态特性，变频器的加/减速设定时间一般较小，其输入模拟量的跳变，显然会引起被传动设备速度的跳变，而这是不被允许的。为此，需通过软件方式对启动、停止过程做一定的处理。

常用的处理方法有两种：一是在启动、停止过程中改变 P、I、D 参数，二是在启动、停止过程屏蔽掉 PID 控制而采用专门的启动、停止程序进行控制。

如图 3-4-6 所示为系统控制程序梯形图（停止程序未包含在内），启动过程中的积分时间周期为 150 ms，PID 采样周期为 100 ms，P、I、D 参数的整定可参考有关资料。

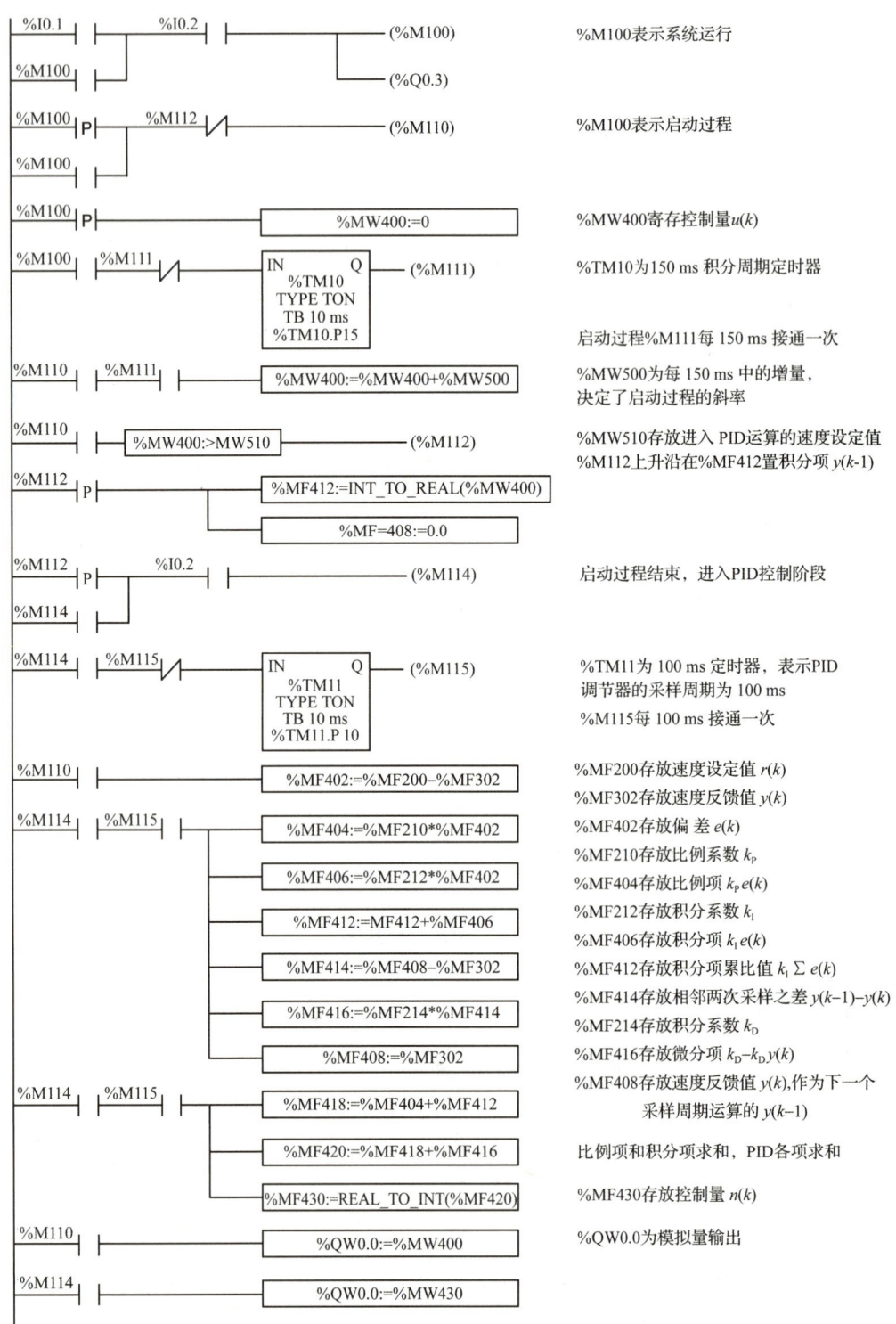

图 3-4-6 系统控制程序梯形图

4.2.4 变频器参数设定

根据以上分析可知,本系统的 PID 运算由 PLC 完成,调速精度取决于 PLC 的运算精度,系统的稳定性也由 P、I、D 参数决定。变频器仅作为执行单元,其控制要求并不高,但在参数设定时需注意以下两点:

(1)为保证系统的快速性及良好的动态性能,加、减速的时间设定应尽量短。

(2)变频器的频率由外部模拟量信号给定,运行控制信号也来自外部端子(PLC 的输出继电器),给定模拟量输入信号与变频器最高输出频率间的对应关系应由具体的工艺情况计算确定。

应用 5 变频器通信控制应用

随着变频器的不断发展和推广应用,越来越多的场合需要对变频器进行网络通信和监控。为了满足这一要求,许多变频器都自带具有通信功能的现场总线接口,它可以将基于计算机技术的数字式变频器和 PLC 等控制设备连接起来,组成一个完整的数字式控制系统。本节将对 PLC 与变频器的通信控制进行介绍,以便进一步熟悉变频器的综合应用。

5.1 变频器通信概述

变频器的通信涉及三个层:通信物理层、通信协议层以及具体应用层。前两个层涉及的都是一般的通信技术问题,第三个层则涉及变频器对通信数据的处理问题。

5.1.1 通信物理层

通信物理层涉及的是通信的物理实现手段,如信号电平、传输方式、传输速率、接口电路等。常见的 RS-485 通信接口由于具有设备简单、传输距离较远以及易于实现等优点而被许多变频器厂家所采用,其原理电路如图 3-5-1 所示。RS-485 通信接口标准采用平衡式发送、差分式接收的数据收发器来驱动总线,即不以信号线的绝对电平来判断信号状态,而是以两条信号线间的电平差来判断信号的状态,因此抗共模干扰的能力很强。其信号电平为 2~6 V 的差分电平,逻辑 0 以两线间的电压差为 +(2~6)V 表示,逻辑 1 以两线间的电压差为 −(2~6)V 表示,该电平与 TTL 电平兼容,可方便地与 TTL 电路连接。RS-485 通信接口的数据传输方式是异步串行、半双工传输方式,数据在传输过程中以报文的形式一帧一帧发送;允许线路双向通信,但同一时刻只允许一个方向的数据传输。数据的传输速率与传输距离有关,最大速率为 12 Mb/s。

从使用者的角度看,在通信物理层需要注意三个方面的问题:

(1)通信双方必须使用相同的通信接口。如果将通信接口不同的设备进行连接,需通过接口转换电路进行转换。例如,多数工业设备使用 RS-485 通信接口,而计算机使用的是

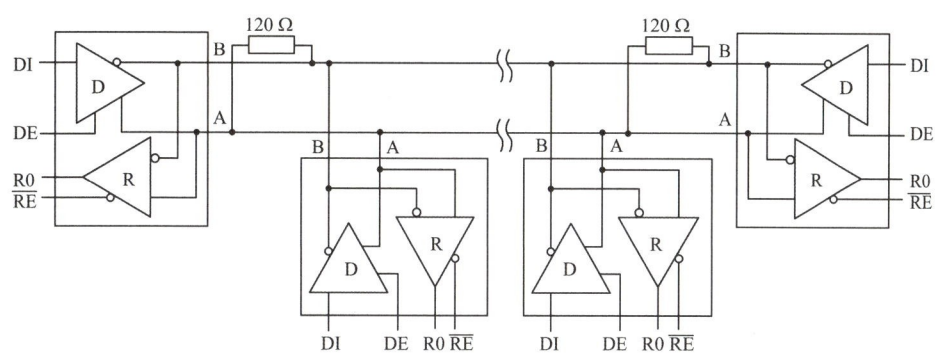

图 3-5-1　RS-485 通信接口的原理电路

RS-232 通信接口,当计算机与 PLC 等使用 RS-485 通信接口的设备连接时,需通过 RS-232/RS-485 接口转换器进行转换。

(2)正确连接通信线路。RS-485 通信接口电路要求使用双芯双绞屏蔽线,连接时必须保证极性的正确性,即各设备的 A 端彼此连接,B 端也彼此连接。

(3)正确选择与电缆特性阻抗匹配的终端电阻。RS-485 通信标准要求配备 120 Ω 的终端电阻,Modbus 通信标准要求配备 1 nF 的电容和 120 Ω 串联的终端阻抗以防止信号反射(波反射)对数据传输的影响。

5.1.2　通信协议层

通信协议层包含通信物理层以外的其他约定,如信息的数据结构、起始结束条件、错误判断规则等,协议层面由通信协议约定。

通信协议主要规定以下几个内容:

(1)规定字符的数据结构,含起始位、信息位、奇偶校验和停止位。

(2)规定报文的数据结构,其中包含特定的起始字符、站地址、报文有效长度、报文内容、校验码、特定的结束字符。

(3)规定波特率即数据传输速率的范围等。

在一个通信网络内,如果各设备都支持相同的通信协议,设备间的通信就会显得很方便。由于变频器属于不能自由编制程序的设备,其内部的通信协议已经确定,当 PLC 与变频器的通信协议不同时,就需要通过在 PLC 中编制相关程序的方式来支持变频器的通信协议。本书主要讨论相同通信协议下变频器的通信控制问题。

许多现代通用型变频器都具有通信接口,特别是其现场总线式的接口不仅使控制系统的布线更加简洁,而且变频器的控制命令、运行频率命令等均可通过通信的方式给出,从而大大改善系统的控制性能。前述恒线速度控制系统中,由于 PLC 等控制器和变频器内部均采用数字运算方式,当变频器的频率给定信号为控制器输出的模拟量时,不可避免地会产生 A/D 和 D/A 转换的失真,因此对于快速性要求比较高的控制系统来说,必须考虑转换的时间问题。当采用通信控制后,则可以直接以数字方式给定转速信号,提高系统的控制精度。

5.2 无纺布针刺联合机 Modbus 通信

某无纺布针刺联合机生产线的通信网络如图 3-5-2 所示。由图可见,整个联合机由预刺机、1~4 号主刺机等组成,每台设备均自成体系,单独由小型 PLC(Twido 系列)控制。系统的主站(Master1)采用小型 PLC,它与设备的 PLC 相连,组成第一层通信网络。每台 PLC 各自配备有两个通信口:一个通信口作为从站与主站相连,接收主站的有关工艺、控制信号;另一个通信口作为主站,控制各自的变频器,完成本机的控制功能,这也是第二层通信网络。主站 PLC 与触摸屏(HMI)相连,整台联合机的工艺参数由触摸屏进行设定后,再由主站 PLC 通过通信的方式传输到各台设备,完成整台联合机的控制。由于本联合机传动部分的运行速度并不高,第一层和第二层通信网络均采用 Modbus 通信协议进行通信,其信号传输速率完全可以满足工艺要求,全机具有很高的性价比。

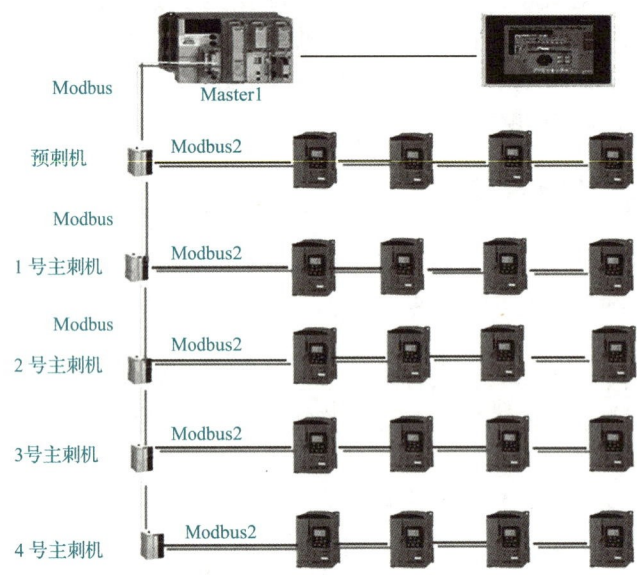

图 3-5-2 某无纺布针刺联合机生产线的通信网络

5.2.1 Modbus 通信协议

Modbus 是一种开放式的通信协议,最早由美国 Modicon 公司发布。许多通用型变频器如安川 616G 系列变频器、ABB ACS 系列变频器、施耐德 ATV 系列变频器等在出厂时均自带 Modbus 通信协议。Modbus 通信的物理接口为 RS-422 或 RS-485 硬件接口,信号线仅有 A、B 两线。

Modbus 通信协议遵从主从模式,由 1 台主站(PLC、计算机等)与最多 31 台的从站(如变频器等)构成。通信时,由主站发出信号建立协议,从站接到来自主站的指令执行相应的功能,并发出一个响应信号给主站,从站不能自主发送信息。由于在任一通信时刻,主站只能与一台从站通信,因此必须预先在从站内部设置从站地址,主站通过指定的地址进行信号传送,只有符合地址要求的从站才会响应主站发出的命令。

Modbus通信协议最初为PLC通信而设计,它通过24种总线命令实现PLC与外界的信息交换。基于Modbus通信协议进行变频器控制时,要求在PLC内编制专门的通信程序,通过变频器内部的控制字(允许PLC进行读写,一般接收PLC的控制命令)、状态字(只允许PLC进行读,便于PLC判断变频器的状态从而发出控制变频器运行的控制字)和频率字(只允许PLC进行写操作,控制变频器的运行频率)实现对变频器的通信控制。

5.2.2 ATV系列变频器的Modbus通信控制

图3-5-2所示案例中,每台设备均自成体系,由Twido系列PLC来控制变频器运行。下面以其中的变频器启停控制为例简要说明如何实现ATV系列变频器的Modbus通信控制,变频器采用通用型变频器ATV312。

1 硬件接线

ATV312型变频器内部集成RS-485通信接口,并驻留Modbus RTU串行通信协议,允许其与主流上位机通信。其RS-485通信接口的物理形式是RJ45,与PLC通信时只要将RJ45接头与PLC的RS-485通信接口相连即可,如图3-5-3所示。

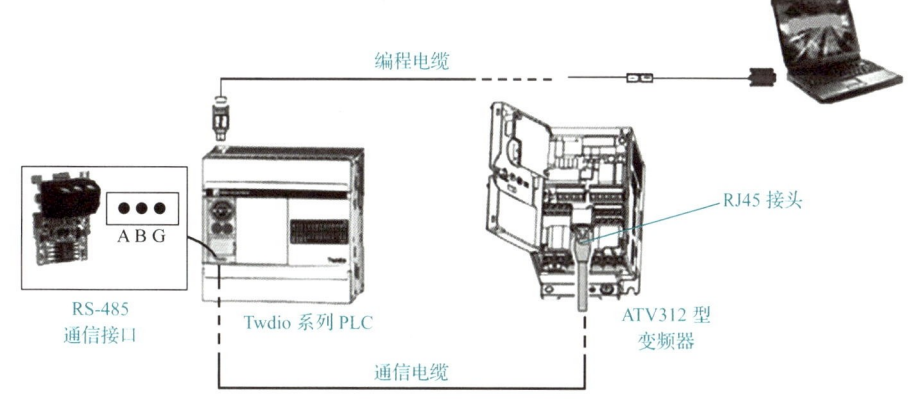

图3-5-3　PLC与变频器的硬件接线

2 变频器参数设置

变频器的参数设置主要包括波特率和通信格式的设定、命令通道和频率通道的选择等。命令通道和频率通道既可以选择通信给定也可以由其他方式给定,这就为控制方式的多样性提供了可能。本案例中,命令通道和频率通道均由通信给定,功能代码CtL-CHCF设定为SIN组合模式。

ATV312型变频器Modbus通信控制参数设置见表3-5-1。

表 3-5-1　　　　　　　　ATV312 型变频器 Modbus 通信控制参数设置

参　数	说　明	内　容	出厂设定	Modbus 通信给定
COM－ADD	Modbus 通信地址	1～247	1	1
COM－tbr	传输速度	4.8:4 800 b/s 9.6:9 600 b/s 19.2:19 200 b/s	19 200	与 PLC 主站 传输速度相同
COM－tFO	通信格式	8O1:8 数据位,1 停止位,奇校验 8E1:8 数据位,1 停止位,偶校验 8n1:8 数据位,1 停止位,无校验 8n2:8 数据位,2 停止位,无校验	8E1	与 PLC 主站通信 格式相同
CtL－LAC	访问等级	1～3	1	3
CtL－CHCF	控制通道与给定通道模式	COM:组合 SEP:分离	COM	COM
CtL－Fr1	给定 1 通道	AI1:模拟输入 1 AI2:模拟输入 2 AI3:模拟输入 3 AIV1:导航旋钮 Mdb:Modbus 给定 LCC:远程给定 nEt:网络给定	AI1	Mdb

3 软件编程

以 Twido 系列 PLC 作为主站进行 Modbus 通信时,必须编制通信程序,而程序的编写是通过填写字表的方式进行的。Modbus 数据交换表见表 3-5-2 和表 3-5-3。

表 3-5-2　　　　　　　　读 N 个字－%MW(功能码 03)

表	索 引	高字节	低字节
控制表	0	01(发送/接收)	06(发送长度)*
	1	03(接收偏移)	00(发送偏移)
发送表	2	从站地址(1…247)	03(请求码)
	3	读取的第 1 个字的地址	
	4	读取的字数 N	

续表

表	索 引	高字节	低字节
接收表	5	从站地址(1…247)	03(请求码)
	6	00(接收偏移值)	2×N 所读字节数
	7	读取的第 1 个字	
	8	读取的第 2 个字	
	…	…	
	N+6	读取的第 N 个字	

* 在应答后,长度会变为接收到的字节长度。

表 3-5-3　　　　　　　　　写 N 个字—%MW(功能码 16)

表	索 引	高字节	低字节
控制表	0	01(发送/接收)	8+(2×N)发送长度
	1	00(接收偏移)	07(发送偏移)
发送表	2	从站地址(1…247)	16(请求码)
	3	所写的第 1 个字地址	
	4	所写的字数 N	
	5	00(发送偏移值)	2×N 所写字节数
	6	所写的第 1 个字	
	7	所写的第 2 个字	
	…	…	
	N	所写的第 N 个字	
接收表	N+6	从站地址(1…247)	16(请求码)
	N+7	所写第一个字地址	
	N+8	所写的字数	

PLC 对变频器的通信控制是通过读写变频器的内部变量进行的。ATV312 型变频器内部变量分为读出变量和写入变量,变量地址和对应的功能见表 3-5-4 和表 3-5-5。其中,状态字 ETA 和控制字 CMD 每一位所代表的功能见表 3-5-6。

表 3-5-4　　　　　　　　　　　读出变量

地　址	代　码	说　明
3201	ETA	DRIVECOM 状态字
3202	rFr	输出频率
3203	FrH	给定频率
3207	ULn	线电压
7121	LFt	上一次故障

表 3-5-5　　　　　　　　　　　　　写入变量

地　址	代　码	说　明
8501	CMD	DRIVECOM 控制字
8502	LFr	在线给定频率
8504	CMI	内部控制寄存器
11920	rPI	PI 调节器内部设定点
9623	UFr	IR 补偿

表 3-5-6　　　　　状态字 ETA(W3201)和控制字 CMD(W8501)

状态字 ETA(W3201)		控制字 CMD(W8501)	
bit 0	准备接通	bit 0	接通
bit 1	接通	bit 1	电压无效
bit 2	操作被允许	bit 2	快速制动
bit 3	故障	bit 3	允许操作
bit 4	电压无效	bit 4	0
bit 5	快速制动	bit 5	0
bit 6	接通被禁止	bit 6	0
bit 7	报警	bit 7	故障复位
bit 8	0	bit 8	0
bit 9	线性控制	bit 9	0
bit 10	达到给定值	bit 10	0
bit 11	超过给定值	bit 11	正转/反转
bit 12	0	bit 12	斜坡制动
bit 13	0	bit 13	注入制动
bit 14	按"STOP"按钮停止	bit 14	快速制动
bit 15	旋转方向	bit 15	0

表 3-5-4 中,地址 3201、3202、3203 等均为只读状态寄存器,3201 为变频器的当前状态,3202 为变频器的输出频率,3203 为变频器的给定频率。如果读出变频器地址 3201 的值为 16♯0008,表示当前变频器故障;如果想得到变频器的输出频率与给定频率,只要读出地址 3202 和 3203 里面的值即可。

表 3-5-5 中,地址 8501 为控制字,8502 为频率给定。如果要改变变频器的参数,只须将数值写入相应的地址。例如,要求变频器反转,根据表 3-5-6,将 16♯080F 写入地址 8501 就可以实现;如果要改变变频器的频率,只须将频率值经过换算后写入地址 8502 即可。

如图 3-5-4 所示为 ATV312 型变频器的通信状态交换状况,由图可见,当变频器上电后,状态字后两位为 40H(EAT＝16♯××40),这时 PLC 应向变频器控制字后两位写入

06H（CMD=16♯××06）。以此类推，当变频器的状态字为 16♯××27 时，证明变频器已准备好，允许运行。

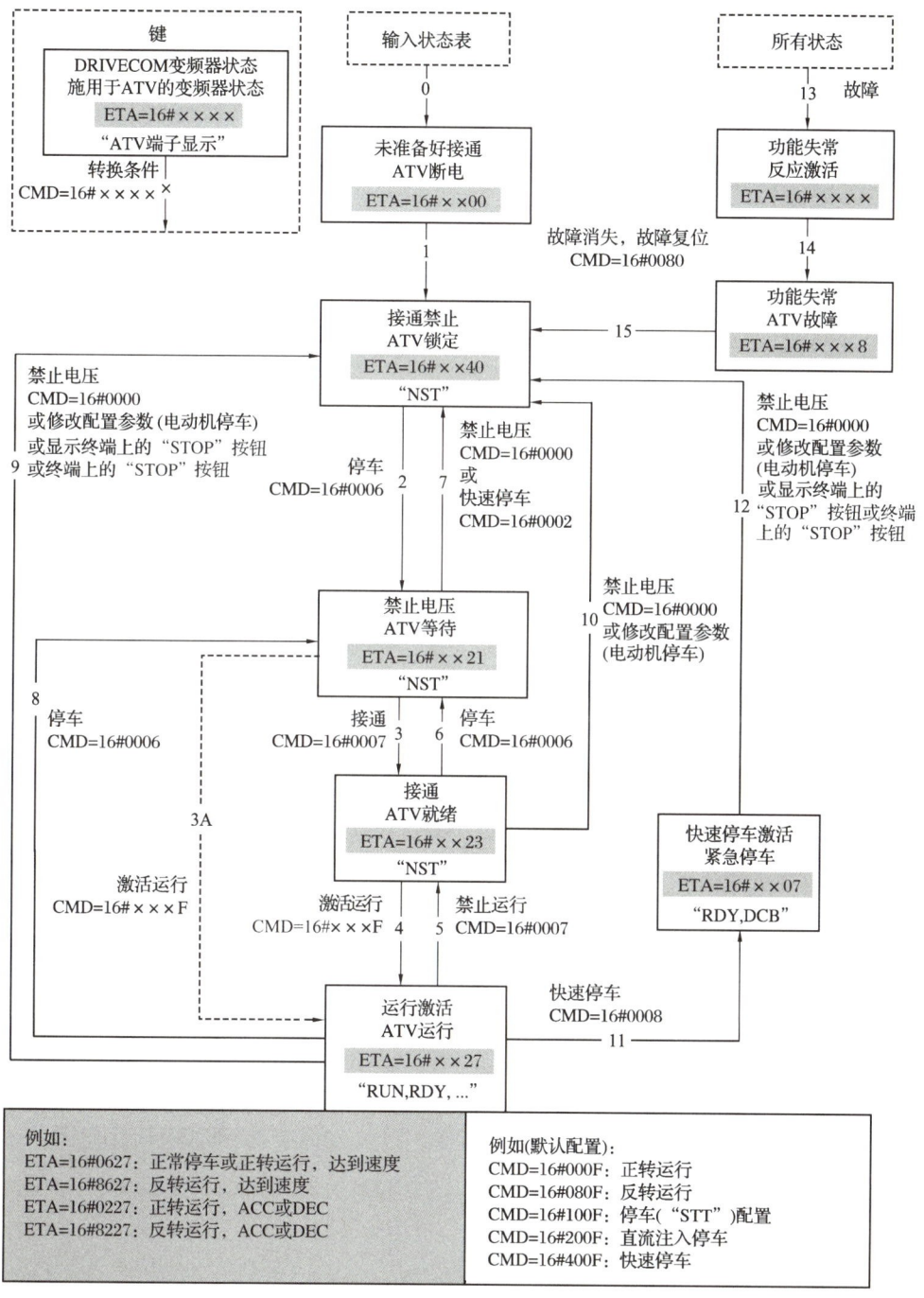

图 3-5-4　ATV312 型变频器的通信状态交换状况

如图 3-5-5 所示为 Twido 系列 PLC 与 ATV312 型变频器的通信控制程序。程序中，计数器用于读写分时控制，计数值为 0 时，PLC 读变频器地址 3201 中的状态字和 3202 中的输出频率;计数值为 1 时,PLC 根据读取的状态字 ETA 写地址 8501 中的控制字 CMD,对变频器的状态进行判断和处理,并实现变频器正/反转运行。注意,控制变频器运行时,首先要判别变频器是否准备好,若变频器处于故障状态,应停止运行。

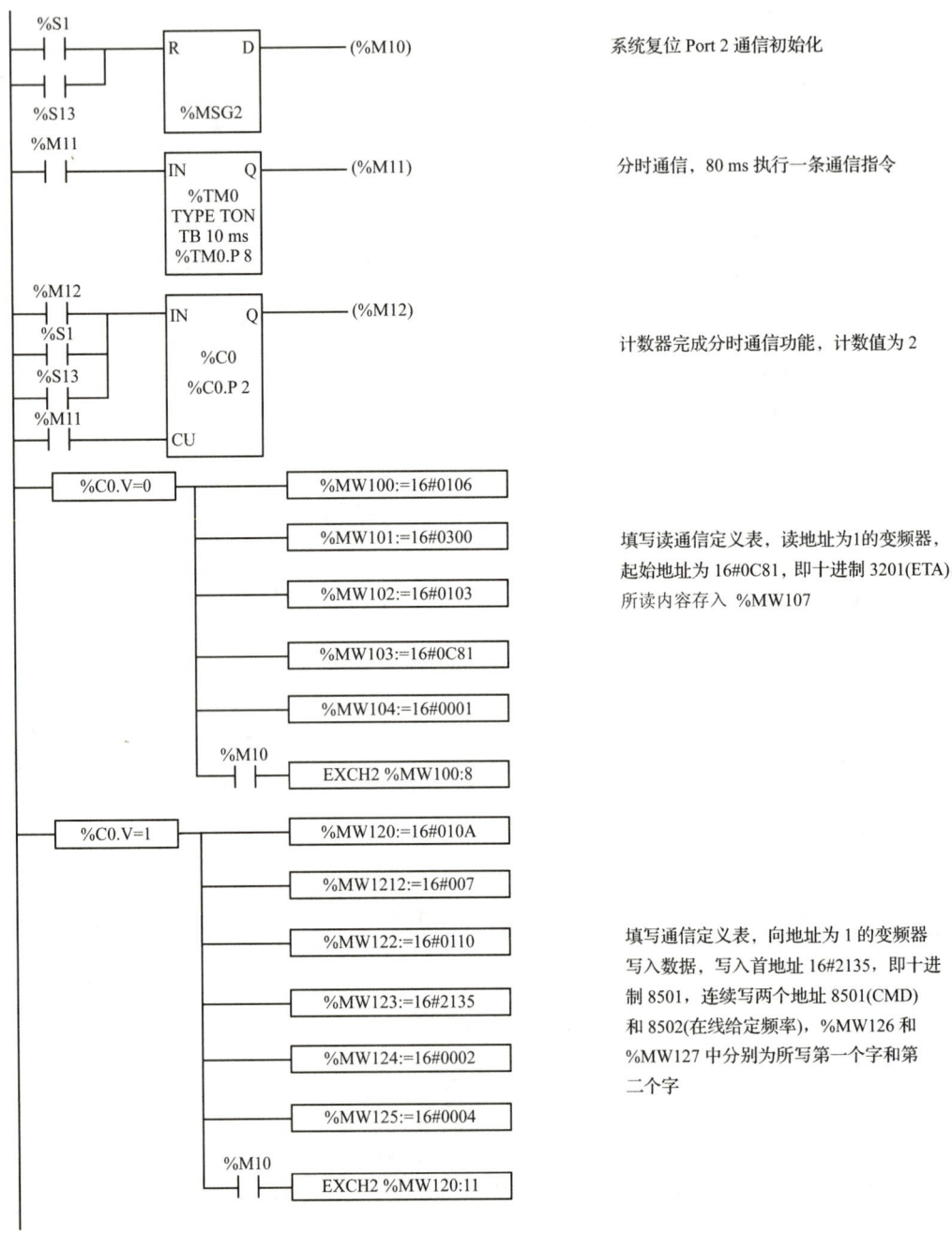

图 3-5-5　Twido 系列 PLC 与 ATV312 型变频器的通信控制程序

应用 5 变频器通信控制应用 217

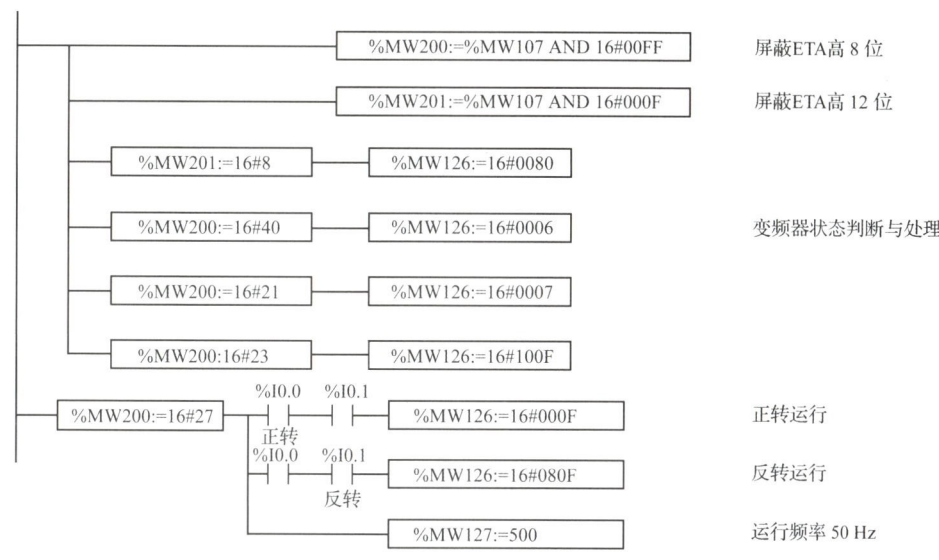

图 3-5-5 Twido 系列 PLC 与 ATV312 型变频器的通信控制程序(续)

5.3 显色皂洗机多电动机同步运行通信控制

如图 3-5-6 所示为显色皂洗机的自动控制系统。由图可见,整机除需完成水、染料、化学添加剂等 15 个回路的流量控制,4 台计量泵回路的酸碱度控制以及 10 个水洗槽回路的温度控制功能外,还需控制 22 个由变频器及相应的异步电动机组成的变频传动单元。系统的主控制器是一台中型 PLC,由 PLC 完成所有的控制要求。PLC 的上位计算机主要完成工艺配方、有关工艺运行参数的记录、历史趋势及当前运行的分析功能等。

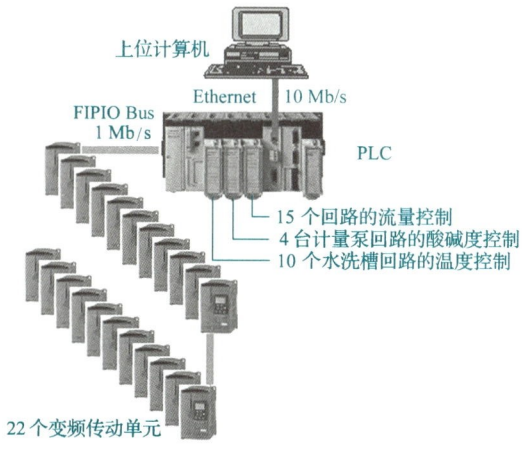

图 3-5-6 显色皂洗机的自动控制系统

在系统的控制方式上,流量、酸碱度、温度等参数实行闭环控制,其反馈信号由 PLC 的模拟量输入通道输入,输出信号也需由 PLC 的模拟量输出通道输出;22 台变频器实现全数字化控制,其同步控制要求可参见应用1案例2;上位计算机全程监控整个控制过程。

为了满足变频器的全数字化控制要求,PLC控制变频器时采用了现场总线FIPIO(法国TE公司的协议),其通信速率为1 Mb/s。

需要说明的是,作为协议本身来讲,现场总线包含好几层协议,但其最上层一般为用户层。用户层的使用非常方便,它将通信所需的有关控制功能集合成简单易懂的配置参数,只要在PLC编程环境中进行适当的参数配置后,整个通信网络中的其他设备的有关地址就可以作为PLC的地址使用。

1 同步信号检测

如前所述,为了实现同步控制,需要实时检测张力架(同步检测器)的信号。一般的闭环控制方式下,张力检测信号通常是以模拟量的形式输入PLC。但在本例中,变频器的控制采用了现场总线控制方式,具有较快的通信速率,PLC主站可以很方便地直接读取作为从站的变频器内部参数,因此可将张力架电位器滑动触头的位置信号转换成电压信号送入变频器,再由PLC以通信方式读出每台变频器相应的张力架位置信号,如图3-5-7所示。显然,当张力架的安装位置不同(在传动点前或后)时,需将+10 V、COM两个接线端进行调换。

如图3-5-8所示为读张力架位置程序,是PLC将变频器模拟量输入通道AI1的值读入其内部寄存器%MW204的程序。%IW0.2.2表示网络号为0,网络站号为2(因为PLC配有以太网模块,以太网网络站号为1),该台变频器的FIPIO现场总线地址为2;0.0.4表示AI1通道在变频器内部的地址。从程序看,只要进行了现场总线的配置,读变频器内部某一寄存器地址的当前值和读PLC地址的值同样方便。

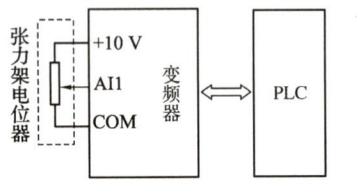

图3-5-7 同步信号检测

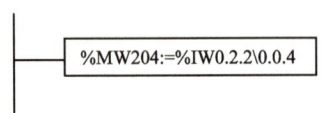

图3-5-8 读张力架位置程序

2 同步控制

如图3-5-9所示为同步控制计算及输出程序。图中,%MF320为整机的速度给定值,%MF69表示控制系数,这两个浮点寄存器的值直接由上位计算机给定。由图3-5-7可见,当张力架电位器位于中间平衡位置时,变频器模拟量输入通道AI1的输入电压是5 V,因此在程序中需将读取的张力架电位器位置值,即%MW204中的数字量减去常数5 000后再进行运算。%QW0.2.2\0.0.1表示变频器需要运行的频率。

3 运行控制

控制变频器运行的通信程序如图3-5-10所示。图中,%MW200:=16#0027表示变频器无故障,已准备好,允许运行。%M2 为控制变频器正转的内部继电器,%M3 为控制变频器反转的内部继电器。%QW0.2.2\0.0 为变频器的控制字。当该控制字为 16#000F 时,变频器正转;当控制字为 16#080F 时,变频器反转;当控制字为 16#100F 时,变频器停止。

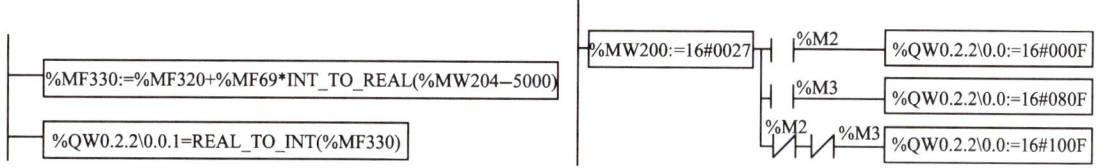

图 3-5-9　同步控制计算及输出程序　　　图 3-5-10　控制变频器运行的通信程序

根据以上分析可知,PLC 通过通信方式控制变频器,增强了变频器数据处理、报警等方面的功能,而且接线简单,维护方便,可以实现远距离控制。若要链接多台变频器,只要选用相应的扩展设备,如接线盒、分配器模块等,系统扩展非常方便。

参 考 文 献

[1] 陈伯时,陈敏逊.交流调速系统[M].3版.北京:机械工业出版社,2013.

[2] 李方园.变频器应用技术[M].2版.北京:科学出版社,2014.

[3] 许少伦,孙佳,姜建民.集成运动控制系统工程实战[M].北京:电子工业出版社,2011.

[4] 王兆宇.施耐德变频器原理与应用[M].北京:机械工业出版社,2009.

[5] 陈浩.变频器案例解析及应用[M].北京:国防工业出版社,2009.

[6] 姚绪梁.现代交流调速技术[M].哈尔滨:哈尔滨工程大学出版社,2009.

[7] 厉虹,杨黎明,艾红.伺服技术[M].北京:国防工业出版社,2008.

[8] 田宇.伺服与运动控制系统设计[M].北京:人民邮电出版社,2010.

[9] 孙培德.现代运动控制技术及其应用[M].北京:电子工业出版社,2012.

附录　常用变频器外部接线

施耐德 ATV312 型变频器外部接线

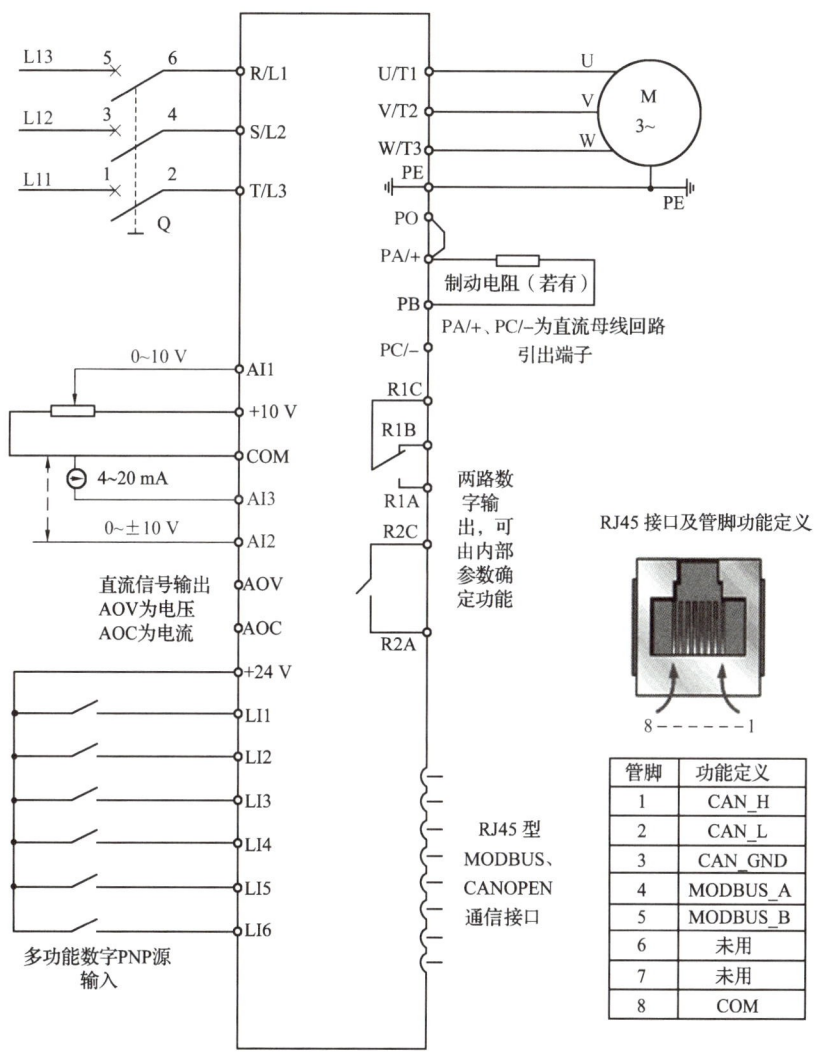

注：1. PO、PA/+出厂时由短接片短接，当这两个端子需要接直流电抗器时，应拆除短接片。
　　2. 电压型模拟量输入口 AI1、AI2 的输入电阻为 30 kΩ，电流型模拟量输入口 AI3 的输入电阻为 250 Ω。

安川 Varispeed G7 型变频器外部接线

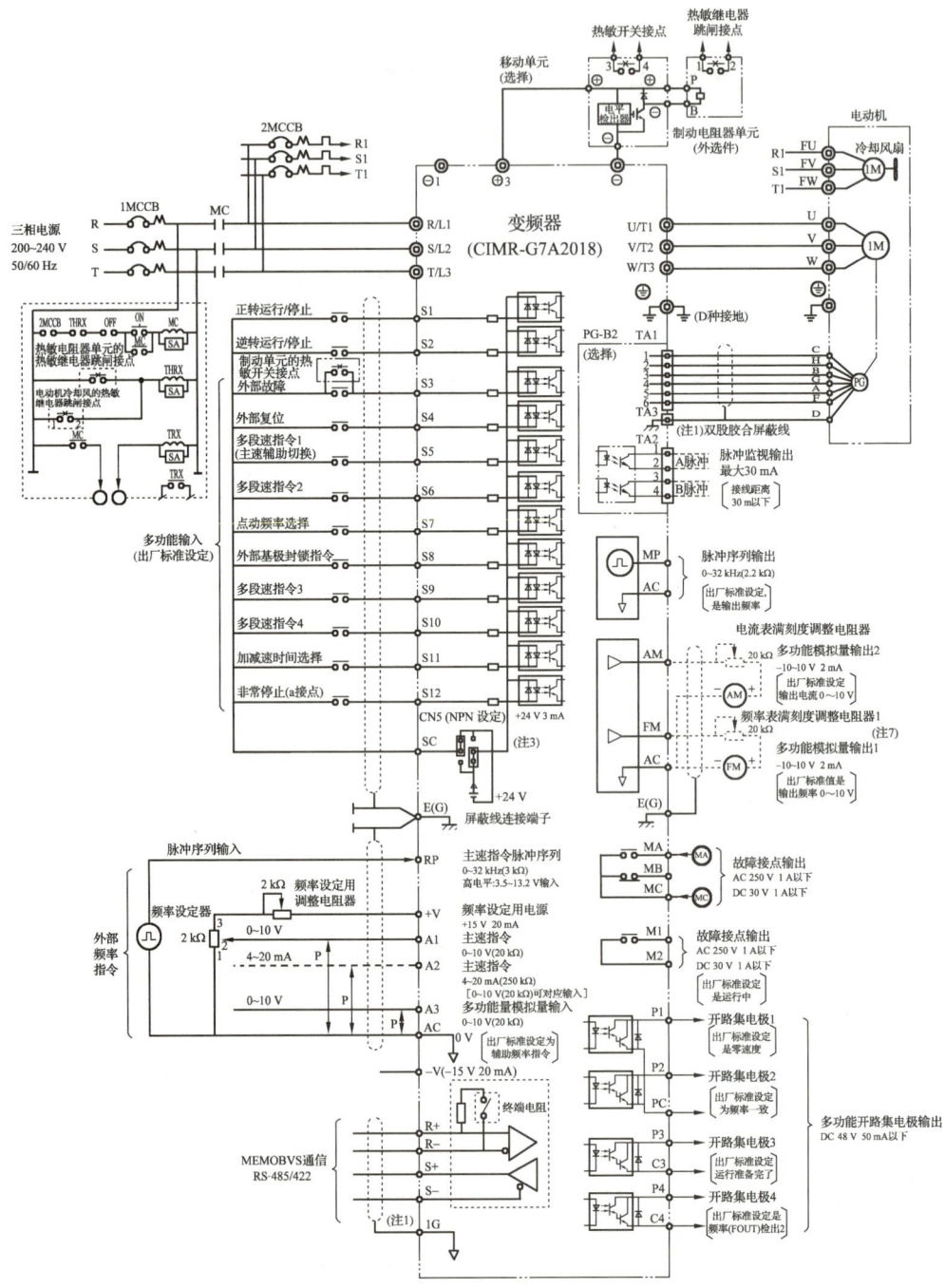

注：用数字操作器运行时，只要接上主回路线，电动机就能运行。

ABB ACS400 型变频器外部接线

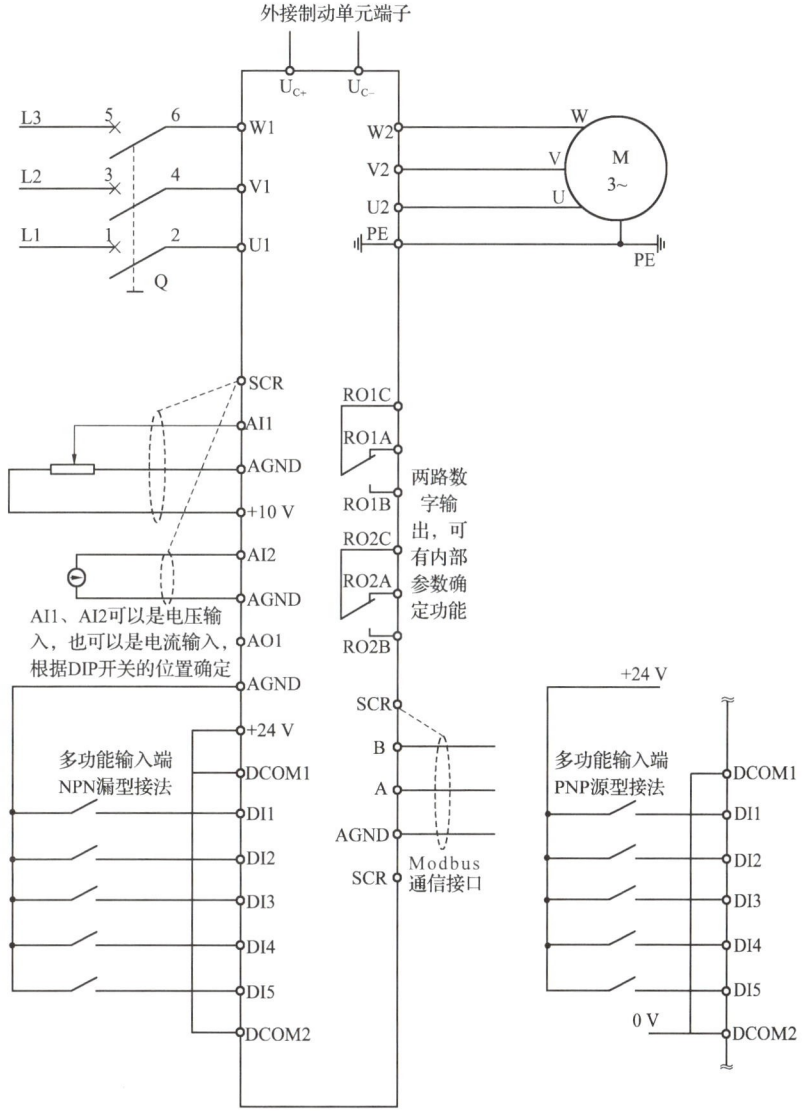

注:1. Modbus 接口的终端电阻由变频器内部的 DIP 开关位置确定是接入还是切除。
　 2. 模拟量输入接成电压输入时,输入电阻为 20 kΩ;当接成电流输入时,输入电阻为 500 Ω。

西门子 MM420 型变频器外部接线

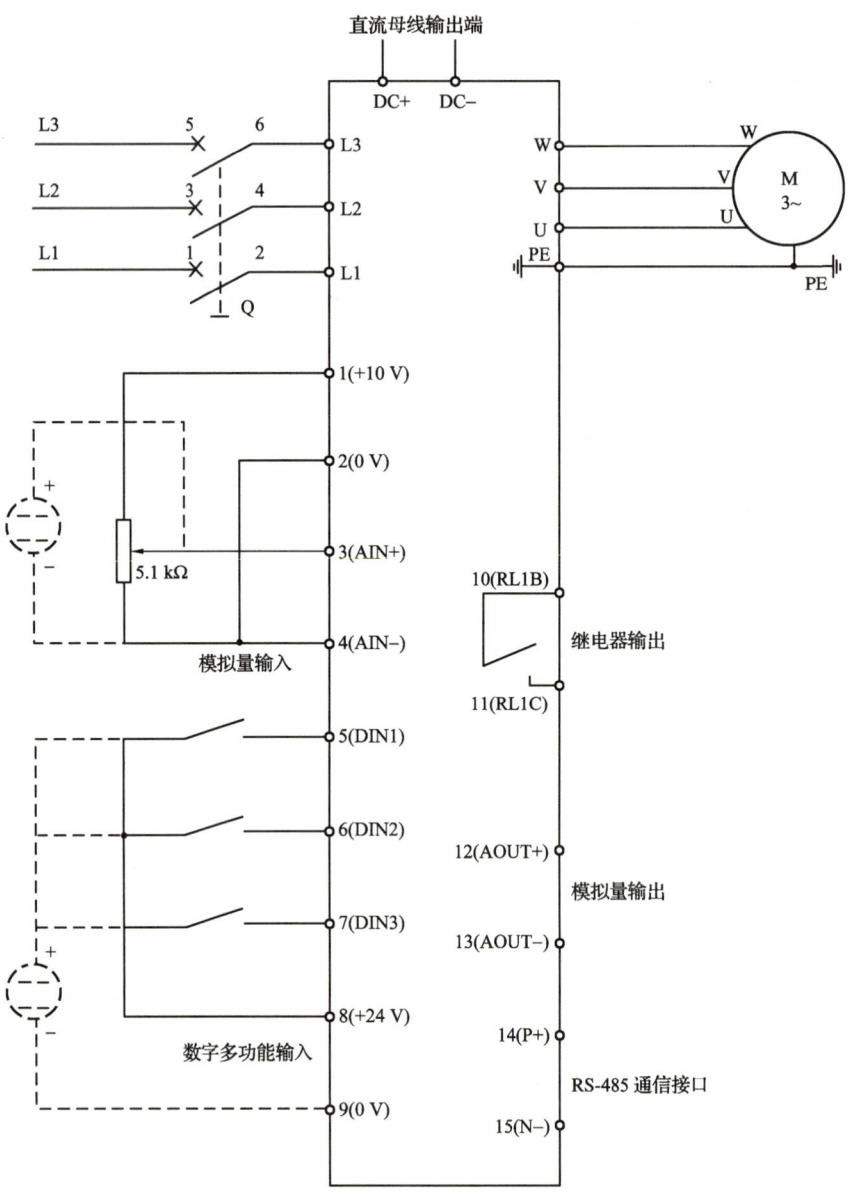

注:1.虚线框内表示采用外部直流电源的接线方式,对于各种型号的变频器具有通用性。
2.端子标注中,前面的数字表示端子号,括号内文字表示为该端子的功能定义。
3.端子3的模拟量输入范围是0～10 V,当外部模拟量信号是4～20 mA时,应外接500 Ω电阻将电流信号转换为电压信号。

附 录（常用变频器外部接线） 227

西门子 MM440 型变频器外部接线

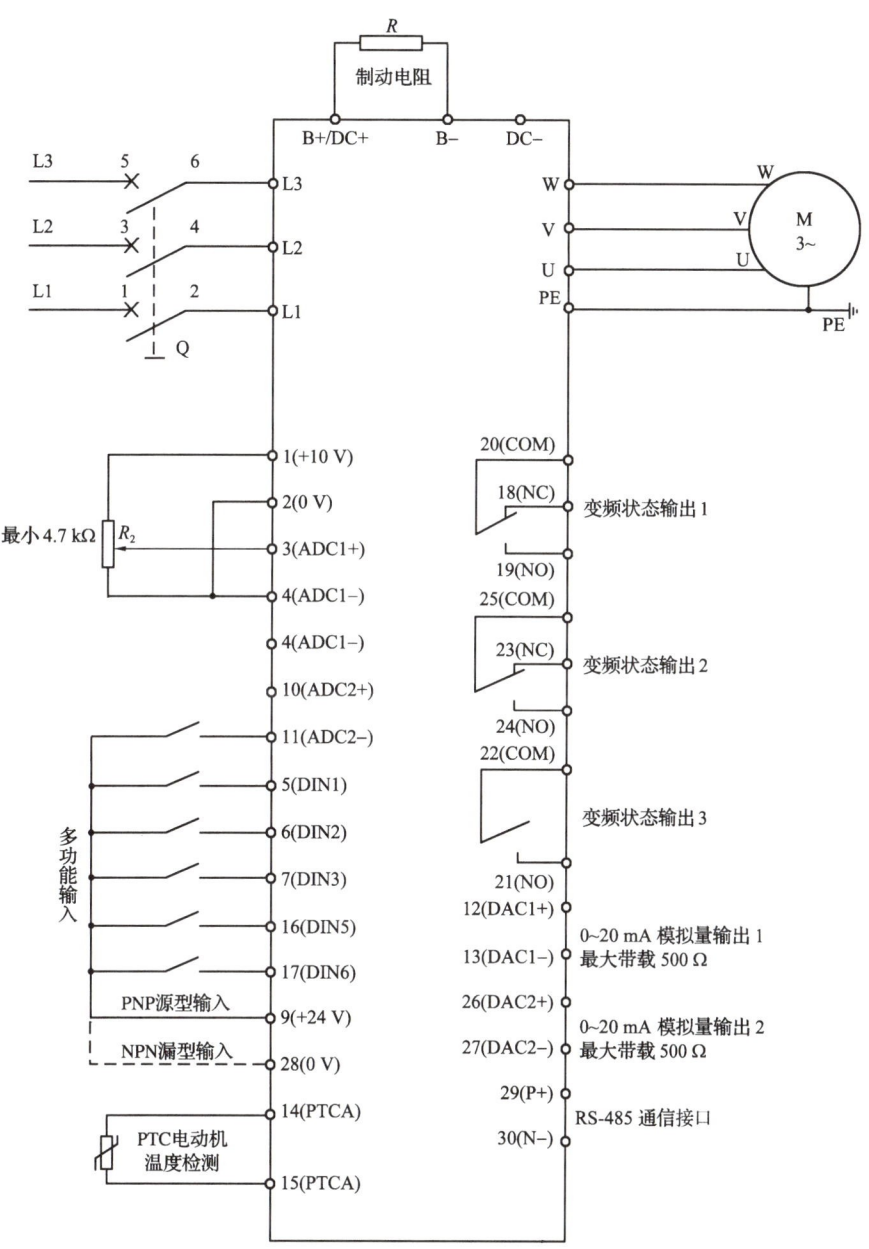

注：1. 多功能输入通过不同的接线方式允许输入 PNP、NPN 有源信号。
2. DC＋、DC－为直流母线。本图所示为制动单元内置，当变频器装机容量比较大时，制动单元外置，引出端子代号为 C/L＋、D/L－。

富士 G11S/P11S 型变频器外部接线

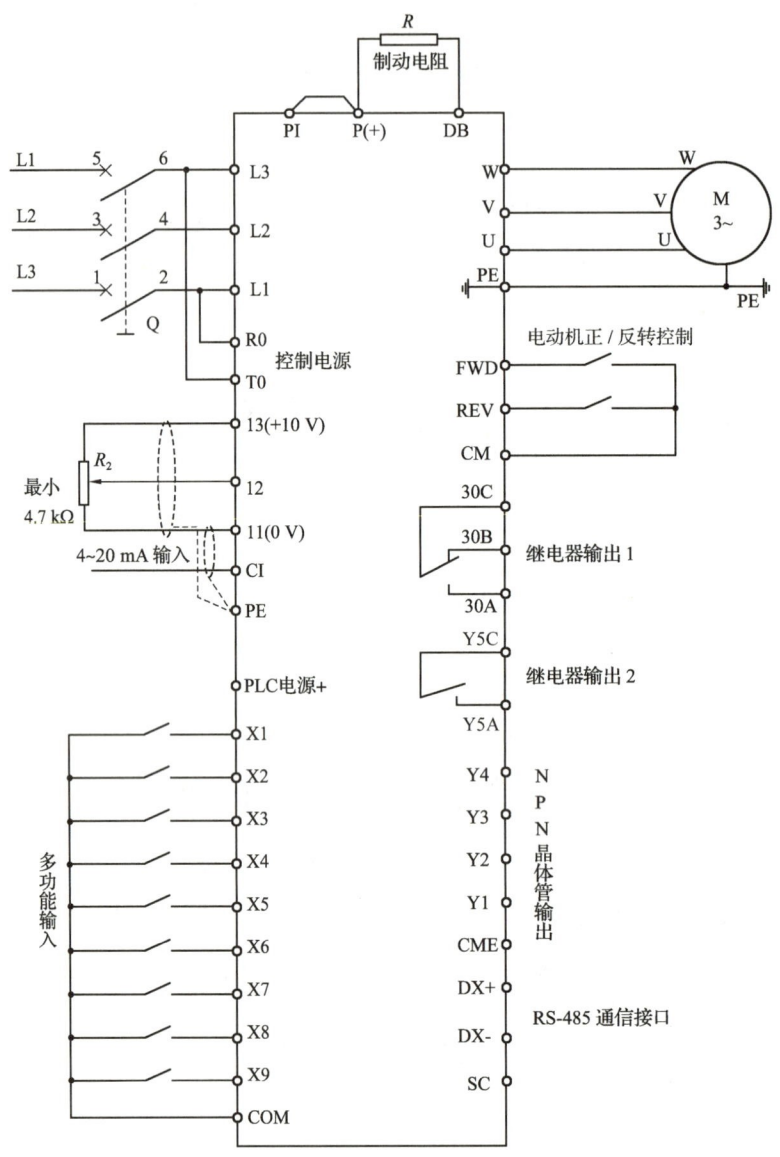

注:1. 在 PI、P(+) 端子间接直流互感器时,应将短接片脱开。
2. 接点输入端子(FWD、REV、X1～X9 等)和 CM 端子间一般是闭合/断开(ON/OFF)动作。使用外部电源配合程序控制器的开路集电极输出 ON/OFF 控制,有时会发生电源串扰,造成误动作。在这种场合,应使用变频器的 PLC 端子。
3. 本变频器的控制电源与其他变频器不同,需在 R0、T0 端连接交流 380 V 电源。

三菱 A740 型变频器外部接线

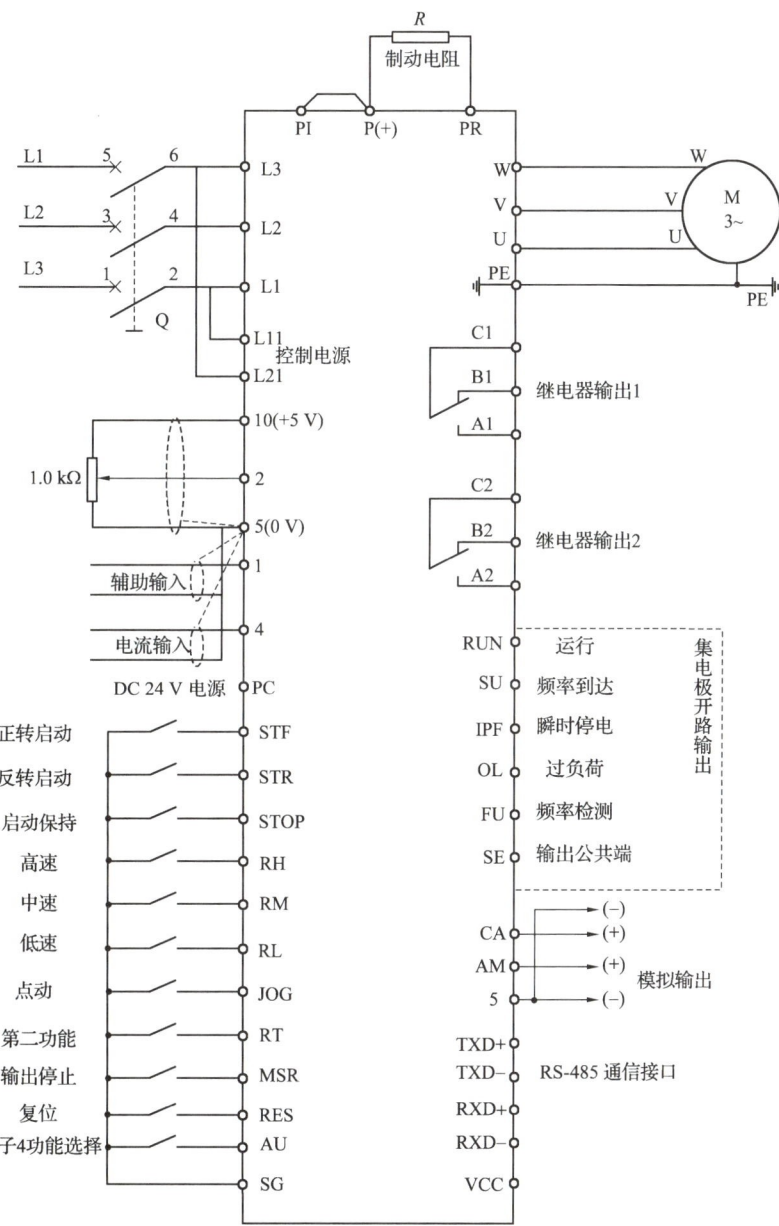

注：1. 在 PI、P(＋)端子间接直流互感器时,应将短接片脱开。
    2. AU 端子可作为电动机 PTC 输入端子使用,JOG 端子可作为脉冲序列输入端子使用。
    3. 输入端子允许有源信号输入,源/漏信号可由短接片选择。
    4. 输入端子的功能可由变频器参数设定。

三菱 E740 型变频器外部接线

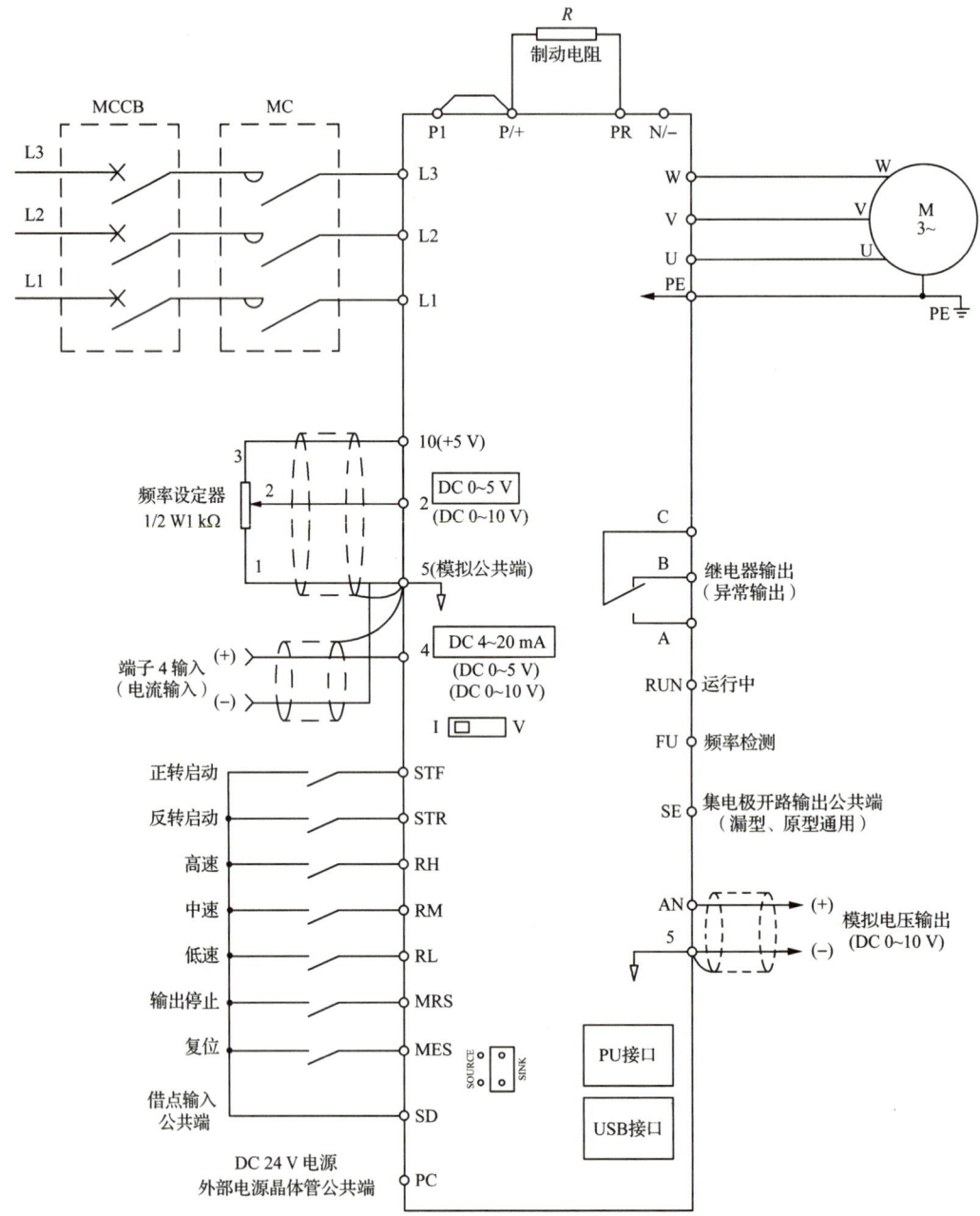

注：1. 在 P1、P/＋端子间接直流互感器时,应将短接片脱开。
2. 端子 4 可通过模拟量输入规格切换(Pr.267)进行变更。设为电压输入(0～5 V/0～10 V)时,请将电压/电流输入切换开关置为"V",电流输入(4～20 mA)时,请置为"I"(初始值)。

信捷 VB3/VB5 型变频器外部接线

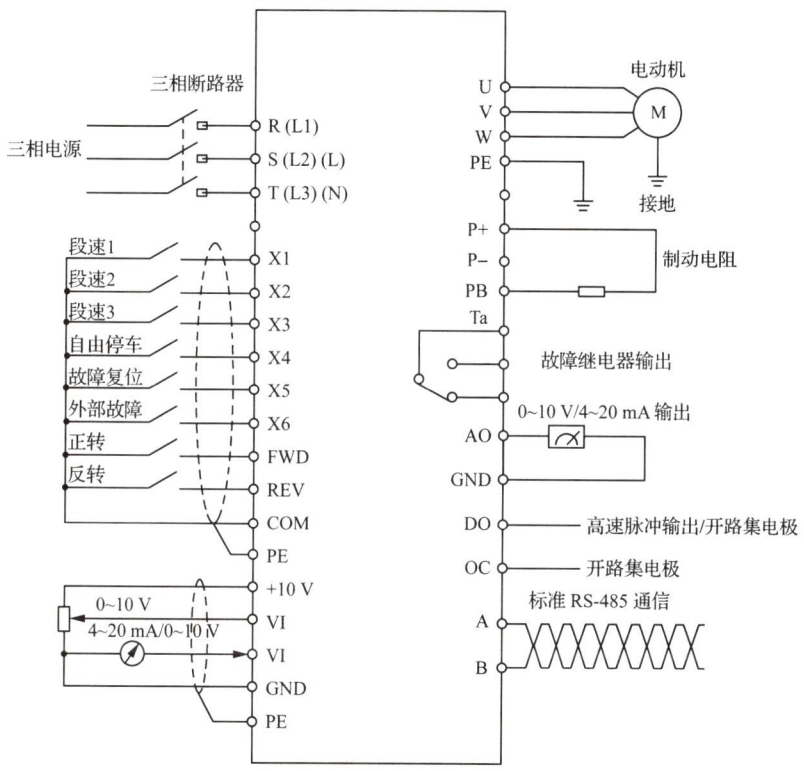

注:1. P－端子只在 5.5 kW 及以上频率变频器中使用。

2. L,N 端子只适用于 220 V 级单相变频器。

3. L1、L2、L3 端子只适用于 VB5 系列 0.75～3.7 kW 三相机型。

4. VB3 系列 0.75～3.7 kW 三相机型无开关量输入 X5、X6,模拟量输入 VI 及输出 DO,P＋、P－、PB;VB5 系列 0.75～3.7 kW 三相机型无开关量输入 X5,模拟量输入 VI 及 DO 输出。

5. VB3/VB5 系列单相机型无 X4～X6、VI、AO、DO、OC、P＋、P－、PB。